U0341669

现代生物技术概论

主　编　杨玉珍　刘开华
副主编　王国霞　韩　飞　金　鹏　孙秀青
编　委　（按姓氏笔画排列）
　　　　王国霞（郑州师范学院）
　　　　朱世杨（温州科技职业学院）
　　　　孙秀青（鹤壁职业技术学院）
　　　　吉仙枝（三门峡职业技术学院）
　　　　刘开华（信阳农业高等专科学校）
　　　　吴晓菊（新疆轻工职业技术学院）
　　　　张　瑜（黑龙江农业职业技术学院）
　　　　金　鹏（天津开发区职业技术学院）
　　　　杨玉珍（郑州师范学院）
　　　　陈金峰（开封大学）
　　　　赵　奇（郑州师范学院）
　　　　赵姝娴（内蒙古农业大学职业技术学院）
　　　　祝边疆（青岛职业技术学院）
　　　　韩　飞（杨凌职业技术学院）

华中科技大学出版社
中国·武汉

内 容 提 要

　　本书介绍现代生物技术的概念、原理等基本理论和技术方法及其应用,反映现代生物技术各领域的最新研究进展,包括基因工程、细胞工程、发酵工程、酶工程、蛋白质工程和生物技术在生命科学、农业研究、医药、人体健康、食品、能源、环境保护等领域的应用,以及生物技术的规则与法规和生物技术的安全性等。全书共分10章,前9章每章后附有小结和复习思考题,最后一章为实验实训。

　　本书内容丰富、新颖,文字流畅,图表清晰,通俗易懂,适合师范类、农林类、轻工类、医药类学生使用,也可供相关技术人员参考。

图书在版编目(CIP)数据

现代生物技术概论/杨玉珍　刘开华　主编.—武汉:华中科技大学出版社,2012.8
ISBN 978-7-5609-8093-5

Ⅰ.现…　Ⅱ.①杨…　②刘…　Ⅲ.生物技术-高等职业教育-教材　Ⅳ.Q81

中国版本图书馆 CIP 数据核字(2012)第 134701 号

现代生物技术概论　　　　　　　　　　　　　　　　杨玉珍　刘开华　主编

策划编辑:王新华
责任编辑:王新华
封面设计:刘　卉
责任校对:朱　玢
责任监印:周治超
出版发行:华中科技大学出版社(中国·武汉)
　　　　　武昌喻家山　邮编:430074　电话:(027)81321915
录　　排:武汉正风天下文化发展有限公司
印　　刷:华中科技大学印刷厂
开　　本:787mm×1092mm　1/16
印　　张:16.75
字　　数:401千字
版　　次:2012年8月第1版第1次印刷
定　　价:36.00元

全国高职高专生物类课程"十二五"规划教材编委会

主　任　闫丽霞

副主任　王德芝　翁鸿珍

编　委（按姓氏拼音排序）

陈芬	陈红霞	陈丽霞	陈美霞	崔爱萍	杜护华	高荣华	高爽	公维庶	郝涤非
何敏	胡斌杰	胡莉娟	黄彦芳	霍志军	金鹏	黎八保	李慧	李永文	林向群
刘瑞芳	鲁国荣	马辉	瞿宏杰	尚文艳	宋冶萍	苏敬红	孙勇民	涂庆华	王锋尖
王娟	王俊平	王永芬	王玉亭	许立奎	杨捷	杨清香	杨玉红	杨玉珍	杨月华
俞启平	袁仲	张虎成	张税丽	张新红	周光姣				

全国高职高专生物类课程"十二五"规划教材建设单位名单

（排名不分先后）

天津现代职业技术学院	山东畜牧兽医职业学院	广东新安职业技术学院
信阳农业高等专科学校	山东职业学院	汉中职业技术学院
包头轻工职业技术学院	阜阳职业技术学院	河北化工医药职业技术学院
武汉职业技术学院	抚州职业技术学院	黑龙江农业经济职业学院
泉州医学高等专科学校	郧阳师范高等专科学校	黑龙江生态工程职业学院
济宁职业技术学院	贵州轻工职业技术学院	湖北轻工职业技术学院
潍坊职业学院	沈阳医学院	湖南生物机电职业技术学院
山西林业职业技术学院	郑州牧业工程高等专科学校	江苏农林职业技术学院
黑龙江生物科技职业学院	广东食品药品职业学院	荆州职业技术学院
威海职业学院	温州科技职业学院	辽宁卫生职业技术学院
辽宁经济职业技术学院	黑龙江农垦科技职业学院	聊城职业技术学院
黑龙江林业职业技术学院	新疆轻工职业技术学院	内江职业技术学院
江苏食品职业技术学院	鹤壁职业技术学院	内蒙古农业大学职业技术学院
广东科贸职业学院	郑州师范学院	南充职业技术学院
开封大学	烟台工程职业技术学院	南通职业大学
杨凌职业技术学院	江苏建康职业学院	濮阳职业技术学院
北京农业职业学院	商丘职业技术学院	七台河制药厂
黑龙江农业职业学院	北京电子科技职业学院	青岛职业技术学院
襄阳职业技术学院	平顶山工业职业技术学院	三门峡职业技术学院
咸宁职业技术学院	亳州职业技术学院	山西运城农业职业技术学院
天津开发区职业技术学院	北京科技职业学院	上海农林职业技术学院
江苏联合职业技术学院淮安生物工程分院	沧州职业技术学院	沈阳药科大学高等职业技术学院
保定职业技术学院	长沙环境保护职业技术学院	四川工商职业技术学院
云南林业职业技术学院	常州工程职业技术学院	渭南职业学院
河南城建学院	成都农业科技职业学院	武汉软件工程职业学院
许昌职业技术学院	大连职业技术学院	咸阳职业技术学院
宁夏工商职业技术学院	福建生物工程职业技术学院	云南国防工业职业技术学院
河北旅游职业学院	甘肃农业职业技术学院	重庆三峡职业学院

前言

现代生物技术被世界各国视为一项高新技术,它在解决人类所面临的食品、医疗卫生、环境和经济等领域的问题方面已经并将继续发挥着至关重要的作用,所以许多国家都将生物技术确定为增强国力的关键性技术之一,并成为各国综合国力竞争的重要体现。2006 年年初,我国发布了《国家中长期科学和技术发展规划纲要(2006—2020 年)》,提出要在生物领域的前沿技术,如基因操作和蛋白质工程技术、动植物新品种与药物分子设计技术和新一代工业生物技术等五个方面达到世界先进水平,并把"生物技术作为未来高新技术产业迎头赶上的战略重点,加强生物技术在农业、工业、人口和健康等领域的应用",以加速我国生物技术、生物产业和生物经济的发展,提高国际地位,扩大国际影响。

在这样的背景下,在高等院校尤其是对生物相关学科的学生普及现代生物技术相关知识已成为时代的要求,而对于非生物专业学生来说,了解生物技术这门学科的基本内容及其与人类的密切关系,也有助于他们更好地为社会服务。为此,我们特组织相关一线教师合作编写了这本教材。现代生物技术这门课程不仅理论性强,而且在各个领域的应用也是推动其自身发展的动力。本书用五章分别介绍基因工程、细胞工程、发酵工程、酶工程、蛋白质工程等生物技术"五大工程"的理论和技术,后面又分三章介绍了"生物技术对经济与科学技术发展的影响"、"生物技术的规则与法规"、"生物技术的安全性及其应对措施",让读者在了解生物技术相关理论知识的同时,也对其应用领域、相关法规和安全性方面有更深入、更全面的了解和认识。

本书编写的指导思想是:力求内容全面而新颖、概念准确、文字通俗易懂,尽可能地反映现代生物技术各领域的最新研究进展。本书可供综合性大学、师范院校、医学及农林、轻工等院校相关专业的本科生、专科生作为教材或教学参考书,也可供相关专业的教师及科研人员参考。

　　本教材具体的编写分工如下:第 1 章由吴晓菊编写;第 2 章由陈金峰、张瑜、金鹏编写;第 3 章由王国霞、孙秀青编写;第 4 章由吉仙枝、祝边疆编写;第 5 章由刘开华、韩飞编写;第 6 章由赵奇、赵姝娴编写;第 7 章由赵奇、朱世杨、韩飞、孙秀青、王国霞、杨玉珍编写;第 8 章由朱世杨编写;第 9 章由杨玉珍编写;第 10 章实验实训部分由对应的理论部分各章节的老师编写。全书由杨玉珍、王国霞统稿。

　　尽管编者力争做到系统、全面、新颖、生动地介绍生物技术领域的主要技术原理与方法,并反映该领域的最新进展,但是由于生物技术领域的知识非常丰富,更新速度很快,再加上时间紧迫及我们的水平所限,书中不足之处在所难免,在此衷心欢迎各位专家学者、广大师生对本书提出批评意见。此外,对于本书引用和参考的一些文字资料和图片,在此向有关作者表示衷心的感谢。

编　者

2012 年 7 月

目录

第1章　生物技术总论　1/

1.1　生物技术的含义及与其他学科之间的关系　1/

1.2　生物技术发展简史　4/

1.3　生物技术对经济社会发展的影响　6/

第2章　基因工程　10/

2.1　基因工程概述　10/

2.2　基因工程的工具酶　13/

2.3　基因工程的载体　17/

2.4　目的基因的获取　21/

2.5　基因与载体的连接　26/

2.6　重组DNA导入受体细胞　29/

2.7　重组子的筛选与鉴定　36/

2.8　基因工程的应用　40/

第3章　细胞工程　44/

3.1　细胞工程的基础知识与基本技术　44/

3.2　植物细胞工程　46/

3.3　动物细胞工程　62/

3.4　微生物细胞工程　71/

第4章　发酵工程　74/

4.1　发酵工程概述　74/

4.2　优良菌种的选育　77/

4.3　发酵过程的优化控制　80/

4.4　发酵设备　86/

4.5　发酵产品的下游处理　90/

4.6　固体发酵　94/

第5章 酶工程 97/

5.1 酶的发酵生产 97/
5.2 酶的提取与分离纯化 100/
5.3 酶分子的修饰 104/
5.4 酶的固定化 106/
5.5 酶反应器 111/
5.6 生物传感器 114/
5.7 酶的应用 120/

第6章 蛋白质工程 125/

6.1 蛋白质结构基础 125/
6.2 蛋白质工程的研究方法 132/
6.3 蛋白质工程的应用实例 143/
6.4 蛋白质组学 147/

第7章 生物技术对经济与科学技术发展的影响 154/

7.1 现代生物技术在生命科学基础研究领域的应用 154/
7.2 生物技术在农业研究领域的应用 156/
7.3 生物技术在医药、人体健康领域的应用 164/
7.4 生物技术在食品生产中的应用 170/
7.5 生物技术与能源 175/
7.6 生物技术在环境保护中的应用 180/

第8章 生物技术的规则与法规 185/

8.1 生物技术专利 185/
8.2 生物技术制药规则与要求 191/
8.3 商业秘密 195/
8.4 生物技术发明的其他保护形式 196/
8.5 生物技术专利保护的负面影响 198/

第9章 生物技术的安全性及其应对措施 201/

9.1 生物技术安全性 202/
9.2 现代生物技术对人类社会伦理观念的影响 212/

第10章 实验实训 219/

实验实训一 PCR 扩增制备目的基因 219/
实验实训二 碱裂解法抽提质粒 DNA 221/

实验实训三　　质粒 DNA 和目的基因的酶切和连接　　223/

实验实训四　　琼脂糖凝胶电泳检测、回收目的基因　　225/

实验实训五　　感受态细胞的制备和重组子转化　　228/

实验实训六　　转化克隆的筛选和鉴定　　230/

实验实训七　　植物愈伤组织的诱导和继代培养　　233/

实验实训八　　器官发生与植株再生培养　　235/

实验实训九　　小鼠胚胎成纤维细胞的原代培养　　236/

实验实训十　　动物细胞的传代培养　　238/

实验实训十一　　酒精发酵及酒曲中酵母菌的分离　　239/

实验实训十二　　厌氧发酵工艺控制——啤酒酿造　　242/

实验实训十三　　细菌 α-淀粉酶产生菌的分离、筛选　　244/

实验实训十四　　SDS-PAGE 测定蛋白质相对分子质量　　246/

实验实训十五　　离子交换柱层析法分离氨基酸　　250/

参考文献　　253/

第 1 章

生物技术总论

 学习目标

　　掌握现代生物技术的含义、范畴及与其他学科之间的关系；了解生物技术的发展简史；认识现代生物技术的发展趋势及其对人类经济社会所产生的深刻影响；了解中国在现代生物技术领域取得的成就和面临的挑战。

　　生物技术是 20 世纪后期国际上突飞猛进的技术领域之一，现已广泛应用于医学、人类保健、农牧业、轻工业、环保及精细化工、新能源开发等各个领域，已产生巨大的经济效益和社会效益，并且日益影响和改变着人们的生产和生活方式。因此，生物技术受到世界各国的普遍关注。

1.1　生物技术的含义及与其他学科之间的关系

1.1.1　生物技术的含义与范畴

　　生物技术（biotechnology）是以生命科学为基础，应用自然科学与工程学原理，设计构建具有特定生物学性状的新型物种或品系，依靠生物体（包括微生物，动、植物体或细胞）作为生物反应器，将物料进行加工，以提供产品和为社会服务的综合性技术体系。目前国内多数学者认为，现代生物技术包含的主要技术范畴有：基因工程（gene engineering）、细胞工程（cell engineering）、酶工程（enzyme engineering）、发酵工程（fermentation engineering）、蛋白质工程（protein engineering）等。

　　当今生物技术所研究的对象已经从微生物扩展到动物和植物，从陆地生物扩展到海洋生物和空间生物。现代生物技术还不断地向纵深发展，并且与其他学科交叉形成了许多新的学科。随着现代生物技术的不断发展，其研究深度与广度还会不断地得到拓展。

1.1.2　生物技术与其他学科之间的关系

　　生物技术包括所有具备产业化条件的生物学方面的技术。按照操作对象的不同，生

1

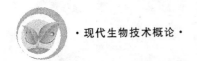

物技术主要包括基因工程、蛋白质工程、酶工程、细胞工程、发酵工程等五个方面。应用的生产部门有医药、农业、食品、化工、环境、能源等多个方面。

1. 基因工程

基因工程也叫基因操作、遗传工程或重组体 DNA 技术，是 20 世纪 70 年代以后兴起的一门新技术。它是一项将生物的某个基因通过基因载体运送到另一种生物的活性细胞中，并使之无性繁殖（称为克隆）和行使正常功能（称为表达），从而创造生物新品种或新物种的遗传学技术。这种创造新生物并给予新生物以特殊功能的过程就称为基因工程。

目前基因工程主要在细菌方面取得了较大的成功，如利用微生物生产动物蛋白质、人体生长激素、干扰素等。在食品工业上，细菌和真菌的改良菌株已影响到传统的面包焙烤和干酪的制备，并对发酵食品的风味和组分进行控制；在农业上，基因工程已用于品种改良，如培育出玉米新品种（高直链淀粉含量、低胶凝温度以及无脂肪的甜玉米）和番茄新品种（高固体含量、强风味）等。

2. 细胞工程

细胞工程是指以组织、细胞和细胞器为对象进行操作，在体外条件下进行培养、繁殖，或人为地使细胞某些生物学特性按人们的意愿发生改变，最终获得所需的组织、细胞或个体的一门技术。通过细胞和组织工程，可以不经过基因操作，直接对生物进行改造。它包括动植物细胞的体外培养技术、细胞融合（也称细胞杂交技术）、细胞器移植技术等。

目前利用细胞融合技术已经培养出番茄、马铃薯、烟草和短牵牛等杂种植株；利用植物细胞培养技术可以获得许多特殊的产物，如生物碱类、色素、激素、抗肿瘤药物等；利用动物细胞培养技术可以大规模地生产贵重药品，如干扰素、人体激素、疫苗、单克隆抗体等。

3. 发酵工程

发酵工程是利用生物生命活动产生的酶，对无机或有机原料进行酶加工（生物化学反应过程）获得产品的工业。其主体是利用微生物进行反应的工业。它处于生物工程的中心地位，绝大多数的生物工程目标都是通过发酵工程来实现的。

根据其发展进程，发酵工程应包括传统发酵工业（如某些食品和酒类等生产），近代的发酵工业（如酒精、乳酸、丙酮-丁醇等）及目前新兴的如抗生素、有机酸、氨基酸、酶制剂、核苷酸、生理活性物质、单细胞蛋白等发酵生产。

4. 酶工程

酶的生产和应用技术过程称为酶工程，它是利用酶、细胞器或细胞所具有的特异催化功能以及对酶进行的修饰改造，并借助生物反应器生产人类所需产品的一项技术。它主要包括酶的发酵生产、酶的分离纯化、酶的应用等几个方面。酶工程的主要任务是通过预先设计、经过人工操作控制而获得大量所需的酶，并通过各种方法使酶发挥其最大的催化功能。

5. 蛋白质工程

蛋白质工程是 20 世纪 80 年代初诞生的一个新兴生物技术领域。它的主要内容和基本目的是以蛋白质分子的结构规律及其与生物功能的关系为基础，通过所控制的基因修饰和基因合成，对现有蛋白质加以定向改造、设计、构建，并最终生产出性能比自然界存在的蛋白质更加优良、更加符合社会需要的新型蛋白质。

上述五项技术是构成当今生物技术的主要分学科。这些方面的技术并不是各自独立的，它们彼此之间是互相联系、互相渗透的。其中基因工程是核心技术，它能带动其他技术的发展。发酵工程是生物工程的主要终端，绝大多数生物技术的目标都是通过发酵工程来实现的。如通过基因工程对细菌或细胞改造后获得的"工程菌"或细胞，可再通过发酵工程或细胞工程生产出有用的物质。可以说，基因工程和细胞工程是生物工程的基础，蛋白质工程、重组 DNA 技术和酶固定化技术是生物工程的最富有特色和潜力的生物技术，而发酵工程与细胞和组织培养技术是目前较为成熟、广泛应用的生物技术。

1.1.3　生物技术的特点

（1）发展迅速、技术密集。近年来，现代生物技术取得了突飞猛进的发展。自 1983 年转基因烟草和马铃薯首次问世以来，转基因水稻、小麦、玉米、棉花、大豆、油菜等转基因植物相继出现并大面积种植。现已有 120 多种转基因植物。同时，转基因动物如转基因鼠、鱼、猪、牛、鸡等已经陆续被克隆出来。人类基因组计划自 1990 年以来不断加速，同时细胞工程、酶工程、发酵工程及蛋白质工程的应用得到迅猛发展，使生物技术进入一个全新的阶段。与此同时，生产一体化的经济发展模式已经在现代生物技术产业中得到完美体现。在实验室取得的基础科学领域的成果同样可以极大地推动和促进商业化生产的发展。例如，随着人类基因组计划顺利进行，一些重要的遗传病基因已经被分离和测序，一些常见病的基因也被精确地定位在染色体的遗传图谱上；人类基因组和其他生物基因组提供的生物学信息不断地为新药开发、动植物改良、环境保护和工业生产各个领域开拓新的、具有商业价值的基因。

（2）产品丰富、高效低耗。近十几年来，生物技术在新型药物开发中的应用使生物技术药物品种不断增多，这些品种包括基因工程疫苗、细胞因子等许多产品。除生物技术制药外，基因工程与细胞工程结合产生了两种治疗技术——细胞移植和基因治疗，使得各种天然细胞或基因工程细胞有可能成为治疗疾病的重要手段。动物胚胎移植技术在美国和加拿大已经实用化，全球每年仅牛的胚胎移植就达到 20 万头以上；已经培育出了携带人生长激素基因的猪和鱼，它们的生长速度比普通动物更快、长得更大；转基因羊、转基因兔等许多其他动物也先后被成功地培育出来。研究人员还成功培育出了抗病毒、抗除草剂、抗虫、高蛋白的各种农作物；利用植物组织培养技术和快繁脱毒方法开发出了几百种再生植物，品种包括农作物、林木、瓜果、花卉等。

现代生物技术以可再生的生物资源为原料生产食品、药品及其他产品，从而可获得过去难以得到的大量产品。如采用传统方法，1 g 胰岛素需要从 25 kg 新鲜胰脏中才能提取得到，截至 2011 年年底，我国糖尿病患者约有 9 000 万人，每人每年约需 1 g 胰岛素，这样总计需要 2.25×10^6 t 新鲜胰脏做原料。而利用基因"工程菌"生产 1 g 胰岛素只需 20 L 发酵液。

（3）市场高速扩张、竞争日益激烈。在 20 世纪 90 年代中期，美国和日本的医药生物技术产品年销售额就已经超过了 80 亿美元，中国的医药生物技术产品年销售额超过 30 亿元人民币。全球生物技术产品年销售额以平均每年接近 20% 的增长率增长。

由于基因资源是有限的，商业价值又极高，因此随着市场的不断扩张，经营现代生物技术产品公司之间的竞争日益激烈。一些发达国家和跨国公司争相对发展中国家进行基

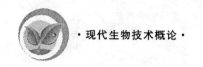

因偷猎,以期得到和克隆相关疾病的基因,并竞相申请专利,从中获取高额利润。如美国的赛莱拉公司已经申请了1万多项关于基因的专利,因赛特公司申请了6 300多项基因专利。日本、法国等国家也积极地加入这场激烈的争夺战中。

(4)产品更为专一、目标日趋集中。各大生物技术公司都深刻地认识到,在激烈的市场竞争中,只有将研究目标高度集中和生产高度专一化的产品才能立于不败之地。如加拿大的大型生物技术公司Allelix公司成立了3个子公司,分别进行农业生物技术研究、药物开发和医疗诊断试剂的制造。美国的一些大型生物技术公司如Immunics、Immulogic、Immunomedics、Immunogene等都有具有自身优势的专一产品。这种强调专业化的现象体现了现代生物技术公司的发展趋势。

(5)医药生物技术产业化进程最快、市场最大。医药生物技术是现代生物技术领域中成果最多、最活跃、产业发展最迅速、效益最显著的领域。国际上生物技术领域所取得的成果,60%以上都是医药领域的;欧洲800多家生物技术公司中有600多家从事医药行业;美国40%以上的生物技术公司从事医药行业研究和产品开发;生物技术产品销售额的90%左右是与医药有关的产品。

(6)引发一系列社会问题。生物技术的飞速发展,正在引发越来越多的法律、政治、经济、宗教、社会公德及伦理道德等十分棘手的问题。例如,是否可以对人的基因授予专利;基因是否属于科学发现;是否应当鼓励干细胞研究;转基因食品是否安全;生物技术会不会影响生态平衡和造成环境污染等。所有这些问题都需要及时有效地面对和解决,以避免现代生物技术引发社会动乱和变成人类的灾难。

1.2 生物技术发展简史

根据生物技术发展过程的技术特征,通常将生物技术划分为三个不同的发展阶段:传统生物技术、近代生物技术和现代生物技术。

1.2.1 传统生物技术

传统生物技术的应用历史悠久,如石器时代后期的谷物酿酒,周代后期的豆腐、酱、醋等制作,公元前6000年开始的啤酒发酵,公元前4000年开始的面包制作等,它们的基本技术特征是酿造技术。然而,在很长时期内,人们并不了解这些技术的本质所在。直到1676年荷兰人Leeuwen Hoek成功制造了能放大170～300倍的显微镜,才了解到微生物的存在;法国学者Louis Pasteur 1857年证明酒精发酵是由活酵母发酵引起的,其他发酵产物是由其他微生物发酵所形成;1897年人们发现,经过碾磨破碎的“死”酵母同样能使糖类发酵变成酒精……经过一系列研究,发酵的奥秘才逐渐被揭开。从19世纪末到20世纪30年代,首先发现了不需通气搅拌的厌氧菌纯种发酵技术,并相继出现了如乳酸、乙醇、丙酮、丁醇、柠檬酸、甘油、淀粉酶等许多产品的工业化发酵生产。这一时期的生产过程较为简单,多数为厌氧发酵或表面发酵,对设备要求不高,产品有啤酒、苹果酒、发酵面包,基本属于微生物初级代谢产物,产品的附加值低或中等。

1.2.2　近代生物技术

20 世纪 40 年代,青霉素大规模发酵的推广极大地促进了大规模液体深层通气搅拌发酵技术的发展,给发酵工业带来了革命性的变化。抗生素、有机酸、酶制剂等发酵工业在世界各地蓬勃地开展。到 20 世纪 50 年代中期以后,随着对微生物代谢途径和调控研究的不断深入,在发酵工业上找到了能突破微生物代谢调控以积累代谢产物的手段,并很快应用于工业生产。以后,又开发了一系列发酵新技术,如无菌技术、补料技术、控制技术等,这就开始了近代生物技术产业的兴旺发展。

近代生物技术时期的主要特点如下。①产品类型多,不仅有生物体初级代谢产品(如有机酸、氨基酸、多糖、酶),还包括次级代谢产物(如抗生素等)、生物转化产物(如甾体转化等)、酶反应产物(如 6-氨基青霉烷酸等);②生产设备规模巨大,如常用的发酵罐体积可达几十到几千立方米;③生产技术要求高,如需要在无外来微生物污染条件下发酵,多数需要通入无菌空气进行需氧发酵,产品质量要求高等;④技术发展速度快,如产量和质量大幅度提高,发酵控制技术飞速发展等。同时,由于化学工程工作者加盟,经过大量理论与实践研究,于 20 世纪 40 年代形成了一门新型的学科——生化工程,并得到长足发展,目前已经成为现代生物技术的重要组成部分。

近代生物技术主要还是通过微生物初级发酵来生产产品,其主要技术过程通常包括三个阶段:第一阶段是对粗材料进行加工以作为微生物营养和能量的来源,即所谓的上游过程;第二阶段是微生物在一个大的生物反应器中大量生长并连续生产目标产物如抗生素、有机酸、氨基酸、蛋白质、酶等,即发酵与转化过程;第三阶段是将所需的目标产物提取、纯化及成品化的下游加工过程。近代生物技术产品有抗生素、单细胞蛋白质、酶、乙醇、丁醇、维生素、生物杀虫剂,产品的附加值高或者中等。

20 世纪 60—70 年代,人们的研究目标主要集中在上游过程、生物反应器设计和优化、下游加工过程等方面,这些研究使得发酵过程、大规模微生物培养技术、相关检测仪器设备等都得到了快速发展。

1.2.3　现代生物技术

1953 年美国沃森、英国克里克发现遗传的物质基础——核酸结构,阐明了 DNA 的半保留复制模式,揭开了生命的秘密。生物的研究由细胞水平进入分子水平,由定性进入定量,其后 10 年内,科学家破译了生命遗传密码。1960 年完成了生物通用遗传密码“辞典”。1971 年,美国保罗·伯格(Berg)用一种限制性内切酶打开了环状 DNA 分子,第一次把两种不同的 DNA 连接在一起,实现了 DNA 体外重组技术,标志着生物技术的核心技术——基因工程技术的开始。它提供了一种全新技术手段,使人们按照意愿在试管内切割 DNA,分离基因并经重组后导入细菌,由细菌生产大量的有用的蛋白质,或作为药物,或作为疫苗,它也可以直接导入人体内进行基因治疗。这样迅速完成了从传统生物技术向现代生物技术的飞跃转变,使其从原来的传统产业一跃成为 21 世纪的发展方向,成为具有远大发展前景的新兴学科和产业。

近年来,现代生物技术领域的研究与开发所取得的丰硕成果为人类更多地制造和创

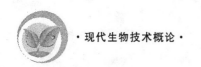

造有用的商品提供了条件。迄今为止,大量与人类健康密切相关的基因已经得到克隆和表达,胰岛素、生长激素、多种细胞因子、多种单克隆抗体、多种重组疫苗等几十种医药产品已经被批准上市。现代农业生物技术在提高农作物抗虫、抗病、抗逆和改良农作物品质等方面已经发挥了重要作用。总而言之,现代生物技术已经在医药、农业、食品、轻工、环保、能源、海洋等诸多方面得到日益广泛的应用;与此同时,医药生物技术、农业生物技术、家畜生物技术、海洋生物技术等一批新型产业已经形成和正在迅速形成。现代生物技术产品有基因工程药物、基因治疗、转基因植物、克隆动物、诊断试剂、DNA 芯片、生物传感器等,涉及工、农、医、信息和基础生物的各个方面,产品的附加值高或者很高。

生物技术各时期主要产品见表 1-1。

表 1-1 生物技术各时期主要产品

时期	产品名称	采用技术	附加值
第一代	啤酒、苹果酒、发酵面包、醋	自然发酵	低、中
第二代	抗生素、单细胞蛋白质、酶、乙醇、丙酮、维生素、氨基酸	初步的遗传分析、细胞杂交、物理化学诱变	中、高
第三代	基因药品、DNA 芯片、生物导弹	基因工程、细胞工程	高、很高

1.3 生物技术对经济社会发展的影响

现代生物技术自诞生以来就一直受到全世界各方面人士的深切关注,许多科学家将现代生物技术称为 21 世纪的朝阳产业。原因之一是现代生物技术在其诞生后的二十几年中发展迅猛并且用途广泛,更为重要的是现代生物技术所具有的可持续发展性是其他技术无以比拟的:生物技术是以生物体(微生物、植物、动物等)为原料进行产品的生产,其原料具有再生性;利用生物体进行的产品生产过程对环境的污染和破坏非常小,有些重组微生物甚至可以清除环境污染。面对当今社会存在的人口膨胀、资源枯竭、环境污染等一系列危及人类生存的严峻问题,人们日益深刻地意识到发展具有可持续发展的新技术、新产业的迫切性与必要性。因此,现代生物技术在 21 世纪会得到更加迅猛的发展。

现代生物技术的发展已经给人类社会带来了巨大的社会效益和经济效益,为人类生活提供了多方面的便利。例如:培育具有抗虫、抗逆、抗真菌、抗病毒和品质好、营养价值高等优良性能的植物,可有效提高农作物产量及改善粮食品质;新型药品的开发,对许多疾病更为准确的诊断、预防和有效的治疗,使人类生命质量和寿命大为提高;开发制造可以生产化学药物、生物大分子、氨基酸、酶类和各种食品添加剂的微生物;创造带有更多优良生物学性状的家畜和其他动物;简化清除环境污染物和废弃物的程序等。总之,现代生物技术已经渗入人们生活的许多方面,在众多领域得到广泛应用。

1.3.1 生物技术与医药

生物技术最早应用的产业领域就是医药行业,其产品有各种激素、淋巴素、免疫球蛋白、疫苗、抗生素以及抗癌的药物。抗生素是人们最为熟悉和应用最为广泛的生物技术药物,目前已经分离得到的抗生素有 6 000 多种,其中 100 多种被广泛应用,年市场销售额达 100 多亿美元。

现代生物技术的一个重要方向就是蛋白药物的研制与开发。利用现代生物技术进行蛋白药物生产有许多优越性,例如药品治疗针对性强、疗效好、不良反应小,能将自然界中含量极微的有效生物活性物质利用生物系统进行大规模生产,可以对蛋白分子进行改造以提高药物疗效、降低毒性、提高稳定性,开发出新的药物以治疗过去无法治疗的一些疾病等。

在医学诊断与治疗方面,现代生物技术为多种人类疾病提供了动物模型、可用于人类病毒病的研究的转基因动物等。20 世纪 80 年代转基因技术成为现实,使人们能够利用转基因技术对动物细胞进行遗传改造,而成为一种研究很多基础问题的有效手段。从 80 年代初期到 90 年代中期,已经将近百种不同的基因转入小鼠,这些研究在理解高等动物基因表达调控、肿瘤发生、免疫特异性、胚胎发生、发育过程及建立人类各种遗传疾病和其他疾病医学模型等众多方面发挥了重要作用。

1.3.2 生物技术与现代农业

长期以来,人类一直在努力寻求提高重要农作物产量和质量的方法。传统的遗传育种已经取得了巨大的成功,然而它是一个缓慢并且艰辛的过程。当前,基因工程、细胞工程等现代生物技术在植物种植业中正发挥着越来越重要的作用。通过把各种抗性基因转移到植物体内,使植物获得对病毒、昆虫、除草剂、恶劣环境胁迫、衰老等方面的抗性。现代生物技术的发展使得科学家们可以将一些传统育种方法不能培育出来的生物学性状通过基因工程手段引入作物中。2002 年,由中国科学家杨焕明等人完成的水稻基因组研究工作使植物育种迈上了一个崭新台阶,这一研究成果将对人类的健康与生存产生全球性的影响。

目前,研究人员已经可以用多种方法培育出雄性不育植物,这些方法包括基因工程技术、远缘杂交细胞重组技术、辐射诱变、体细胞诱变、植物组织培养技术、植物原生质体融合技术、体细胞杂交等。雄性不育及杂种优势的利用已经成为现代农业提高产量、改良品质的一个重要途径。

优良的家畜和家禽品种是重要的生产资料,更是农业生产力的重要组成部分。1982 年,研究人员将大鼠的生长激素基因(GH)转入小鼠并成功表达,结果转入外源基因的小鼠长得比正常的小鼠几乎大一倍,获得了"超级小鼠"。受到"超级小鼠"的巨大鼓舞,科学家们已经成功地培育了转基因羊、兔、猪、鱼等多种动物新品系。1997 年 2 月,克隆羊"多莉"的诞生使动物的快速、无性繁殖成为可能。这些研究极大地推动了畜牧业的发展。

1.3.3 生物技术与化学工业

在化学工业方面,生物技术充分发挥生物反应器的作用。严重的白色污染问题已引起全世界的关注,许多国家正在开发可生物降解的塑料来取代由石油产物合成的塑料,用

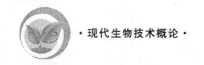

微生物合成的聚羟基烷酸酯就是其中之一。它具有目前使用的塑料的各种物理特征,同时具有生物降解性,是名副其实的生物塑料。工业生物催化已经被广泛看作"生物技术的第三次浪潮"。而这一技术的核心就是生物酶的应用。由于生物催化剂的高效性和高选择性,它在化学工业上的应用已经具有越来越大的吸引力。生物催化剂易于催化得到相对较纯的产品,因此可减少废物排放且可以完成传统化学所不能胜任的位点专一性、化学专一性和立体专一性催化,而节省能源、简化设备,适宜各种石油化学产品的大量生产。

1.3.4　生物技术与食品工业

食品生产是世界上最大的工业之一。在工业化国家中,食品消费占家庭预算的20%～30%。在解决人口爆炸带来的食品短缺问题方面,生物技术正在发挥积极作用。利用基因工程、细胞工程改造植物、微生物资源,可使食品的营养价值和加工性能得到改善,目前最常用的基因工程技术构建的"基因工程菌",可以改良食品微生物的生产性能,从而改善产品的风味和质量、节约能源和降低成本。通过转基因技术可以生产保健食品及有效因子,如低胆固醇肉猪、特种微量元素蛋、高胡萝卜素稻米等。利用细胞工程技术生产各种功能性食品及其主要功能成分,利用发酵技术生产食品添加剂等。生物技术还可以应用于食品的质量检测、食品生物保鲜剂的开发、耐储性农产品的选育和新型食用纳米材料的开发、食品工业废水的处理等方面,它有赖于现代生物知识和技术与食品加工、检测、保藏、生物工程原理的有机结合。

1.3.5　生物技术与环境保护

当代人类社会的发展创造了前所未有的文明,工业生产活动的高速发展和人口的急剧增长,又使得人类赖以生存的环境受到越来越严重的污染。全球范围的水资源短缺、土壤沙化、有毒化学品污染、臭氧层破坏、酸雨肆虐、物种灭绝、森林减少等使得人类生存与发展受到严峻的挑战,迫使人们进行一场环境保卫战以拯救人类自身。在这场环境保卫战中,现代生物技术担负着关键的使命并发挥巨大的作用。近年来,随着现代生物技术的发展,逐渐形成了以基因工程、细胞工程等为主导的现代环境防治技术。

生物技术在环境保护中创造了奇迹,它表现在海上浮油、工业废水、城市垃圾的处理,高分子化合物的分解,各种有毒物质的降解,污染事故的现场补救等。它与传统的污染防治技术和手段相比较,其主要的优越性表现在它是一个纯生态的过程,从根本上体现了可持续发展的战略思想。

1.3.6　生物技术与能源工业

能源问题是人类21世纪所面临的最大问题。随着地球上化石能源物质的不断消耗,人们一方面必须寻找、改善和提高可再生能源的利用率并发明新技术来最大限度地开采不可再生性能源;另一方面,还必须采用新兴技术以创造更多的新型能源物质并替代不可再生性能源用于满足人类对能源物质的需要。近年来,已经利用水力、风力、地热和太阳能捕获器等手段为人类提供了一些能源,但远不能满足人类对能源的需求。目前,已经利用和正在利用现代生物技术来提高不可再生性能源开采率和创造更多的可再生性能源。

这将是21世纪获得能源的有效方法,也将是未来能源物质的主要来源。如利用纤维素等植物原料发酵生产酒精、甲烷和氢气,创造具有高效光合作用并能生产能源的植物。目前生物技术与能源的研究及开发发展迅速,预计在不远的将来,能源将主要来自于生物技术。

小　结

生物技术是以生命科学为基础,应用自然科学与工程学原理,设计构建具有特定生物学性状的新型物种或品系,依靠生物体(包括微生物、动植物体)作为生物反应器将物料进行加工以提供产品和为社会服务的综合性技术体系。生物技术已逐步成为与多学科密切相关的综合性边缘学科。它所包含的主要技术范畴有基因工程、细胞工程、酶工程、发酵工程、蛋白质工程。

从生物技术发展过程的技术特征来看,通常将生物技术划分为传统生物技术、近代生物技术和现代生物技术三个不同的发展阶段。

现代生物技术是当今国际上重要的高技术领域,它的研究成果正越来越广泛地应用于农、林、牧、渔、医药、食品、能源、化工和环境保护等诸多领域,已经给人类社会带来了巨大的社会效益和经济效益,对人类社会已经产生或正在产生深刻的革命性的影响。然而,在人们享受现代生物技术给人类带来的种种好处和便利的同时,生物技术所拥有的巨大力量也给人类社会带来了许多出乎意料的冲击,并可能产生许多人类始料未及的严重后果。

 复习思考题

1. 何谓生物技术?简述生物技术发展简史。
2. 简述现代生物技术与传统生物技术的联系与区别。
3. 简述生物技术发展过程三个阶段的主要技术特点。
4. 为什么说现代生物技术是综合性科学与技术体系?
5. 现代生物技术的应用领域有哪些?它对人类社会将产生什么样的影响?

第 2 章

基 因 工 程

 学习目标

　　掌握基因工程操作的基本原理和基本流程；了解基因工程在相关领域中的应用；了解基因工程的未来发展趋势和发展动态；能够设计出基因工程操作的具体方案；能够对基因工程的结果进行合理分析。

　　基因工程诞生于 20 世纪 70 年代初，其核心技术是 DNA 重组技术，广义上讲，基因工程还包括基因的定位、分离、克隆、定点突变、测序技术、转化技术。基因工程最突出的优点是跨越了天然物种屏障，打破了常规育种难以突破的种间限制，可以使原核生物与真核生物之间、动物和植物之间、人和其他生物之间的遗传信息进行重组和转移。如 20 世纪 70 年代末已成功地用微生物来生产人的胰岛素和干扰素等药品，80 年代已将这一技术应用在高等生物物种改造和新品种的培育上，到目前为止已在农作物高产、优质、抗逆新品种的选育，新型药物、疫苗和基因治疗等研究领域中取得了重大进展，可以说，基因工程带动了现代生物技术产业的发展。经过几十年的发展，基因工程现在已成为生物技术的核心，并已转化为巨大的生产力，在工业、农业、医学、国防、能源、环保等领域成果累累，对人类生活产生了越来越重要的影响。

 ## 2.1 基因工程概述

2.1.1 基因和基因工程

　　基因工程操作的主要对象是基因，人们对基因的认识是不断发展的。19 世纪 60 年代，遗传学家孟德尔在研究豌豆杂交实验中，提出了生物性状是由遗传因子控制的观点。20 世纪初期，遗传学家摩尔根通过果蝇遗传实验，发现了基因的连锁交换定律，认为基因存在于染色体上，并且在染色体上呈线性排列，从而得出了染色体是基因载体的结论。20 世纪 50 年代以后，随着分子遗传学的发展，尤其是 Watson 和 Crick 提出双螺旋结构以后，人们才真正认识了基因的本质，即基因是具有遗传效应的 DNA 片断，每个基因含有成百上千个脱氧核苷酸。由于不同基因的脱氧核苷酸的排列顺序(碱基序列)不同,因此,不同的基因就含有不同的遗传信息。20 世纪 70 年代以后,发现了断裂基因、重叠基因、跳跃基因,进一步加深了对基因的理解。对基因的认识有以下观点。

(1) 基因是实体,它的物质基础是 DNA(或 RNA)。

(2) 基因是具有一定遗传效应的 DNA 分子中的特定的核苷酸序列。

(3) 基因是遗传信息传递和性状分化发育的依据。

(4) 基因是可分的,根据原初功能(即基因的产物),基因可分为编码蛋白质结构的基因,包括编码酶和结构蛋白的调节基因;无翻译产物的基因,转录成为 RNA 以后不再翻译成为蛋白质的转运核糖核酸(tRNA)基因和核糖体核酸(rRNA)基因;不转录的却有特定功能的 DNA 区段,如启动子、操纵基因等。

一种生物的基因组大小或者基因数目并不是绝对固定的,随着基因组结构的改变,基因功能也在发生变化。概括起来,基因是一个含有特定的遗传信息的核苷酸序列,它是遗传物质的最小功能单位。

20 世纪 70 年代,内森(D. Nathans)、史密斯(H. O. Smith)和阿尔伯(W. Arber)3 个研究小组发现并纯化了限制性内切酶,为基因工程奠定了基础。1972 年,伯格(P. Berg)首先用限制性内切酶切割 DNA 分子,并实现了 DNA 分子的重组,证明可以用两种不同物种的基因人工合成 DNA 分子。伯格选择了名为 SV40 的猴病毒和 λ 噬菌体,这两种病毒的 DNA 都是闭合环状结构。首先用限制性内切酶切开 SV40 和 λ 噬菌体的 DNA 环,然后用连接酶把这两种 DNA 连接成环,最后让含有这种 DNA 的噬菌体在大肠杆菌中繁殖。因此,他开发了利用酶的作用在试管内将噬菌体基因与 SV40 基因结合在一起的技术。1973 年,加州大学旧金山分校的博耶(H. Boyer)和斯坦福大学的科恩(S. Cohen)将外源基因拼接在质粒中,在大肠杆菌中表达,第一次完成了重组体的转化,这一年被定为基因工程的元年。

基因工程的诞生意味着可以在分子水平上,用人工方法提取或合成不同生物的 DNA 片段,在体外切割、拼接形成重组 DNA,然后将重组 DNA 引入受体细胞中,进行复制和表达,生产出符合人类需要的产品或创造出生物新性状,并使之稳定地遗传给下一代,这就是基因工程。基因工程中外源 DNA 插入载体分子所形成的杂合分子称为嵌合 DNA 或 DNA 嵌合体(DNA chimera)。构建这类重组体分子的过程,即重组体分子的无性繁殖过程又称为分子克隆(molecular cloning)、基因克隆(gene cloning)或重组 DNA (recombinant DNA)。供体、受体、载体是重组 DNA 技术的三大基本元件。

从实质上讲,基因工程的定义强调了外源 DNA 分子的新组合被引入一种新寄主生物中进行繁殖。这种 DNA 分子的新组合是按工程学方法进行设计和操作,这就赋予基因工程跨越天然物种屏障的能力,克服了固有的生物种间限制,扩大和带来了定向创造生物的可能性,这是基因工程的最大特点。

2.1.2 基因工程操作的理论依据

1. DNA 是遗传物质

不同基因具有相同的物质基础。地球上的一切生物,从细菌到高等动物和植物,直至

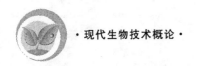

人类,它们的基因都是一个具有遗传功能特定核苷酸序列的 DNA 片段。而所有生物 DNA 的基本结构都是一样的。因此,不同生物基因(DNA 片段)原则上是可以重组互换的。

1944 年美国微生物学家埃弗雷(O. Avery),通过肺炎双球菌转化实验确定了基因的分子载体是 DNA,而不是蛋白质。1952 年 Alfred Hershey 和 Martha Chase 通过噬菌体转染实验进一步证明遗传物质是 DNA。

2. DNA 双螺旋结构

1953 年 Watson 和 Crick 揭示了 DNA 分子的双螺旋结构和半保留复制机制。

3. 中心法则和遗传密码

遗传密码是通用的。一系列三联密码子(除极少数的几个以外)同氨基酸之间的对应关系,在所有生物中都是相同的。重组的 DNA 分子不管导入什么样的生物细胞中,只要具备转录翻译的条件,均能转录翻译出相同的氨基酸。即使是人工合成的 DNA 分子(基因),同样可以转录翻译出相应的氨基酸。现在,基因是可以人工合成的。

4. 基因是可切割的

基因直线排列在 DNA 分子上。除少数基因重叠排列外,大多数基因彼此之间存在着间隔序列。因此,作为 DNA 分子上一个特定核苷酸序列的基因,允许从 DNA 分子上一个一个完整地切割下来。即使是重叠排列的基因,也可以把指定的基因切割下来,尽管破坏了其他基因。

5. 基因是可以转移的

基因不仅是可以切割下来的,而且发现生物体内有的基因可以在染色体 DNA 上移动,甚至可以在不同染色体间进行跳跃,插入靶 DNA 分子之中。

6. 多肽与基因之间存在对应关系

现在普遍认为,一种多肽就有一种相对应的基因。因此,基因的转移或重组可以根据其表达产物多肽的性质来检测。

7. 基因可以通过复制将遗传信息传递

经重组的基因一般来说是能传代的,可以获得相对稳定的转基因生物。

2.1.3 基因工程操作的基本流程

基因工程是一项非常繁杂的操作技术,但如果抛开细节问题,基因工程操作的基本流程如下(图 2-1)。

1. 目的基因的制备

所谓目的基因,就是按照设计所需要转移的具有遗传效应的 DNA 片段。目的基因可以通过人工合成、PCR 扩增、图位克隆等方法获取,也可以用限制性核酸内切酶从基因组中直接切割得到。

2. 目的基因与载体的连接

在体外将目的基因和具有自我复制和选择标记的载体进行连接,构建重组 DNA 分子。

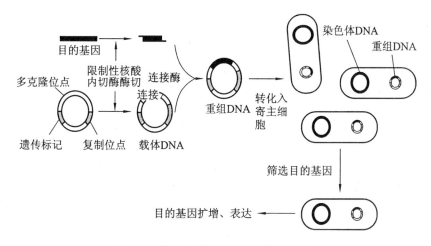

图 2-1 基因工程操作基本流程示意图

3. 重组体转入受体细胞

把带有目的基因的重组体转移到能够承载外源基因的大肠杆菌、动物、植物等受体细胞中,并使之整合和稳定增殖,常使用电击、氯化钙转化、感染等物理、化学或生物学方法。

4. 克隆子的筛选和鉴定

从大量繁殖细胞群中筛选出含有目的基因的克隆子,提取扩增目的基因,和表达载体进行连接,研究目的基因在宿主细胞中表达产物的性质、提取、分离和纯化,以及宿主遗传形状的改变。

 ## 2.2 基因工程的工具酶

通常将基因克隆过程中所需要的酶称为工具酶。基因工程涉及众多的工具酶,可粗略地分为限制酶、连接酶、聚合酶和修饰酶四大类,各种工具酶的主要用途见表 2-1。其中,以 DNA 连接酶、聚合酶和限制性核酸内切酶在分子克隆中的作用最为突出。

表 2-1 基因工程常用的工具酶及主要用途

名　称	主　要　用　途
限制性核酸内切酶	识别特定序列,切断 DNA 双链
DNA 连接酶	连接两个 DNA 分子或片段
DNA 聚合酶 I 或其大片段(Klenow)	缺口平移,制作标记 DNA 探针;合成 cDNA 的第二链;填补双链 DNA 的 $3'$ 凹端;DNA 序列分析
耐热 DNA 聚合酶(Taq 酶等)	聚合酶链式反应(PCR)
反转录酶	以 RNA 为模板合成 cDNA
多核苷酸激酶	催化多核苷酸 $5'$ 羟基末端磷酸化,制备末端标记探针
末端转移酶	在 $3'$ 末端加入同质多聚物尾

名　称	主要用途
S1 核酸酶,绿豆核酸酶	降解单链 DNA 或 RNA,使双链 DNA 突出端变为平端
DNA 酶Ⅰ(DNaseⅠ)	降解 DNA,在双链 DNA 上产生随机切口
RNA 酶Ⅰ(RNaseⅠ)	降解 RNA
碱性磷酸酶	切除核酸末端磷酸基

2.2.1　DNA 连接酶

DNA 连接酶是一种封闭 DNA 链上缺口的酶,借助 ATP 或 NAD^+ 水解提供的能量催化 DNA 链的 $5'-PO_4$ 与另一支 DNA 链的 $3'-OH$ 生成磷酸二酯键。目前常使用 T_4 DNA 连接酶和大肠杆菌 DNA 连接酶。T_4 DNA 连接酶既可连接平端,也可连接黏性末端,甚至可以修复双链 DNA、RNA 或 DNA/RNA 杂交双链中的单链切口,反应须有 Mg^{2+} 和 ATP 存在,pH 值为 7.5~7.6,最适温度为 37 ℃,30 ℃以下活性明显下降,但考虑到被连接 DNA 的稳定性,一般平末端连接的退火温度是 20~25 ℃,黏性末端是 12 ℃左右,且黏性末端的连接效率远低于平末端;大肠杆菌 DNA 连接酶只能进行黏性末端的连接,反应需要 NAD^+ 作为辅酶。

2.2.2　DNA 聚合酶

DNA 聚合酶的种类很多,它们在细胞中 DNA 的复制过程里起着重要的作用,而且分子克隆中的许多步骤也都涉及在 DNA 聚合酶催化下的 DNA 体外合成反应。这些酶作用时大多需要模板,合成产物的序列与模板互补。DNA 聚合酶包括大肠杆菌 DNA 聚合酶Ⅰ(全酶)、Klenow 片段、T_4 聚合酶、T_7 聚合酶、TaqDNA 聚合酶、反转录酶。

1. 大肠杆菌 DNA 聚合酶Ⅰ

大肠杆菌 DNA 聚合酶Ⅰ具有三种活性,即 $5'-3'$ DNA 聚合酶活性、$3'-5'$ 外切酶活性及 $5'-3'$ 外切酶活性。

(1) $5'-3'$ DNA 聚合酶活性　催化结合在 DNA 模板链上的引物核酸 $3'-OH$ 与底物 dNTP 的 $5'-PO_4$ 之间形成磷酸二酯键,释放出焦磷酸并使链延长,延长方向为 $5'\rightarrow3'$,新合成链的核苷酸顺序与模板互补。反应需要 Mg^{2+},需要以单链 DNA 作模板,并需要引物,该引物的 $3'$ 端为 OH。

(2) $3'-5'$ 外切酶活性　从游离的 $3'-OH$ 末端降解单链或双链 DNA 成为单核苷酸,其意义在于识别和消除不配对的核苷酸,保证 DNA 复制的忠实性。

(3) $5'-3'$ 外切酶活性　从 $5'$ 末端降解双链 DNA 成单核苷酸或寡核苷酸,也降解 DNA/RNA 杂交体的 RNA 成分(本核酸酶具有 RNA 酶 H 活性)。利用 $5'-3'$ 外切酶活性,可进行切口平移法标记 DNA,即在 $5'$ 端除去核苷酸,同时又在切口的 $3'$ 端补上核苷酸,从而使切口沿着 DNA 链移动。

2. 大肠杆菌 DNA 聚合酶Ⅰ大片段(Klenow 片段)

该酶是用枯草杆菌蛋白酶或胰蛋白酶处理大肠杆菌 DNA 聚合酶Ⅰ,而得到的 N 端

2/3 的大片段,也称为 Klenow 片段,该酶保留了 5'-3'DNA 聚合酶和 3'-5'外切酶活性,但失去了 5'-3'外切酶活性。

Klenow 片段的基本用途:补平由核酸内切酶产生的 5'黏性末端,或进行同位素标记。

3. T₄ 噬菌体 DNA 聚合酶

T₄ 噬菌体 DNA 聚合酶是从 T₄ 噬菌体感染的大肠杆菌中分离出来的,与 Klenow 片段相似。当反应体系中 4 种 dNTP 都存在时,5'-3'聚合酶活性占主导地位,作用底物是结合有短的引物链的单链 DNA;当只有一种 dNTP 存在或无底物时,T₄ 噬菌体 DNA 聚合酶有 3'-5'外切酶活性,从 3'-OH 端水解双链 DNA,直到露出与这种 dNTP 互补的碱基,然后在这个位置上发生合成和交换反应,例如以 dTTP 为原料,在 A 互补的位置上延伸一个 T,并以新的 dTTP 交换这个 T。利用 T₄ 噬菌体 DNA 聚合酶较强的 3'-5'外切酶活性和5'-3'聚合酶活性,常用来标记双链 DNA 的 3'突出、3'缩进和平头末端。

4. 耐热的 DNA 聚合酶

耐热的 DNA 聚合酶有 Taq、Pfu、Tfl 等,其中 Taq 酶是第一种在耐热菌中发现的耐热 DNA 聚合酶,在 95 ℃处理 2 h 其活性仍保持 40%,常用于 PCR 扩增 DNA 片段,其聚合的错误率约为 2×10^{-4}/bp。Pfu DNA 聚合酶具有 3'-5'外切酶的即时校正活性,可以即时地识别并切除错配核苷酸,因此,使用 Pfu 聚合酶进行 PCR 反应,比使用 Taq 聚合酶有较低的错配突变概率,保真性更高,与其他在 PCR 反应中使用的聚合酶相比,Pfu 聚合酶有着出色的热稳定性,以及特有的"校正作用"。但是,Pfu 聚合酶的效率较低。一般来说,在 72 ℃扩增 1 kb 的 DNA 时,每个循环需要 1~2 min。而且使用 Pfu 聚合酶进行 PCR 反应,会产生钝性末端的 PCR 产物。

2.2.3 限制性核酸内切酶

限制性核酸内切酶(endonuclease)是生物体内能识别并切割特异双链 DNA 序列的一种核酸内切酶,在合适的反应条件下使每条链内部一定位点上的磷酸二酯键断开,产生具有 5'-PO₄ 和 3'-OH 的 DNA 片段,这样能够将外来 DNA 切断,限制异源 DNA 的侵入并使之失去活力,但自身由于甲基化等修饰酶的保护作用而对自己的 DNA 无损害作用,这样可以保护细胞原有的遗传信息。根据限制性内切酶的识别序列和切割位点的一致性,可以把它们分为三类。Ⅰ型和Ⅲ型酶的识别位点与切割位点不一致。Ⅰ型酶与识别位点结合后,随机地切割在离识别位点相当远的地方。这类酶的作用需要 Mg^{2+}、ATP 和 SAM(腺苷甲硫氨酸)。除了内切酶的活力外,它们还具有甲基化酶、ATP 酶和 DNA 解旋酶的活力。Ⅲ型酶的识别位点和切割位点比较接近,在 25~27 bp,切割产物的 5'端突出 2~3 个核苷酸。它的作用辅助因子与Ⅰ型酶相同,也有甲基化修饰功能,但无 ATP 酶和 DNA 解旋酶的活力。由于这两类酶切割位点不固定,不产生特定的核苷酸片段,在基因工程实验中很少用到。Ⅱ型限制性内切酶有特定的识别位点和切割位点,识别序列是 4~12 bp,约有一半的Ⅱ型限制性内切酶的切割位点是 6 个核苷酸。它的作用不需要 ATP 和 SAM 作为辅助因子,一般只需要 Mg^{2+}。Ⅱ型内切酶没有甲基化修饰功能。这一类酶在基因工程实验中相当常用,十分重要。

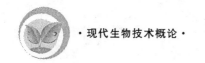

1. Ⅱ型限制性内切酶的命名

命名原则:取属名的第一个字母大写和种名的前两个字母小写组成 3 个斜体字母作为基本组成,若有株名,再写上一个小写字母,其后按发现的先后顺序写上Ⅰ、Ⅱ、Ⅲ等罗马数字。如从流感嗜血杆菌 d 株(*Haemophilus influenzu* d)中分离的三种限制性内切酶分别命名为 *Hind*Ⅰ、*Hind*Ⅱ、*Hind*Ⅲ。若微生物有不同的变种和品系,则在其 3 个字母之后再加上一个大写字母表示,如 *Eco*RⅠ和 *Bam*HⅠ。

2. Ⅱ型限制性核酸内切酶的底物识别顺序及切割位点

Ⅱ型限制性核酸内切酶是一种位点特异性酶,能识别双链 DNA 分子中的特异序列,并在特异部位上水解双链 DNA 中每一条上的磷酸二酯键,从而造成双链缺口,切断 DNA 分子。限制性核酸内切酶的识别序列一般是 4~8 个核苷酸,这些序列大多是回文结构,即序列正读和反读是一样的。例如,*Eco*RⅠ识别 6 个核苷酸的序列,在特定的 G 与 A 之间切割 DNA 分子。

$$5'\cdots G \downarrow \text{A-A-T-T-C}\cdots3' \quad \xrightarrow{Eco\text{R}\,\text{I}} \quad 5'\cdots G \qquad\qquad \text{A-A-T-T-C}\cdots3'$$
$$3'\cdots \text{C-T-T-A-A} \downarrow G\cdots5' \qquad\qquad 3'\cdots\text{C-T-T-A-A} \quad + \quad G\cdots5'$$

*Bam*HⅠ识别 6 个核苷酸的序列,在特定的 G 与 G 之间切割 DNA 分子:

$$5'\cdots G \downarrow \text{G-A-T-C-C}\cdots3' \quad \xrightarrow{Bam\text{H}\,\text{I}} \quad 5'\cdots G \qquad\qquad \text{G-A-T-C-C}\cdots3'$$
$$3'\cdots \text{C-C-T-A-G} \downarrow G\cdots5' \qquad\qquad 3'\cdots\text{C-C-T-A-G} \quad + \quad G\cdots5'$$

*Pst*Ⅰ识别 6 个核苷酸的序列,在特定的 A 与 G 之间切割 DNA 分子:

$$5'\cdots \text{C-T-G-C-A} \downarrow G\cdots3' \quad \xrightarrow{Pst\,\text{I}} \quad 5'\cdots \text{C-T-G-C-A} \qquad\qquad G\cdots3'$$
$$3'\cdots G \downarrow \text{A-C-G-T-C}\cdots5' \qquad\qquad 3'\cdots G \quad + \quad \text{A-C-G-T-C}\cdots5'$$

由于大多数Ⅱ型限制性核酸内切酶在双链核苷酸回文序列中相应的部位进行切割,因此,经限制酶切割后的双链 DNA 形成所谓的黏性末端,即 DNA 末端由几个碱基组成的能与具有互补末端的 DNA 片段连接的部分,多数限制酶在作用后产生具有 5′末端突出或 3′末端突出的黏性末端。如 *Eco*RⅠ切割双链 DNA 形成 5′-P 的单链黏性末端,而 *Pst*Ⅰ切割双链 DNA 形成 3′-OH 的单链的黏性末端。

有少数限制酶在双链 DNA 的对称轴处切割,产生平齐末端(平末端)。如 *Sam*Ⅰ识别 6 个核苷酸的序列,在特定的 C-G 之间切割 DNA 分子。

$$5'\cdots \text{C-C-C} \downarrow \text{G-G-G}\cdots3' \quad \xrightarrow{Sam\,\text{I}} \quad 5'\cdots\text{C-C-C} \qquad \text{G-G-G}\cdots3'$$
$$3'\cdots \text{G-G-G} \downarrow \text{C-C-C}\cdots5' \qquad\qquad 3'\cdots\text{G-G-G} \quad + \quad \text{C-C-C}\cdots5'$$

在多数情况下,同一种限制酶所产生的黏性末端结构总是相同的,因而用同一种限制酶酶切的同一个或两个不同来源的 DNA 分子所产生的末端都可以相互配对,在 DNA 连接酶的作用下成为一个重组的 DNA 分子。

有一些来源不同的限制酶识别的是同样的核苷酸序列,这类酶特称为同裂酶。同裂酶产生同样的切割,形成同样的末端。例如,限制酶 *Hpa*Ⅱ和 *Msp*Ⅰ是一对同裂酶,共同的识别序列是 C↓CGG。

有一类限制酶,它们虽然来源各异,识别序列也各不相同,但都产生出相同的黏性末端,故称为同尾酶。常用的限制酶 *Bam*HⅠ和 *Bcl*Ⅰ是同尾酶。它们切割 DNA 之后都形成由

GATC 4 个核苷酸组成的黏性末端。显然,由同尾酶所产生的 DNA 片段是能够通过其黏性末端之间的互补作用而彼此连接起来的,因此在基因克隆实验中很有用处。

$$5'\cdots G \downarrow GATC \quad C\cdots 3' \quad \xrightarrow{BamHI} \quad 5'\cdots G \qquad\qquad GATCC\cdots 3'$$
$$3'\cdots C \quad CTAG \downarrow G\cdots 5' \qquad\qquad 3'\cdots C\ CTAG \qquad + \qquad G\cdots 5'$$
$$5'\cdots T \downarrow GATC \quad A\cdots 3' \quad \xrightarrow{BclI} \quad 5'\cdots T \qquad\qquad GATC\ A\cdots 3'$$
$$3'\cdots A \quad CTAG \downarrow T\cdots 5' \qquad\qquad 3'\cdots A\ CTAG \qquad + \qquad T\cdots 5'$$

由一对同尾酶分别产生的黏性末端共价结合形成的位点。特称为"杂种位点"。但必须指出,这种结构一般是不能够再被原来的任何一种同尾酶所识别的。

2.2.4 其他工具酶

1. 末端脱氧核苷酸转移酶

末端脱氧核苷酸转移酶(terminal deoxynucleotidyl transferase,TdT)简称末端转移酶。它的作用是将脱氧核苷酸加到 DNA 的 3'-OH 上,主要用于探针标记;或者在载体和待克隆的片段上形成同聚物尾,以便于进行基因克隆。

2. S1 核酸酶

降解单链 DNA 或 RNA,产生带 5'-PO$_4$ 的单核苷酸或寡聚核苷酸。酶量中等时可在切口或小缺口处切割双链核酸,酶量大时则可切割双链核酸。该酶用于:①去除 DNA 片段黏性末端而产生平端;②在 cDNA 合成过程中,切开 cDNA 的发夹末端;③分析 DNA/RNA 杂交体的结构,可证明基因内部内含子的存在。

3. 核糖核酸酶(RNase)

RNaseA 来源于牛胰,是内切核糖核酸酶,专门降解 RNA。RNaseT 来自米曲霉菌,具碱基专一性,特异性降解 RNA 成 3'鸟苷酸或 3'端为鸟苷酸的寡核苷酸链。这两种酶的用途:在质粒提取时降解 RNA;从 DNA/RNA 杂交体中去除未杂交的 RNA 区。

4. 修饰酶

体内有些酶可在其他酶的作用下,将酶的结构进行共价修饰,使该酶活性发生改变,这种调节称为共价修饰调节,这类酶称为修饰酶。最为常用的是小牛肠碱性磷酸酶(CIAP),它能催化 DNA 和 RNA 的 5'-PO$_4$ 水解,产生 5'-OH 末端,在连接酶作用下目的基因的 5'-PO$_4$ 先与载体 3'-OH 连接,再通过复制修复另一条链,使两条链完全连接,该方法防止了载体自身环化,大大提高了连接效率,同时 CIAP 在 1% SDS 溶液中 68 ℃加热 15 min 就失去活性。

2.3 基因工程的载体

单独一个包含启动子、编码区和终止子的基因,或者组成基因的某个元件,一般是不容易进入受体细胞的。即使采用理化方法进入细胞后,也不容易在受体细胞内稳定维持。把能够承载外源基因,并将其带入受体细胞得以稳定维持的 DNA 分子称为基因克隆载体(gene cloning vector)。作为基因载体一般应该具备以下条件。

(1) 在载体上具有合适的限制性核酸内切酶位点。这样的内切酶位点在载体上应尽

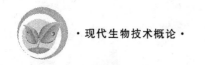

可能地多而唯一,克隆载体中往往组装一个含多种限制性核酸内切酶识别序列的多克隆位点(MCS)连杆,这样可以使多种类型末端的 DNA 片段定向插入。

(2)载体必须具有复制原点,能够自主复制。在携带外源 DNA 片段(基因)进入受体细胞后,能停留在细胞质中进行自我复制;或能整合到染色体 DNA、线粒体 DNA 和叶绿体 DNA 中,随这些 DNA 同步复制。

(3)载体必须含有供选择转化子的标记基因,如根据转化子抗药性进行筛选的氨苄青霉素抗性基因(Ap^r 或 Amp^r)、氯霉素抗性基因(Cm^r)、卡那霉素抗性基因(Km^r 或 Kan^r)、链霉素抗性基因(Sm^r)、四环素抗性基因(Tc^r 或 Tet^r)等,根据转化子蓝白颜色进行筛选的 β-半乳糖苷酶基因($LacZ'$),以及表达产物容易观察和检测的报告基因 gus(β-葡萄糖醛酸苷酶基因)、gfp(绿色荧光蛋白基因)等。

(4)载体在细胞内的拷贝数要多,这样才能使外源基因得以扩增。

(5)载体在细胞内的稳定性要高,这样可以保证重组体稳定传代而不易丢失。

(6)载体本身相对分子质量要小,这样可以容纳较大的外源 DNA 插入片段。载体的相对分子质量太大将影响重组体和载体本身的转化效率。

载体在基因工程中占有十分重要的地位。目的基因能否有效转入受体细胞,并在其中维持和高效表达,在很大程度上取决于载体。目前已构建和应用的基因载体不下几千种。根据构建载体所用的 DNA 来源,载体可分为质粒载体、病毒或噬菌体载体、质粒 DNA 与病毒或噬菌体 DNA 组成的载体,以及质粒 DNA 与染色体 DNA 片段组成的载体等;从功能上又可分为克隆载体、表达载体和克隆兼表达载体,表达载体又可分为胞内表达载体和分泌表达载体。现就几种典型的载体进行分析,以便对载体有较清楚的了解。

2.3.1 大肠杆菌克隆载体

质粒(plasmid)是宿主细胞染色体外以稳定方式遗传的裸露 DNA 分子。一个质粒就是一个 DNA 分子,大小为 1～200 kb,质粒含有复制起始位点,能在相应的宿主细胞内进行自我复制。一种为严紧型质粒(stringent plasmid),当细胞染色体复制一次时,质粒也复制一次,每个细胞内只有 1 到几十个拷贝;另一种是松弛型质粒(relaxed plasmid),当染色体复制停止后仍然能继续复制,每一个细胞内一般有几十到几百个拷贝。一般相对分子质量较大的质粒属于严紧型。质粒 DNA 分子小的不足 2 kb,大的可达 100 kb 以上,多数在 10 kb 左右。在许多细菌、乳酸杆菌、蓝藻、酵母等生物中均发现含有质粒,并构建了相应的质粒载体。质粒载体是以质粒 DNA 分子为基础构建而成的克隆载体,含有质粒的复制起始位点,能够按质粒复制的形式进行复制。

1. pBR322 载体

pBR322 是一种常用的典型质粒载体(图 2-2),分子大小为 4 363 bp,至今仍被广泛应用。含有 ColEl 复制起始位点(Col-ori),能在大肠杆菌细胞中高拷贝复制,经氯霉素扩增(可抑制大肠杆菌基因组 DNA 复制和细胞分裂,但不抑制质粒的复制)后,拷贝数可达 1 000～30 000 个/细胞。pBR322 中组装了 Amp^r 基因和 Tet^r 基因,作为筛选转化子的选择标记基因。在 Amp^r 基因区有限制性核酸内切酶 Pst Ⅰ、Sca Ⅰ的识别序列,在 Tet^r 基因区有限制性核酸内切酶 Bam HⅠ、Sal Ⅰ、Eco RⅤ的识别序列,并且这些限制性核酸内切酶在此质粒载体上只有一个识别序列,因此均可作为克隆外源 DNA 片段的克隆位点,然后用负选择法筛选重组子,例如当外源 DNA 片段在 *Bam*H I、*Sal* I 或 *Pst* I 位点插入时,可用引起抗生素基因的失活来筛选重组体,当外源 DNA 片段插入 *Bam*H I 位点时,由于外源 DNA 片段的插入使四环素抗性基因(*Tet*)失活,可以通过 *Amp*r 和 *Tet*r 来筛选重组体。利用氨苄青霉素和四环素这样的抗性基因既经济又方便。pBR322 可以克隆 10 kb 以下的外源 DNA 片段,主要用于基因克隆,具较高的拷贝数,经过扩增之后,每个细胞中可累积 1 000~30 000 个拷贝。此外,pBR322 也常常作为构建新克隆载体的骨架,或取其基本元件。

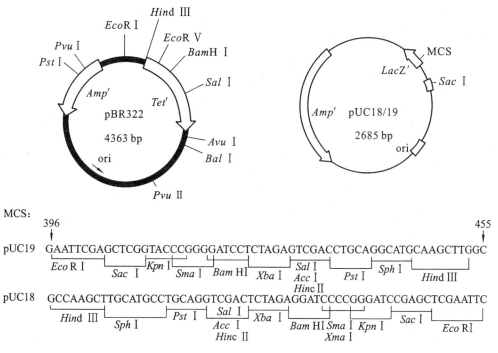

图 2-2 pBR322 和 pUC18/19 **图谱**

2. pUC18 和 pUC19 载体

另一类常用的载体是 pUC 系列质粒,可以用组织化学方法鉴定重组克隆的质粒载体,它有 pBR322 的复制起始位点和氨苄青霉素抗性基因,增加了大肠杆菌乳糖操纵子的启动子和 *LacZ*′基因部分区,为了便于外源 DNA 片段的克隆,在 *LacZ*′基因片段中加入了多克隆位点,而且每个限制性内切酶位点在整个载体中是唯一的,它们之间的区别在于多克隆位点处的核苷酸序列不同。如常用的质粒载体 pUC18 和 pUC19(图 2-2),大小为 2 685 bp,在细胞中的拷贝数可达 500~700 个;质粒携带氨苄青霉素的抗性基因(*Amp*r)和 *LacZ*′基因,后者编码半乳糖苷酶的 N 端,它可以和宿主菌株(DH5α)产生的半乳糖苷酶 C 端互补,将乳糖分解为葡萄糖和半乳糖,或将 5-溴-4-氯-3-吲哚-β-D-半乳糖(X-gal)分解为蓝色产物,*LacZ*′可以被异丙基-β-D-硫代半乳糖苷(IPTG)所诱导,释放出的蓝色物质可以将整个菌落染成蓝色,非常容易辨别,如果 *LacZ*′基因被插入了外源 DNA 片段而被破坏,菌落则是无色的,同时 pUC 质粒含有 *Amp*r 抗性基因,可以通过颜色反应和转化

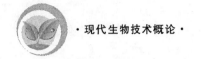

子对氨苄青霉素的抗性进行双重筛选,保证了阳性克隆的筛选效率。pUC18 和 pUC19 两者的差别只是各种克隆位点的走向相反。设计这样一对质粒载体,便于用两种限制性核酸内切酶酶切产生的一个 DNA 片段以正、反两个方向插入载体,保证 DNA 片段中基因的信息链与质粒载体信息链连接,进行有效的表达。

3. T-克隆载体

在 PCR 反应中,Taq 酶通常会在延伸的 PCR 产物 3′末端加上非配对的碱基"A"。根据这种特性研制出了一种线性质粒,其 5′端各带一个不配对的碱基"T"。采用这样的质粒可将 PCR 产物以 T-A 配对连接的方式直接进行克隆,即 TA 克隆。用于 TA 克隆的载体称为 T-克隆载体,也称 T 载体(图 2-3),它的出现使 PCR 产物的克隆更加简便快捷,不用酶切,甚至不用纯化 PCR 产物就可以直接用来连接,但值得注意的是高保真酶具有 3′-5′外切酶的活性,没有扩增后的 poly"A"尾巴,所以必须用 Taq 酶进行加尾处理后才能克隆到 T 载体上。目前国内外生物公司研制的 T 载体倾向于转化子多,阳性率高,特别对于大片段的连接易于操作。

2.3.2 农杆菌 Ti 质粒载体

根癌农杆菌(*Agrobacterium tumefaciens*)含有一种内源质粒,当农杆菌同植物接触时,这种质粒会引发植物产生肿瘤(冠瘿瘤),所以称此质粒为 Ti 质粒(tumor inducing plasmid)。Ti 质粒是一种双链环状 DNA 分子,其大小有 200 kb 左右,但是能插入寄主染色体上 DNA 上的只是一小部分,称为 T-DNA(transfer DNA)。Ti 质粒上有若干个重要区域:复制起始位点、致病区(vir 区)、T-DNA 区和农杆碱分解代谢区(图 2-4)。对于植物基因工程来说最重要的是 vir 区和 T-DNA 区,vir 区对于农杆菌转化植物细胞至关重要,其基因序列的突变将导致质粒转化能力丧失或减弱。T-DNA 区左右两边界(LB、RB)各有一个 25 bp 长的正向重复序列(LTS 和 RTS),对 T-DNA 的转移和整合是不可缺少的,并且已证实 T-DNA 只要保留两端边界序列,虽然中间的序列不同程度被任何一个外源 DNA 片段所替换,仍可转移整合到植物基因组中。根据 Ti 质粒的这个性质,近年来构建成含 LB 和 RB 的质粒载体已被广泛地用于植物的基因转移。利用农杆菌感染或基因枪等转移技术将其直接导入植物体内,使含有目的基因的外源 DNA 片段整合到植物基因组中。

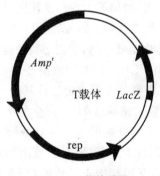

图 2-3　T 载体简图

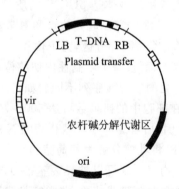

图 2-4　农杆菌 Ti 质粒重要区结构简图

2.3.3　噬菌体克隆载体

噬菌体是感染细菌的病毒,当溶原性噬菌体感染细菌后,可将自身的 DNA 整合到细菌的染色体中去,这里介绍用做克隆载体的 λ 噬菌体。

野生型 λ 噬菌体 DNA 全长 48.5 kb,为双链线性 DNA 分子,两端带有 12 个碱基的 5′ 突出黏性末端,称为 cos 位点,且两端的核苷酸序列互补。λ 噬菌体通过黏性末端的核苷酸配对形成环状分子,可以进入大肠杆菌,也可以整合进入宿主细胞基因组中。因此,它既可溶菌生长,又可溶原生长。λDNA 的 1/3 中间区域不是噬菌体生长所必需的,因此可以通过基因改造,在 λ 噬菌体 DNA 的适当位置设置便于外源基因插入的多克隆位点,构建用于克隆或表达的 λ 噬菌体源的载体。

λDNA 必须包装上蛋白质外壳后才能感染大肠杆菌,而包装对 λDNA 的大小有严格的要求,只有相当于野生型基因组长度的 75%～105% 这一范围的 DNA 才能被包装成噬菌体颗粒。这类载体经成对的限制性内切酶消化,分离左右臂去掉中间部分,可与 9～23 kb 的外源 DNA 连接,经体外蛋白包装,感染宿主细菌就可获得噬菌体文库,所以 λDNA 可以作为载体,通过替换自身序列的方式携带外源 DNA,这种载体称为替代型载体(replacement vector)。如无外源 DNA 取代,仅由 λDNA 左右边连接起来的 DNA 分子,由于太小不能被包装,这便提供了一个挑选重组 λDNA 的阳性标志,目前应用较广的是 EMBL 系列,可以插入大片段的染色体 DNA。λDNA 也可直接插入小于 10 kb 的外源目的 DNA 片段,利用 *LacZ*′ 的 α 互补蓝白斑筛选,能获得重组噬菌体,也可以用 Sp 正选择系统获得重组噬菌体(因 *red* 和 *gam* 基因缺失,重组噬菌体可正常生长),这类载体称为插入型载体(insertion vector)。例如 λgt11、λZAP Ⅱ 等和 Charon 系列等,广泛应用于 cDNA 及小片段 DNA 的克隆。

2.3.4　人工染色体克隆载体

以 λ 噬菌体为基础构建的载体能装载的外源 DNA 片段只有 24 kb 左右,而黏性质粒载体也只能容纳 35～45 kb。然而许多基因过于庞大,不能作为单一片段克隆于这些载体中,特别是人类基因组、水稻基因组工程的工作需要容纳几十万到几百万对碱基的大片段,这就使人们开始组建系列的人工染色体,例如噬菌体源人工染色体(P1 phage-derived artificial chromosome,PAC)、细菌人工染色体(bacterial artificial chromosome,BAC)、酵母人工染色体(yeast artificial chromosome,YAC)、哺乳类动物人工染色体(mammalian artificial chromosome,MAC)、人源人工染色体(human artificial chromosome,HAC)等。

2.4　目的基因的获取

基因工程流程的第一步就是获得目的基因,因此获得目的基因就成为基因工程操作的首要任务之一。所谓的目的基因,是指被用于基因重组、改变受体细胞性状和获得预期表达产物的基因。目的基因获得之后,或确定其表达调控机制和生物学功能,或建立高效表达系统,构建具有经济价值的基因工程菌(细胞),或将目的基因在体外进行必要的结构

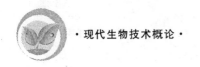

功能修饰,再输回细胞内改良生物体的遗传性状。

2.4.1　目的基因的来源

作为目的基因,其表达产物应该有较大的经济效益或社会效益,如那些特效药物相关的基因和降解毒物相关的基因等。但是那些表达产物有害的基因,也不是绝对不能作为目的基因,往往在特殊需要的情况下也作为目的基因进行使用,如毒素基因等。

目前,目的基因主要来源于各种生物。真核生物染色体基因组,特别是人和动植物染色体基因组中蕴藏着大量的基因,是获得目的基因的主要来源。虽然原核生物的染色体基因组比较简单,但也有几百、上千个基因,也是目的基因来源的候选者。此外,质粒基因组、病毒(噬菌体)基因组、线粒体基因组和叶绿体基因组也有少量的基因,往往也可从中获得目的基因。

2.4.2　获得目的基因的途径

根据实验需要,待分离的目的基因可能是一个基因编码区,或者包含启动子和终止子的功能基因;可能是一个完整的操纵子,或者由几个功能基因、几个操纵子聚集在一起的基因簇;也可能只是一个基因的编码序列,甚至是启动子或终止子等元件。而且不同基因的大小和组成也各不相同,因此获得目的基因有多种方法。目前采用的方法主要有酶切直接分离法、构建基因组文库或 cDNA 文库分离法、PCR 扩增法和化学合成法等。

1. 利用限制性核酸内切酶酶切法直接分离目的基因

对于已测定了核苷酸序列的 DNA 分子或者已克隆在载体中的目的基因,根据已知的限制性核酸内切酶识别序列只需要用相应的限制性核酸内切酶进行一次或几次酶切,就可以分离出含目的基因的 DNA 片段。如图 2-5 所示,用 *Bam*H I 和 *Sal* I 酶切此质粒,就可获得目的基因。

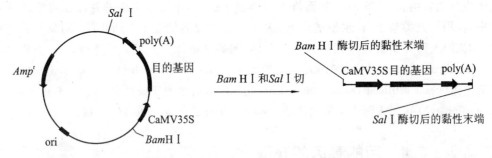

图 2-5　用限制性核酸内切酶 *Bam*H I 和 *Sal* I 双酶切得到目的基因 ICE1 示意图

2. 构建基因组文库或 cDNA 文库分离目的基因

1) 基因组文库

基因组文库是通过重组、克隆保存在宿主细胞中的各种 DNA 分子的集合体。文库保存了该种生物的全部遗传信息,需要时可从中分离获得。

构建基因组文库的程序是从供体生物制备基因组 DNA，并用限制性核酸内切酶酶切产生出适于克隆的 DNA 片段，然后在体外将这些 DNA 片段同适当的载体连接成重组体分子，并转入大肠杆菌的受体细胞中去，如图 2-6 所示。由于真核生物基因组很大，并且真核基因含有内含子，所以人们希望构建大插入片段的基因组文库，以保证所克隆基因的完整性。另外，作为一个好的基因组文库，人们希望所有的染色体 DNA 片段被克隆，也就是说，能够从文库中调出任一个目的基因克隆。为了减轻筛选工作的压力，重组子克隆数不宜过大，原则上重组子越少越好，这样插入片段就应该比较大。

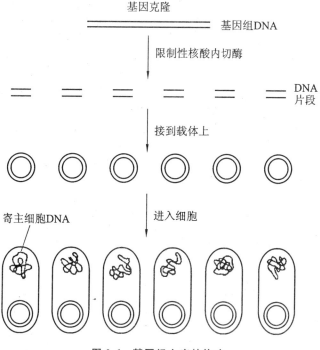

图 2-6　基因组文库的构建

2）cDNA 文库

真核生物基因组 DNA 十分庞大，其复杂程度是蛋白质和 mRNA 的 100 倍左右，而且含有大量的重复序列。采用电泳分离和杂交的方法，都难以直接分离到目的基因。这是从染色体 DNA 为出发材料直接克隆目的基因的一个主要困难。然而高等生物一般具有 10^5 种左右不同的基因，但在一定时间阶段的单个细胞或个体中，只有 15% 左右的基因得以表达，产生约 15 000 种不同的 mRNA 分子。

以 mRNA 为模板，经反转录酶催化合成 DNA，则此 DNA 序列与 mRNA 互补，称为互补 DNA 或 cDNA，再与适当的载体（常用噬菌体或质粒载体）连接后转化宿主菌，则每一个细胞含有一段 cDNA，并能繁殖扩增，这样包含着细胞全部 mRNA 信息的 cDNA 克隆集合即称为该组织细胞的 cDNA 文库。可见，从 cDNA 文库中获得的是已经经过剪切、去除了内含子的 cDNA，所以 cDNA 文库显然比基因组文库小很多，能够比较容易地从中筛选克隆得到细胞特异表达的基因，其流程如图 2-7 所示。

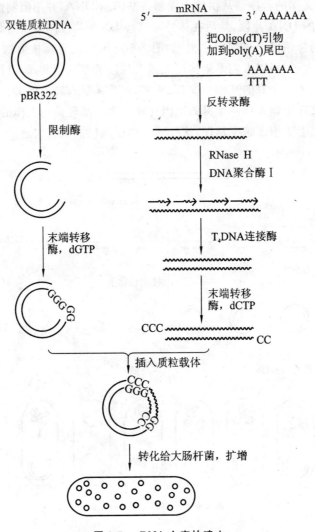

图 2-7　cDNA 文库的建立

3. 利用 PCR 直接扩增目的基因

多聚酶链式反应(polymerase chain reaction,PCR)技术的出现使基因的分离和改造变得简便得多,特别是对原核基因的分离,只要知道基因的核苷酸序列,就可以设计出适当的引物从染色体 DNA 上将所要的基因扩增出来。

PCR 技术就是在体外通过酶促反应成百万倍地扩增一段目的基因。它要求反应体系具有以下条件:①要有与被分离的目的基因两条链的各一端序列互补的 DNA 引物(约 20 个碱基);②具有热稳定性的酶(如 TaqDNA 聚合酶);③dNTP;④作为模板的目的 DNA 序列。一般 PCR 反应可扩增出 100～500 bp 的目的基因。

PCR 反应过程包括以下三个方面的内容,如图 2-8 所示。

(1) 变性:这是 PCR 反应的第一步,即将模板置于 95 ℃的高温下,使双链 DNA 解开变成单链 DNA。

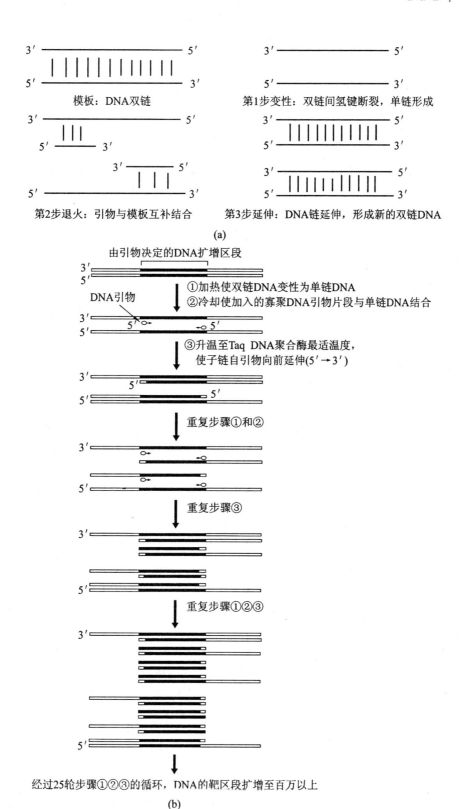

图 2-8　聚合酶链式反应示意图

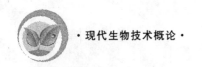

（2）退火:将反应体系的温度降至 55 ℃左右,使得一对引物能分别与变性后的两条模板链相配对。

（3）延伸:将反应体系的温度调整到 TaqDNA 聚合酶作用的最适温度 72 ℃,然后以目的基因为模板,合成新的 DNA 链。

如此反复进行约 30 个循环,即可扩增得到目的 DNA 序列,足以用于进一步实验和分析。

PCR 扩增法特别适合于已知基因序列的获得。国际有关网站的基因数据库中已储存着上百万个基因的核苷酸序列。因而通过国际互联网查到感兴趣的核苷酸序列,然后经过同源性分析找出基因的保守序列,再根据结果设计可用于扩增基因的引物序列,利用 DNA 合成仪合成出成对的引物,最后根据模板的性质进行 PCR 反应。如果模板是 mRNA 分子,那么还必须先将 mRNA 反转录成 cDNA 后再进行 PCR 扩增,这种方法常称为反转录 PCR(PT-PCR)。PT-PCR 为经 cDNA 分离特定基因提供了一个通用、快速的手段。PCR 产物可按事先设计好的实验方案与合适的载体相连即可。

4. 目的基因的化学合成

基因就其化学本质而言,就是一段具有特定生物学功能的核苷酸序列。显而易见,只要掌握了基因的分子结构,便能够在实验室内用化学的方法进行基因或 DNA 片段的人工合成。

在基因的化学合成中,首先要合成出有一定长度的、具有特定序列结构的寡核苷酸片段,然后通过 DNA 连接酶的作用,将它们按照一定顺序连接起来。干扰素就是采用这种方法合成的。

 ## 2.5　基因与载体的连接

在一定条件下,把载体和要克隆的 DNA 片段连接在一起成为一个完整的重组环状分子,这就是重组 DNA 中常说的连接反应。

2.5.1　具互补黏性末端片段之间的连接

连接反应可用 *E. coli* DNA 连接酶,也可用 T₄ DNA 连接酶。待连接的两个 DNA 片段的末端如果是用同一种限制性核酸内切酶酶切的,连接后仍保留原限制性核酸内切酶的识别序列。如果是用两种同尾酶酶切的,虽然产生相同的互补黏性末端,可以有效地进行连接,但是获得的重组 DNA 分子往往失去了原来用于酶切的那两种限制性核酸内切酶的识别序列。具体连接方法如图 2-9 所示。

2.5.2　具平末端 DNA 片段之间的连接

连接反应必须用 T₄ DNA 连接酶。只要两个 DNA 片段的末端是平末端,不管是用什么限制性核酸内切酶酶切后产生的,还是用其他方法产生的,都可以进行连接。如果用两种不同限制性核酸内切酶酶切后产生的平末端 DNA 片段之间进行连接,连接后的 DNA 分子失去了那两种限制性核酸内切酶的识别序列。如果两个 DNA 片段的末端是用同一种限制性核酸内切酶酶切后产生的,连接后的 DNA 分子仍保留那种酶的识别序列,有的还出现另外一种新的限制性核酸内切酶识别序列,如图 2-10 所示。

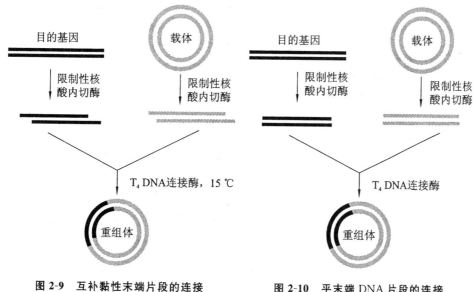

图 2-9　互补黏性末端片段的连接　　　　图 2-10　平末端 DNA 片段的连接

2.5.3　DNA 片段末端修饰后进行连接

待连接的两个 DNA 片段经过不同限制性核酸内切酶酶切后,产生的末端未必是互补黏性末端,或者未必都是平末端,因此无法进行连接。在这种情况下,连接之前必须对两个末端或一个末端进行修饰。修饰的方式主要是在末端转移酶的作用下,在 DNA 片段末端加上同聚物序列,制造出黏性末端,再进行黏性末端连接,如图 2-11 所示。有时为了避免待连接的两个 DNA 片段自行连接成环形 DNA,或自行连接成二聚体或多聚体,可采用碱性磷酸酯酶将其中一种 DNA 片段 $5'$ 末端的—P 修饰成—OH。

2.5.4　DNA 片段加连杆后连接

如果要连接既不具互补黏性末端又不具平末端的两种 DNA 片段,除了上述用修饰一种或两种 DNA 片段末端后进行连接的方法外,还可以采用人工合成的连杆或衔接头。先将连杆连接到待连接的一种或两种 DNA 片段的末端,然后用合适的限制性核酸内切酶酶切连杆,使待连接的两种 DNA 片段具有互补黏性末端,最后在 DNA 连接酶催化下使两种 DNA 片段连接,产生重组 DNA 分子。

此外,也可以根据两 DNA 片段的末端,选用合适的衔接头直接把两 DNA 片段连接在一起,如图 2-12 所示。

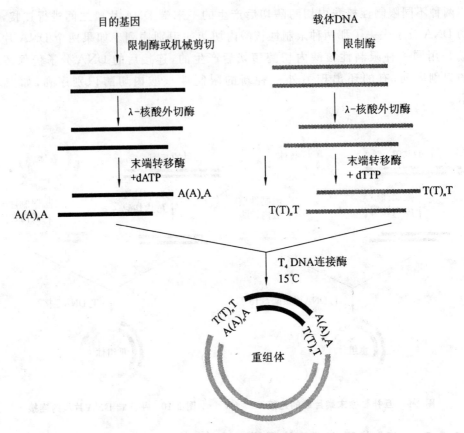

图 2-11　DNA 片段末端修饰后连接

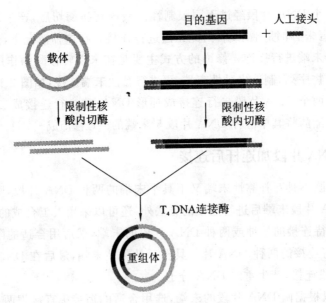

图 2-12　DNA 片段加连杆后连接

2.6 重组 DNA 导入受体细胞

按 DNA 片段连接重组的方法,目的基因与载体连接后成为重组 DNA 分子。而重组 DNA 分子只有进入适宜的受体细胞后才能进行大量的扩增和有效的表达。目的基因能否有效地进入受体细胞,除了选用合适的克隆载体外,还取决于选用的受体细胞和转移方法。

2.6.1 受体细胞

受体细胞又称为宿主细胞或寄主细胞,从实验技术上讲是能摄取外源 DNA(基因)并使其稳定维持的细胞,从实验目的上讲是有应用价值或理论研究价值的细胞。自然界中发现的受体细胞有很多,但不是所有细胞都可以作为受体细胞。作为基因工程的受体细胞必须要具备以下特性:①便于重组 DNA 分子的导入;②便于重组 DNA 分子稳定存在于受体细胞中;③便于重组子筛选;④遗传稳定性高,易于扩大培养或发酵;⑤安全性高,不会对外界环境造成生物污染;⑥最好是内源蛋白水解酶缺失或含量低;⑦对遗传密码的应用上无明显偏倚性;⑧具有较好的翻译后加工机制,便于真核目的基因的高效表达;⑨在理论研究或生产实践上有较高的应用价值。基因工程中,常用的受体细胞有原核生物细胞和真核生物细胞。

1. 原核生物细胞

原核生物细胞是较为理想的受体细胞,其原因如下:①大部分原核生物细胞没有纤维素组成的坚硬细胞壁,便于外源 DNA 的进入;②没有核膜,染色体 DNA 没有固定结合的蛋白质,这为外源 DNA 与裸露的染色体 DNA 重组减少了麻烦;③基因组小,遗传背景简单,并且不含线粒体和叶绿体基因组,便于对引入的外源基因进行遗传分析;④原核生物多数为单细胞生物,容易获得一致性的实验材料,并且培养简单,繁殖迅速,实验周期短,重复实验快。因此,原核生物细胞普遍作为受体细胞用来构建基因组文库和 cDNA 文库,或者用来建立生产某种目的基因产物的工程菌,或者作为克隆载体的宿主菌。但是,以原核生物细胞来表达真核生物基因也存在一定的缺陷,因为很多原核生物细胞缺乏真核生物的蛋白质加工系统,所以未经修饰的真核生物基因往往不能在原核生物细胞内表达出具有生物活性的功能蛋白。即使通过对真核生物基因进行适当的修饰,或者采用 cDNA 克隆等措施,真核生物基因能够得以表达,但得到的多是无特异性空间结构的多肽链,而且原核细胞内源性蛋白酶易降解异源蛋白,造成表达产物的不稳定。

至今被用作受体菌的原核生物有大肠杆菌、枯草杆菌、棒状杆菌和蓝细菌(蓝藻)等。这里着重介绍前两类。

(1)大肠杆菌受体细胞 大肠杆菌属于革兰氏阴性菌,它是目前为止研究得最为详尽、应用最为广泛的原核生物种类之一,也是基因工程研究和应用中发展最为完善和成熟的载体受体系统。大肠杆菌作为受体细胞的最大优点是繁殖速度快、培养简易、代谢易于控制。缺点是大肠杆菌细胞间隙中含有大量的内毒素,可导致人体热原反应。

(2)枯草杆菌受体细胞 枯草杆菌又称枯草芽孢杆菌,是革兰氏阳性菌。枯草杆菌具有胞外酶分泌调节基因,能将具有表达的产物高效分泌到培养基中,大大简化了蛋白表达产物的提取和加工处理等,而且在大多数情况下,真核生物的异源重组蛋白经枯草杆菌分泌后便具有天然的构象和生物活性。另外,枯草杆菌具有形成芽孢的能力,易于保存和培养。同时,枯草杆菌也具有大肠杆菌生长迅速、代谢易于调控、分子遗传学背景清楚等优点,但是不产生内毒素,无致病性,是一种安全的基因工程菌。枯草杆菌受体细胞已成功地用于表达人的 β 干扰素、白细胞介素、乙型肝炎病毒核心抗原和动物口蹄疫病毒 VPI 抗原等。

2. 真核生物细胞

真核生物细胞具备真核基因表达调控和表达产物加工的机制,因此作为受体细胞表达真核基因优于原核生物细胞。真菌细胞、植物细胞和动物细胞都已被用作基因工程的受体细胞。

(1)真菌细胞 真菌是低等的原核生物,其基因结构、表达调控机制以及蛋白质的加工与分泌都具有真核生物的特征,因此利用真菌细胞表达高等动植物基因具有原核生物细胞无法比拟的优点。酵母属于单细胞真菌,是外源真核基因理想的表达系统。酵母作为基因工程受体细胞,除了真核生物细胞共有的特性外,还具有以下优点:①基因结构相对比较简单,对其基因表达调控机制研究得比较清楚,便于基因工程操作;②培养简单,适于大规模发酵生产,成本低廉;③外源基因表达产物能分泌到培养基中,便于产物的提取和加工;④不含有特异性病毒,不产生毒素,是安全的受体细胞;⑤具有真核生物蛋白翻译加工系统。

(2)植物细胞 植物细胞作为基因工程受体细胞,除了真核生物细胞共有的特性外,最突出的优点就是其体细胞的全能性,即一个分离的活细胞在合适的培养条件下,比较容易再分化成植株,这意味着一个获得外源基因的体细胞可以培养出能稳定遗传的植株或品系。不足之处是植物细胞有纤维素参与组成的坚硬细胞壁,不利于摄取重组 DNA 分子。但是采用农杆菌介导法或用基因枪、电激仪处理等方法,同样可使外源 DNA 进入植物细胞。现在用作基因工程受体的植物有水稻、棉花、玉米、马铃薯、烟草和拟南芥等。

(3)动物细胞 动物细胞作为受体细胞,同样便于表达具有生物活性的外源真核基因产物。不过早期由于对动物的体细胞全能性的研究不够深入,所以多采用生殖细胞、受精卵细胞或胚细胞作为基因工程的受体细胞,获得了一些转基因动物。近年来由于干细胞的深入研究和多种克隆动物的获得,动物的体细胞同样可以用作转基因的受体细胞。目前用作基因工程受体的动物有猪、羊、牛、鱼等经济动物和鼠、猴等实验动物,主要用途在于大规模表达生产天然状态的复杂蛋白质或动物疫苗、动物品种的遗传改良及人类疾病的基因治疗等。常用的动物受体细胞有小鼠 L 细胞、HeLa 细胞、猴肾细胞和中国仓鼠卵巢细胞等。以动物细胞,尤其是哺乳动物细胞作为受体细胞的优点是能识别和除去外源真核基因中的内含子,剪切和加工成熟的 mRNA;真核基因的表达蛋白在翻译后能被正确加工或修饰,产物具有较好的蛋白质免疫原性,为酵母细胞的 16~20 倍;易被重组 DNA 质粒转染,具有遗传稳定性和可重复性;经转化的动物细胞可将表达产物分泌到培养基中,便于提纯和加工,成本低。以动物细胞为受体细胞也存在一定的缺点,最主要的就是组织培养技术要求高,难度较大。

2.6.2 重组 DNA 导入受体细胞的途径

目前用于重组 DNA 分子导入受体细胞的途径很多,具体采用哪一种方法,应根据选用的载体系统和受体细胞类型而定。

1. 重组 DNA 转化原核生物细胞

1) 重组质粒 DNA 分子转化细菌

重组质粒 DNA 分子通过生物学、物理学和化学等方法进入受体细胞,并在受体细胞内稳定维持和表达的过程称为转化。细菌转化现象是由 Griffith 于 1928 年在肺炎双球菌中发现的,并在 1944 年由美国的 Avery 提出完整的转化概念。

细菌转化的本质是受体菌直接吸收来自供体菌的游离 DNA 片段,即转化因子,并在细胞中通过遗传交换的方式将之组合到自身的基因组中,从而获得供体菌的相应遗传性状的过程。在自然条件下,转化因子由供体菌的裂解产生,其全基因组断裂为 100 bp 左右的 DNA 片段。

原核细菌的转化虽然是一种较为普遍的遗传变异现象,但是目前仍只是在部分细菌的种属之间发展,如肺炎双球菌、芽孢杆菌、链球菌、假单胞杆菌及放线菌等。而在肠杆菌科的一些细菌(如大肠杆菌)间很难进行转化,其主要原因是一方面转化因子难以被吸收,另一方面受体细胞内往往存在着降解线状转化因子的核酸系统。除此之外,转化的受体菌细胞也往往是根据人们需要构建的外源重组质粒 DNA 分子,而非来自供体菌的游离DNA 片段(转化因子)。因此在 DNA 重组的转化实验中,很少采取自然转化的方法,通常的做法是先采用人工的方法将细菌制成感受态细胞,然后进行转化处理。所谓的感受态细胞,是指经过一定处理使其处于最适摄取和容纳外来 DNA 的细胞。通常处于感受态的细胞,其吸收转化因子的能力为一般细菌生理状态的千倍以上。

常用的细菌转化受体细胞的方法有 Ca^{2+} 诱导转化法、聚乙二醇介导的细菌原生质体转化法、电穿孔转化法和接合转化法。

(1) Ca^{2+} 诱导转化法 1944 年,Avery 就已成功地将 DNA 导入肺炎双球菌。1970年 Mandel 和 Higa 将大肠杆菌细胞置于冰冷的 $CaCl_2$ 溶液中,然后瞬间加热,λDNA 随即高效转染大肠杆菌。此后不久,Cohen 等人用此法实现了质粒 DNA 转化大肠杆菌的感受态细胞,其整个操作过程是先将处于对数生长期的细菌置于 0 ℃的 $CaCl_2$ 低渗溶液中,使细菌细胞发生膨胀,同时 $CaCl_2$ 使细胞膜磷脂层形成液晶结构,促使细胞外膜与内膜间隙中的部分核酸酶解离开来,诱导大肠杆菌形成感受态。此时加入 DNA,Ca^{2+} 与加入的DNA 分子结合,形成抗 DNA 酶(DNase)的羟基-磷酸钙复合物,并黏附在细菌细胞膜的外表面上。当 42 ℃热刺激短暂处理细菌细胞时,细胞膜的液晶结构发生剧烈扰动,并随之出现许多间隙,致使膜的通透性增加,DNA 分子便趁机进入细胞内。该法重复性好,操作简便快捷,适用于成批制备感受态细胞。对这种感受态细胞进行转化,每微克质粒DNA 可以获得 $5×10^6 \sim 2×10^7$ 个转化菌落,完全可以满足质粒的常规克隆的需要。此外在上述转化过程中,Mg^{2+} 的存在对 DNA 的稳定性起很大作用,$MgCl_2$ 和 $CaCl_2$ 又对大肠杆菌某些菌株感受态细胞的建立具有独特的协同效应。1983 年,Hanahan 除了用 $CaCl_2$ 和 $MgCl_2$ 处理细胞外,还设计了一套用二甲基亚砜(DMSO)和二巯基苏糖醇(DTT)进一

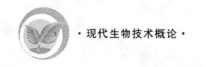

步诱导细胞产生高频感受态的程序,从而大大提高了大肠杆菌的转化效率。

目前 Ca^{2+} 诱导转化法除用于大肠杆菌外,还成功地用于葡萄球菌及其他一些革兰氏阴性菌的转化。

(2)聚乙二醇(PEG)介导的细菌原生质体转化法 聚乙二醇(PEG)法介导基因转化是20世纪80年代初 Davey 和 Krens 等首先建立的。其操作方法是将在高渗培养基中生长至对数生长期的细菌,用含有适量溶菌酶的等渗缓冲液处理,剥除其细胞壁,形成原生质体,它丧失了一部分定位在膜上的 DNase,有利于双链环状 DNA 分子的吸收。此时,再加入含有待转化的 DNA 样品和聚乙二醇的等渗溶液,均匀混合。通过离心除去聚乙二醇,将菌体涂在特殊的固体培养基上,再生细胞壁,最终得到转化细胞。

这种方法不仅适用于芽孢杆菌和链霉菌等革兰氏阳性菌,也对酵母菌、霉菌甚至植物细胞等真核细胞有效。只是不同种属的生物细胞,其原生质体的制备与再生的方法不同。

(3)电穿孔转化法 电穿孔是一种电场介导的细胞膜可渗透化处理技术。受体细胞在电场脉冲的作用下,细胞壁上形成一些微孔通道,使得 DNA 分子直接与裸露的细胞膜的脂双层结构接触,并引发吸收过程。电穿孔转化法的效率受电场强度、电脉冲时间和外源 DNA 浓度等参数的影响,通过优化这些参数,每微克 DNA 可以得到 $10^9 \sim 10^{10}$ 个转化子。研究表明,当电场强度和脉冲时间的组合方式导致 $50\% \sim 70\%$ 细菌死亡时,转化水平达到最高。虽然电穿孔转化法转化较大的重组质粒(大于 100 kb)的转化效率比较低,是转化小质粒(约 3 kb)的 1/1000,但这也比 Ca^{2+} 诱导转化法和原生质体转化法理想,因为这两种方法几乎不能转化大于 100 kb 的质粒 DNA。此外,用于电穿孔转化法的细胞处理也比感受态细胞的制备容易得多。而且,几乎所有的细菌均可找到一套与之匹配的电穿孔操作技术,因此电穿孔转化法有可能成为细菌转化的标准程序。

(4)接合转化法 接合是指通过细菌细胞之间的直接接触使 DNA 从一个细胞转移至另一细胞的过程。这个过程是由结合型质粒完成的,它通常具有促进供体细胞与受体细胞有效接触的接合功能及诱导 DNA 分子传递的转移功能,两者均由接合型质粒上的有关基因编码。在 DNA 重组过程中,常用的绝大多数载体质粒缺少接合功能区,因此不能直接通过细胞接合方法转化受体细胞,然而如果在同一细胞中存在着一个含有接合功能区域的辅助质粒,则有些克隆载体质粒便能有效地接合转化受体细胞。因此,首先将具有接合功能的辅助质粒转移至含有重组质粒的细胞中,然后将这种供体细胞与难以用上述转化方法转化的受体细胞进行混合,促使两者发生接合作用,最终导致重组质粒进入受体细胞。

接合转化系统一般需要三种不同类型的质粒,即接合质粒、辅助质粒和运载质粒(载体)。这三种质粒共存于同一宿主细胞,与受体细胞混合,通过宿主细胞与受体细胞的直接接触,使运载质粒进入受体细胞,并能在其中稳定维持。现在常把接合质粒和辅助质粒同置于一宿主细胞(辅助细胞),再与单独含有运载质粒的宿主细胞(供体细胞)和被转化的受体细胞混合,使运载质粒进入受体细胞,并能在其中稳定维持。也有把接合质粒和运载质粒同置于一宿主细胞,再与单独含有辅助质粒的宿主细胞和被转化的受体细胞混合进行转化的。由于整个接合转化过程涉及三种有关的细菌菌株,因此称为三亲本接合转化法。此方法主要用于微生物细胞的基因转化。

2) 重组 λ 噬菌体 DNA 分子转导细菌

以 λDNA 为载体的 DNA 重组分子,由于其相对分子质量较大,通常采用转导的方法导入受体细胞。转导是指用噬菌体 DNA 构建的克隆载体或携带目的基因的克隆载体,在体外包装成噬菌体颗粒后,感染受体细胞,使其携带的重组 DNA 进入受体细胞的过程。在转导之前必须对 DNA 重组分子进行人工体外包装,使之成为具有感染活力的噬菌体颗粒。用于体外包装的蛋白质可以直接从大肠杆菌的溶源株中制备,现已商品化。这些包装蛋白通常分成分离放置且功能互补的两部分,一部分缺少 E 蛋白,另一部分缺少 D 蛋白。包装时,只有当这两部分的包装蛋白与重组 λDNA 三者混合后,包装就能有效进行,任何一种蛋白包装溶液被重组分子污染后均不能包装成有感染活力的噬菌体颗粒,这种设计也是基于安全考虑。

2. 重组 DNA 转化真核生物细胞

基因工程有时需要将外源基因导入真核细胞,以进行基因改造和表达。常用的真核生物细胞包括酵母细胞、动物细胞和植物细胞。外源 DNA 导入真核细胞方法可因真核细胞种类不同而有所不同。

1) 外源 DNA 导入酵母细胞

酵母菌由于生长条件简单,已成为真核生物基因工程的宿主细胞。外源 DNA 导入酵母细胞的过程也比较简单,最常用的是利用原生质体进行转化,其过程是利用蜗牛酶除去酵母细胞壁形成原生质体,再用 $CaCl_2$ 和聚乙二醇处理,重组 DNA 以转化的方式导入酵母细胞的原生质体,最后将转化后的原生质体置于再生培养基的平板中培养,使原生质体再生出细胞壁形成完整的酵母细胞。

2) 外源 DNA 导入植物细胞

利用基因工程技术把外源 DNA 导入植物细胞是现代遗传育种的重要途径。目的基因转化并整合到受体植物细胞基因组中是植物基因工程的主要环节。经过 20 多年的研究,已建立了多种基因转化系统,获得了一批有价值的基因工程植株。

(1) 农杆菌介导法 农杆菌体系是历史上第一个成功地进行植物转化的体系,也是目前理论上和技术操作上都比较成熟的植物转化方法,大概有 2/3 的转基因植物是通过农杆菌转化系统而转化成功的。

农杆菌是普遍存在的一类土壤习居菌,革兰氏染色呈阴性,主要感染双子叶植物和裸子植物。农杆菌分为根癌农杆菌和发根农杆菌,它们是天然的基因转移、基因表达和筛选的体系。尤其是根癌农杆菌,目前 80% 的转基因植物是利用此菌转化获得的,此菌被认为是天然的、最有效的植物基因转化的媒介。

根癌农杆菌介导植物细胞主要是利用根癌农杆菌上的一段转移 DNA(T-DNA),它能携带基因转入植物细胞内并与染色体 DNA 整合。这种方法须先将目的基因插入 T-DNA,借助根癌农杆菌侵入植株伤口,吸附在植物细胞壁上,T-DNA 随即进入植物细胞内,与染色体 DNA 整合,得以稳定维持或表达,而根癌农杆菌并不进入植物细胞。

用于植物基因转化操作的受体通常称为外植体。选择适宜的外植体是成功进行遗传转化的首要条件,而外植体的选择主要是依据受体细胞的转化能力来决定的。目前作为基因转化的外植体材料非常广泛,涉及植物的各个组织、器官和部位。应针对不同的外植体及不同的转化目的选用不同的转化方法,主要包括叶盘转化法、共培养法和创伤植株感染法等。

(2)基因枪法 基因枪法又称微弹轰击法,是利用高速运行的金属颗粒轰击细胞时能进入细胞内的现象,将包裹在金属颗粒(钨或金颗粒)表面的外源 DNA 分子随之带入细胞进行表达的基因转化方法。其具体操作方法是用直径 $1\ \mu m$ 左右的惰性重金属粉作为微弹,如钨粉或金粉,其上沾有 DNA,置于挡板的凹穴内。当用火药或高压气体发射弹头撞击挡板时,微弹即以极高的速度射入靶细胞,从而将附着于其上的外源 DNA 导入。基因枪法的操作对象可以是完整的细胞或组织,突破了基因转移的物种界限,也不必制备原生质体,实验步骤比较简单易行,具有相当广泛的应用范围,已经成为研究植物细胞转化和培养转基因植物的最有效的手段之一。而且其转化效率较高,枪击几天后便能区分整合细胞与非整合细胞。

这项技术的建立使禾谷类植物的基因转移获得了重大突破,随着植物原生质体再生程序的不断完善,基因枪法不但广泛用于玉米、水稻、小麦、谷子等农作物的转化,而且还能将外源基因直接导入叶绿体和线粒体等细胞器中,实际上已成为与农杆菌 Ti 质粒系统并驾齐驱的两大植物转化技术。基因枪法的主要缺点也很明显,如外源 DNA 在受体细胞染色体上的整合效率低,而且往往是以多拷贝的形式整合,这有可能导致植物本身的某些基因非正常表达或不表达,还有可能发生同源基因的共抑制现象。

(3)多聚物介导法 聚乙二醇(PEG)、多聚赖氨酸、多聚鸟氨酸等是常用的协助基因转移的多聚物,尤以 PEG 应用最广。这些多聚物和二价阳离子(如 Mg^{2+}、Ca^{2+}、Mn^{2+})与 DNA 混合,能在原生质体表面形成沉淀颗粒,通过原生质体的内吞噬作用而被吸收进入细胞内。应用此方法已成功地转化了包括小麦、玉米、水稻等多种植物的原生质体。

(4)电穿孔转化法 电穿孔转化法适用于单子叶植物及双子叶植物细胞原生质体的转化,具有简单方便、对细胞毒性低及转化效率高等优点。其标准操作程序是,将高浓度的含有克隆基因的质粒 DNA 加到原生质体的悬浮液中,然后置于 $200\sim600$ V/cm 的电场下进行电脉冲刺激。经过如此电穿孔处理的原生质体在组织培养基中培养 $1\sim2$ 周之后,选择已经捕获了转化 DNA 的细胞,继续培养,以便获得再生植株。应用这种方法已成功地转化了玉米和水稻的原生质体,其转化率在 $0.1\%\sim1.0\%$。但是,电穿孔转化法对厚壁的植物有一定局限性。

(5)超声波介导转化法 利用低音强脉冲超声波的物理作用,可逆性地击穿细胞膜并形成过膜通道,使外源 DNA 进入细胞。利用超声波处理可以避免脉冲高电压对细胞的损伤作用,有利于原生质体存活,是一种有潜力的转化途径。其过程是先将外植体(叶片或原生质体)浸没在含有质粒 DNA 的超声波介导缓冲液中,接着用超声波发生仪用声强为 0.5 W/cm 的超声波处理 30 min。用缓冲液淋洗样品,然后进行培养使其生长和分化。目前主要用于微生物细胞的基因转化。

(6)激光微束穿孔转化法 利用直径很小、能量很高的激光微束能引起细胞膜可逆性穿孔的原理,在荧光显微镜下找出合适的细胞,然后用激光光源替代荧光光源,聚焦后发出激光微束脉冲,造成膜穿孔,处于细胞周围的外源 DNA 分子随之进入细胞。这种利用激光微束照射受体细胞实现外源 DNA 直接导入、整合和表达的技术称为激光微束穿孔转化法。

激光微束穿孔转化法的优点:操作简便快捷;基因转移效率高;无宿主限制,可适用于各种动植物细胞、组织、器官的转化操作,并且由于激光微束直径小于细胞器,可对线粒体和叶绿体等细胞器进行基因操作。但该法需要昂贵的仪器设备,技术条件要求高,稳定性和安全性等都不如电穿孔转化法和基因枪法。

(7)显微注射法　这是一种借助显微镜将外源 DNA 直接注射到受体细胞的方法。适用于此种方法的植物样品包括原生质体、游离的细胞,以及愈伤组织、分生组织和胚胎组织等多细胞结构。在显微注射的实际操作中,受体细胞或组织是被固定在褐藻酸钠或琼脂糖等特定载体上,然后通过显微操作器,将转化的外源 DNA 直接注射到受体细胞核中去。由于一些重要的禾本科粮食作物均为单子叶的,在原生质体再生和 Ti 质粒的转化方面都存在着相当的困难,所以对此类植物来说,DNA 的直接注射法具有特别重要的实用价值。本法的一个突出优点是转化效率高,可达 60% 以上,但操作困难,需要经过特殊训练的专门人员才能进行。

(8)碳化纤维法　碳化纤维法是利用直径为 0.6 μm、长度为 10~80 μm 的碳化硅纤维丝,借助于旋涡引起的相互碰撞,对植物细胞进行穿刺,同时将黏附于纤维上的外源 DNA 分子导入细胞。这种方法对具有坚硬细胞壁的植物细胞效果不佳,而且击孔时碳化硅纤维丝一直插在细胞中,有可能导致细胞内物质的外流。

(9)脂质体介导法　脂质体是由磷脂组成的膜状结构,用它包装外源 DNA 分子,然后与植物原生质体共保温。于是脂质体与原生质体膜结构之间发生相互作用,然后通过细胞的内吞作用而将外源 DNA 高效地纳入植物的原生质体。这种方法具有多方面的优点,包括可保护 DNA 在导入细胞之前免受核酸酶的降解作用,降低了对细胞的毒性效应,适用的植物种类广泛,重复性高,包装在脂质体内的 DNA 可稳定地储藏等。

(10)花粉管通道法　此方法只用于植物。植物授粉过程中,将外源 DNA 涂在柱头上,使 DNA 沿花粉管通道或传递组织通过珠心进入胚囊,转化还不具正常细胞壁的卵、合子及早期的胚胎细胞。这一方法由于技术简单,易于掌握,能避免体细胞变异等,具有一定的应用前景。

3)外源 DNA 导入动物细胞

(1)病毒颗粒转导法　用病毒(噬菌体)DNA(或 RT-DNA)构建的克隆载体或携带目的基因的克隆体,在体外包装成病毒(噬菌体)颗粒后,感染受体细胞,使其携带的 DNA 重组入受体细胞,将此过程称为病毒(噬菌体)颗粒转导法,主要用于动物的转基因,早期也用于植物的转基因。

(2)磷酸钙转染法　通过磷酸钙-DNA 共沉淀,将外源基因导入哺乳动物细胞的技术程序,最初是由 F. L. Graham 等人于 1973 年创立的。应用这种方法,能够将任何的外源 DNA 有效地导入培养的哺乳动物细胞,目前仍被许多实验室广泛地使用。磷酸钙转染法的基本操作过程:将待转染的外源 DNA 同 CaCl$_2$ 混合制成 CaCl$_2$·DNA 溶液,逐滴加入不断搅拌的 Hepers-磷酸钙溶液中,形成 DNA-磷酸钙共沉淀复合物;然后用吸管将沉淀复合物黏附在哺乳动物单层培养细胞的表面上;保温几小时后,用新鲜培养液洗净细胞,再用新鲜培养液继续培养,直至外源基因表达。DNA 磷酸钙共沉淀法广泛地适用于

哺乳动物细胞的转化。

（3）电穿孔法　电穿孔是指在高压电脉冲的作用下使细胞膜上出现微小的孔洞，从而导致不同细胞之间的原生质体膜发生融合作用的细胞生物学过程。后来又发现，电穿孔也可以促使细胞吸收外界环境的 DNA 分子。1982 年 T. K. Wang 和 E. Neumann 首次成功地应用此项技术，把外源 DNA 导入小鼠的成纤维细胞。而且，大量实验证明，几乎所有类型的细胞，包括植物的原生质体/动物的初生细胞，以及不能用其他方法（诸如磷酸钙或 DEAE-葡聚糖法）转染的细胞，都可以成功地使用电穿孔技术进行基因转移。况且，此项技术又具有操作简便、基因转移效率高等优点，因此在基因工程和细胞工程研究工作中受到了普遍的重视。

（4）显微注射法　应用玻璃显微注射器，可以把重组 DNA 直接注入哺乳动物细胞的细胞质或细胞核。通常根据 DNA 注射的不同方式，可以把显微注射区分为真正的显微注射法和"穿刺"导入法两种。在显微注射中，DNA 是由注射针直接注入细胞；在穿刺中，DNA 是处在细胞周围培养基中，它通过穿刺形成的小孔进入细胞的内部，或是随穿刺的针头一道进入的。用此方法时转基因的效率很高。获得稳定转化子的数量取决于注射的 DNA 的性质。

（5）脂质体包埋法　利用脂质体介导法将外源 DNA 导入哺乳动物细胞具有很高的实用潜力。脂质体包埋法的基本操作是将待转化的 DNA 溶液与天然或人工合成的磷脂混合，后者在表面活性剂的存在下形成包埋水相 DNA 的脂质体结构。这种脂质体悬浮液加入细胞培养皿中，便会与动物受体细胞发生融合，DNA 片段随即进入动物受体的细胞质和细胞核内。由于脂质体具有无毒、无免疫原性的特点，不仅可用于动物体外受体细胞的基因转化，而且可以在动物体内将基因转入肝细胞、血管内皮细胞等靶细胞或靶组织、靶器官位点，实现瞬间表达或稳定表达，因此成为基因治疗的一种有效工具。

（6）精子介导法　精子介导的基因转移是指精子同外源 DNA 共浴后再给卵子受精，使外源 DNA 通过受精过程进入受精卵并整合于受体的基因组中。近年来还采用了电穿孔、脂质体包埋等辅助手段，提高了精子介导基因转移的可靠性和可行性。

 ## 2.7　重组子的筛选与鉴定

在重组 DNA 分子的转化、转染或转导过程中，并非所有的受体细胞都能被导入重组 DNA 分子，一般仅有少数重组 DNA 分子能进入受体细胞，同时也只有极少数的受体细胞在吸纳重组 DNA 分子之后能良好增殖。以重组质粒对大肠杆菌的转化为例，假如受体菌细胞数为 10^8，转化效率为 10^{-6}，则只有 100 个受体细胞真正被转化，并且它们是与其他大量未被转化的受体菌细胞混杂在一起。再者，在这些被转化的受体细胞中，除部分含有我们所期待的重组 DNA 分子外，另外一些还可能是由于载体自身或一个载体与多个外源 DNA 片段形成的非期待重组 DNA 分子导入所致。因此，如何将这 100 个被转化细胞从大量受体菌细胞中初步筛选出来，然后进一步检测到含有期待重组 DNA 分子的克隆子，将直接关系到基因克隆和表达的效果，也是基因克隆和工程操作中极为重要的环节。

通常将导入外源 DNA 分子后能稳定存在的受体细胞称为转化子,而将含有重组 DNA 分子的转化子称为重组子,如果重组子中含有外源目的基因则又称为阳性克隆子或期望重组子。经过各种方法将外源 DNA 分子导入受体细胞后,获得所需阳性克隆子的过程称为克隆子的筛选(screening)或选择(selection)。筛选是指通过某种特定的方法,例如核酸杂交及免疫测定等,从受体细胞群体或基因文库中,鉴定出阳性克隆子的过程。而选择的基本含义是指通过某种外加压力(或因素)的辨别作用,呈现具有重组 DNA 分子的特定克隆子的一种方法。事实上,这两种方法在许多实验中往往同时使用,选择可以看作一种转化子的初步筛选过程,而筛选是在选择的基础上进一步鉴定阳性克隆子的过程。在本书中未将两者严格区分,统称为重组子的筛选。

重组子的筛选可以根据载体类型、受体细胞种类及外源 DNA 分子导入受体细胞的手段等采用不同的方法,可以在蛋白质水平和目的基因功能水平等各个层次进行。基因水平的鉴定有酶切鉴定、PCR 鉴定、核酸杂交和基因序列分析等。蛋白质水平鉴定有插入失活双抗生素对照筛选(例如 Tet^r 和 Amp^r)和插入失活 $LacZ'$ 基因的蓝白斑筛选等。表达载体可进行插入方向鉴定和表达产物的免疫学和生物学活性鉴定。一般重组子鉴定主要按照表型筛选、酶切鉴定和测序鉴定的顺序进行。

2.7.1 遗传表型直接筛选法

1. 根据载体选择标记初步筛选转化子

在构建基因工程载体系统时,载体 DNA 分子上通常携带了一定的选择性遗传标记基因,转化或转染宿主细胞后可以使后者呈现出特殊的表型或遗传学特性,据此可进行转化子或重组子的初步筛选。一般的做法是将转化处理后的菌液(包括对照处理)适量涂布在选择培养基上,在最适生长温度条件下培养一定时间,观察菌落生长情况,即可挑选出转化子。

选择培养基是根据宿主细胞类型配制的培养基,对于细菌受体细胞而言,通常用 LB 培养基,在 LB 培养基中加入适量的某种选择物,即为选择培养基。选择物是由载体 DNA 分子上携带的选择标记基因所决定,一般与标记基因的遗传表型相对应,主要有抗生素和显色剂等,相应的筛选(选择)方法包括抗药性筛选、插入失活筛选和显色互补筛选等,下面就前两种方法做简单的介绍。

(1)抗药性筛选 这是利用载体 DNA 分子上的抗药性选择标记进行的筛选方法。抗药性筛选主要用于重组质粒 DNA 分子的转化子的筛选。因为重组质粒 DNA 分子携带特定的抗药性选择标记基因,转化受体菌后能使后者在含有相应选择药物的选择培养基上正常生长,而不含重组质粒 DNA 分子的受体菌则不能存活,这是一种正向选择方式。以常见的 pBR322 质粒载体为例,该载体含有氨苄青霉素抗性基因(Amp^r)和四环素抗性基因(Tet^r),如果外源 DNA 是插在 pBR322 的 BamH I 位点上,则可将转化反应物涂布在含有 Amp 的选择培养基固体平板上,长出的菌落便是转化子;如果外源 DNA 插在 pBR322 的 Pst I 位点上,则可利用 Tet 进行转化子的正向选择。

(2)插入失活筛选 经过上述抗药性筛选获得的大量转化子中既包括需要的重组子,也含有不需要的非重组子。为了进一步筛选出重组子,可利用质粒载体的双抗药性进行再次筛选。一种典型的做法是将 Amp^r 对应的转化子影印至含抗生素 Tet 的平板上。由于外源 DNA 片段插入载体 DNA 的 $BamH\,I$ 位点,导致载体 Tw 基因失活,因此,待选择的重组子具有 $Amp^r \cdot Tet^s$ 的遗传表型,而非重组子则为 $Amp^r \cdot Tet^r$。也就是说,重组子只能在 Amp 平板上形成菌落而不能在 Tet 平板上生长,非重组子却在两种平板上都能生长。比较两种平板上对应转化子的生长状况,即可在 Amp 平板上挑出重组子(图 2-13)。但是,如果 Amp 平板的转化子密度较高,则在影印过程中容易导致菌落遗漏或混杂,造成假阴性或假阳性重组子现象。

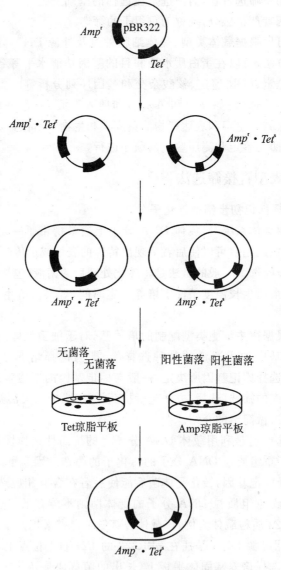

图 2-13　插入失活法筛选重组子

2. 营养缺陷型检测法

根据目的基因在受体细胞中表达产物的性质,筛选含目的基因的克隆子。如果目的基因产物能降解某些药物使菌株呈现出抗性标记,或者基因产物与某些药物作用是显色反应,则可根据抗性或颜色直接筛选含目的基因的克隆子。例如要从某种生物的 cDNA 文库中调出二氢叶酸还原酶基因($dhfr$),则可根据二氢叶酸还原酶能降解三甲氧苄二氨嘧啶(trimethoprim)的性质(该化合物会抑制大肠杆菌的生长),将 cDNA 文库的一系列克隆子接种在含有适量三甲氧苄二氨嘧啶的培养基上,能正常生长的克隆子中含有 $dhfr$ 基因。

值得注意的是,这种方法的使用前提是待选择的目的基因能在受体菌中进行表达。但并不是所有真核基因都能在大肠杆菌中表达。特别是用基因组文库的方法获得的转化菌株中,目的基因含有间隔序列,而大肠杆菌不具备真核基因转录加工过程中所需的剪辑机制,真核目的基因在大肠杆菌便无法表达。

2.7.2　核酸分子杂交检测法

核酸分子杂交技术是由 Roy Britten 及其同事于 1968 年创建的。其基本原理是:具有一定同源性的两条核酸(DNA 或 RNA)单链在适宜的温度及离子强度等条件下,可按碱基互补配对原则高度特异地复性形成双链。该技术也可用于重组子的筛选鉴定,杂交的双方是待测的核酸序列和用于检测的已知核酸片段(称为探针)。这也是目前应用最为广泛的一种重组子的筛选方法,只要有现成可用的 DNA 探针或 RNA 探针,就可以检测克隆子中是否含有目的基因。基本做法是将待测核酸变性后,用一定的方法将其固定在硝酸纤维素膜(或尼龙膜)上,这个过程也称为核酸印迹(nucleic acid blotting)转移,然后用经标记示踪的特异核酸探针与之杂交结合,洗去其他的非特异结合核酸分子后,示踪标记将指示待测核酸中能与探针互补的特异 DNA 片段所在的位置。

核酸分子杂交检测法实际上是一种依赖于重组子结构特征进行的重组子筛选方法。根据待测核酸的来源及将其分子结合到固相支持物上的方法的不同,核酸分子杂交检测法可分为菌落印迹原位杂交、斑点印迹杂交、Southern 印迹杂交和 Northern 印迹杂交四类。下面简单介绍一下 Southern 印迹杂交和菌落印迹原位杂交的原理和过程。

1. Southern 印迹杂交

Southern 印迹杂交是由 E. Southern 于 1975 年首先建立并使用的。它是根据毛细管作用的原理,使在电泳凝胶中分离的 DNA 片段转移并结合在适当的滤膜上,然后通过与已标记的单链 DNA 或 RNA 探针的杂交作用以检测这些被转移的 DNA 片段。Southern 印迹杂交是针对 DNA 分子进行的印迹杂交技术,有时又称为 DNA 印迹杂交或 Southern DNA 印迹杂交等。

传统 Southern 印迹杂交的操作步骤:首先将进行 DNA 电泳分离的琼脂糖凝胶经过碱变性等预处理之后,平铺在用电泳缓冲液饱和了的两张滤纸上,在凝胶上部覆盖一张硝酸纤维素滤膜,接着加上一叠干燥滤纸或吸水纸,最后压上一个重物。由于干燥滤纸或吸水纸的虹吸作用,凝胶中的单链 DNA 便随着电泳缓冲液一起转移,一旦同硝酸纤维素滤膜接触,就会牢固地结合在它的上面,这样在凝胶中的 DNA 片段就会按原谱带模式吸印到滤膜上。在 80 ℃下烘烤 1～2 h,或采用短波紫外线交联法使 DNA 片段稳定地固定在硝酸纤维素滤膜上。然后将此滤膜移放在加有放射性同位素标记探针的溶液中进行核酸

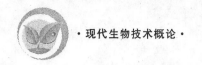

杂交。这些探针是同被吸印的 DNA 序列互补的 RNA 或单链 DNA,一旦同滤膜上的单链 DNA 杂交之后,可以牢固结合。漂洗去除游离的没有杂交上的探针分子,经放射自显影后,便可鉴定出与探针的核苷酸序列同源的待测 DNA 片段。据此可以将含有外源 DNA 片段的重组子筛选出来。

Southern 印迹杂交方法操作简单,结果十分灵敏,在理想的条件下,应用放射性同位素标记的特异性探针和放射自显影技术,即使每带电泳条带仅含有 2 ng 的 DNA 也能被清晰地检测出来。因此,Southern 印迹杂交技术在分子生物学及基因克隆实验中的应用极为普遍。

2. 菌落(或噬菌斑)原位杂交

1975 年,M. Grunstein 和 D. Hogness 根据检测重组子 DNA 分子的核酸杂交技术原理,对 Southern 印迹技术作了一些修改,提出了菌落原位杂交技术。1977 年,W. D. Benton 和 R. W. Davis 又建立了与此类似的筛选含有克隆 DNA 的噬菌斑的杂交技术。与其他分子杂交技术不同,这类技术是直接把菌落或噬菌斑印迹转移到硝酸纤维素滤膜上,不必进行核酸分离纯化、限制性核酸内切酶酶解及凝胶电泳分离等操作,而是经溶菌和变性处理后使 DNA 暴露出来并与滤膜原位结合,再与特异性 DNA 或 RNA 探针杂交,筛选出含有插入序列的菌落或噬菌斑。由于生长在培养基平板上的菌落或噬菌斑是按照其原来的位置不变地转移到滤膜上,然后在原位发生溶菌、DNA 变性和杂交作用,所以菌落杂交或噬菌斑杂交隶属原位杂交(in situ hybridization)范畴。

 # 2.8　基因工程的应用

随着社会的发展,人们的需求越来越趋于多样化,人们希望按照自己的意图改变物种的基因,以期获得新的性状、得到新的生物产品。经典遗传学主要通过自然选育来挑选已发生自发突变的新变种;通过用物化因子(如辐射、药物处理等)来进行人工诱变,得到所需的性状;通过细胞杂交使得某种突变性状得以显现,从而寻找新类型。但所有这些,都具有相当大的偶然性,效率不高,难以真正看到基因。由于经典遗传学所研究的基因不能离开染色体而独立进行复制,所以基因拷贝数的增加是有限的;由于染色体减数分裂受同源性的支配,远缘杂交难以实现。人们强烈希望新的育种方式出现。在疾病防治方面,有许多严重威胁人类健康的病症,如遗传性疾病、心血管病、恶性肿瘤、免疫系统疾病等,病因还不太清楚。解决这些问题,必须依赖于生命科技甚至整个科学技术的革命。

基因工程应用广泛,主要应用在农牧业、医疗卫生、环保等行业。

2.8.1　基因工程对农牧业的影响

地球上人口不断增加,食品短缺成了大问题。目前科学家们正在探索使用基因工程的方法,把不同作物的优良性状如高产、优质、固氮、抗病、耐瘠、耐旱等组合在一起,以培育出同时具有诸多优良性状的作物新品种。现在许多作物及牲畜的某些基因已经测定,科学家们用基因工程的方法已经培育出了诸如抗病水稻、抗涝高产的矮稻、抗病高产的小麦、抗碱水稻、耐旱水稻等。我国也已培育出了一些转基因作物,如抗虫棉、抗病大麦、抗病且蛋白质含量高的大豆等。转基因植物将成为 21 世纪农业育种的主要方式。现在转基因作物已开始进入商业耕作阶段,将获得大范围推广。农作物的产量和质量也将因此而获得大幅度的提高。随着生活水平的提高,人们对畜禽、水产品的需求数量和质量也将不断上升。而在畜禽的繁殖上,多年来人们一直追求的是发展超级型、缩微型、合成型、保健型、混交型动物,旨在利用杂交优势和基因工程技术培育高产、优势、抗逆的畜禽新品种,为人类生产出更多、更好的畜禽产品。可以预见,生命科学(特别是基因工程)的发展,必将给 21 世纪的农牧业带来一场新的革命。

2.8.2 基因工程在医药方面的应用

1. 在特效药的制取方面

(1)胰岛素基因工程　胰岛素是从胰脏的胰岛细胞里分泌出来的,它是治疗糖尿病的特效药。胰岛素能调节血液里的糖分含量,保持血糖平衡。据不完全统计,全世界约有 3.6 亿人患糖尿病,用猪和牛的胰脏提取的胰岛素已不能满足需要。目前,科学家已能用基因工程的方法来生产胰岛素。其过程是以大肠杆菌的质粒为运载体把人工合成的人胰岛素基因与乳糖操纵子调节基因一起植入大肠中去。此杂种质粒随着大肠杆菌的繁殖而复制和扩增。新加入的人工合成的人胰岛素基因操纵着大肠杆菌大量产生人胰岛素。

(2)人生长激素基因工程　生长激素是治疗侏儒症的特效药,由脑下垂体分泌。目前国外已可将生长激素基因插入表达质粒并导入大肠杆菌,从而使大肠杆菌生产出人生长激素。

(3)干扰素基因工程　干扰素是治疗病毒感染和癌症的药品。目前干扰素基因在大肠杆菌、枯草杆菌、酵母菌中获得了高效表达,这为大量生产干扰素提供了条件。现在,美国、日本、德国的某些公司正为大量生产干扰素进行积极的准备。用 α、β、γ 三种干扰素混合治疗癌症的试验也正在进行之中。

2. 转基因动物生产特效药

目前英国已培养出带有人和羊基因的老鼠,其乳汁可以改善手术效果;日本已培养出了具有人体 O 型血的猪,其血液可以代替人血制品。1998 年 2 月,我国上海医学遗传研究所与复旦大学遗传研究所合作开展的转基因羊研究取得重大突破——培育出了 5 头含有人凝血因子Ⅸ蛋白的山羊。一头转基因山羊就是一座制药厂,从转基因动物的乳汁中获得目的基因产物,不仅产量高、易提纯,而且生物活性稳定。

3. 品种繁多的基因工程疫苗

近年来,用基因工程还开发了其他基因工程疫苗,以防治难以对付的各种病毒性传染病。已成功和正在研制的有疟疾、流感、霍乱、狂犬病、疱疹、脑炎等多种疫苗,有的已取得了可喜的成果。我国先后分别开展研制的基因工程疫苗有新型乙肝基因工程疫苗、多价基因工程疫苗(EBV-鼻咽癌相关病毒疫苗、甲肝疫苗、乙肝疫苗和呼吸道合胞病毒疫苗等)、流行性出血热病毒基因工程疫苗、霍乱工程菌复合疫苗、痢疾工程菌疫苗、EB 病毒

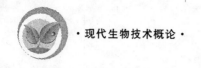

亚单位基因工程疫苗等,有的已通过人体试验检定,有的构建了病毒株,有的成功地克隆了抗原基因,为进一步研究奠定了良好的基础。

4. 遗传病的预防与治疗

基因工程技术已被直接应用于遗传病(又叫基因病)的预防和治疗中。目前已知的人类遗传病达6500多种。科学家试图用基因工程技术鉴别出有缺陷的基因,以便在孕妇怀孕的头几周,检查胚胎有无基因缺陷,及时终止妊娠,准确地制止遗传病儿出生,从而达到优生的目的。对已出生的遗传病患者,也可以用功能基因去取代缺陷基因,借以达到彻底治疗遗传病的目的。

2.8.3　基因工程在环保方面的应用

基因工程在环保方面主要用于环境监测和被污染环境的净化。例如,用DNA探针可以检测饮用水中病毒的含量。此方法的特点是快速、灵敏,1 t水中有10个病毒也能检测出来。用基因工程产物——"超级细菌"分解石油,可以大大提高细菌分解石油的效率。具体方法:将能分解三种烃类的假单胞杆菌的基因都转移到能分解另一种烃类的假单胞杆菌内,创造出了能同时分解四种烃类的"超级细菌"。用基因工程培养出"吞噬"汞和降解土壤中DDT的细菌,以及能够净化镉污染的植物。通过基因重组构建新的杀虫剂,取代生产过程中耗能多、易造成环境污染的农药,并试图通过基因工程回收和利用工业废物。

小　　结

基因工程的操作对象是含有特定核苷酸序列的基因,操作流程主要包括目的基因分离、与克隆载体相连、转入受体细胞、克隆子的筛选和鉴定。分离目的基因常采用限制性核酸内切酶酶切、基因组文库或cDNA文库分离目的基因、利用PCR直接扩增目的基因、目的基因的化学合成。克隆载体有大肠杆菌克隆载体、农杆菌Ti质粒载体、噬菌体克隆载体、人工染色体克隆载体,表达载体有大肠杆菌表达载体、酵母表达载体、反义表达载体和病毒载体。受体细胞包括微生物细胞、植物细胞和动物细胞。在基因工程操作流程中涉及DNA限制性核酸内切酶酶切目的片段,必要时用末端修饰酶进行修饰,在DNA连接酶作用下形成重组的DNA分子。重组DNA分子导入原核生物细胞可采用$CaCl_2$处理转化法、电穿孔转化法和接合转化法等;导入植物细胞常采用农杆菌介导的Ti质粒载体转化法、电穿孔法、基因枪法和花粉管通道法等;导入动物细胞常用的方法有病毒颗粒介导的病毒载体转导法、磷酸钙转染法和显微注射法等。筛选克隆子常采用遗传表型直接筛选法、依赖于重组子结构特征分析的筛选法、核酸分子杂交检测法等。30多年来,基因工程成功应用和改造了微生物、动物、植物转基因的载体受体系统,表达了大批有用的目的基因,研制了数十种昂贵的基因工程药物,培育了一些具有特殊性状的转基因生物,对基因功能的研究建立了一套成熟的技术方法,后基因组时代的到来,将使基因工程给人类社会带来更加深远的影响。

复习思考题

1. 为什么可以在宿主中表达外源基因？其理论依据是什么？
2. 基因工程操作的基本流程是什么？
3. 通过什么方法可以获取目的基因？
4. 简述采用 PCR 技术获得目的基因的原理和步骤。
5. 简述限制性核酸内切酶和 DNA 连接酶的作用机制。
6. 克隆载体应该具备的条件有哪些？
7. 如何实现两个基因片段的连接？
8. 受体细胞应该具备什么条件？
9. 简述外源基因转入受体细胞的途径。有哪些类型？
10. 筛选重组子的方法有哪些？
11. 通过生物学网站查找一个目的基因，设计出其在大肠杆菌中表达的具体方法。
12. 谈谈基因工程对我国工农业生产和人类健康所作出的贡献。

第 3 章
细 胞 工 程

 学习目标

　　掌握细胞工程的基本理论和基本技术；了解进行植物细胞和组织培养的方法和主要应用领域；认识单倍体植物的诱导、植物脱毒技术和人工种子的制备的重要意义；掌握动物细胞工程的基本原理和应用领域；了解动物体细胞克隆技术的基本方法和重要意义。

　　细胞工程是现代生物工程中涉及面极其广泛的一门生物技术，它与基因工程一起代表着现代生物工程最新的发展技术。细胞工程是在细胞水平研究、开发、利用各类细胞的技术，是指以细胞为基本单位，在体外条件下进行培养、繁殖，或使细胞的某些生物学特性按人们的意愿发生改变，从而达到改良生物品种和创造新品种，或加速繁育动植物个体，以获得某种有用物质的一门综合性科学技术。

　　迄今为止，已经从基因水平、细胞器水平以及细胞水平开展了多层次的大量工作，在细胞培养、细胞融合、细胞代谢物的生产和生物克隆等诸多领域取得一系列令人瞩目的成果。根据细胞的来源不同，细胞工程主要分为植物细胞工程、动物细胞工程和微生物细胞工程。

3.1　细胞工程的基础知识与基本技术

3.1.1　基础知识

　　细胞是细胞工程操作的主要对象。细胞是生命结构和功能的基本单位，是生命活动的基本单元。除病毒之外的所有生物均由细胞所组成，病毒生命活动也必须在细胞中才能体现。

　　一般细胞都比较小，直径为几微米到几十微米。最小的支原体细胞直径只有 100 nm（$0.1 \text{ } \mu\text{m}$），鸟类的卵细胞最大（未受精的鸡蛋的蛋黄就是一个细胞），世界上现存最大的动物细胞为鸵鸟的卵细胞。有些细胞虽然直径不大，但很长，例如鲸的某些神经细胞，直径只有 $100 \text{ } \mu\text{m}$，但长度可达 10 m。

生物界有两大类细胞:原核细胞与真核细胞。细菌、蓝藻等属于原核细胞,这类细胞个体较小,DNA 裸露于细胞质中,不与蛋白质结合。胞内无膜系构造细胞器,胞外由肽聚糖组成细胞壁,它是细胞融合的主要障碍;不过原核细胞生长迅速,无蛋白质结合的 DNA 便于人们的遗传操作,因此它们又是细胞改造的良好材料。

酵母、动植物细胞等属于真核细胞,体积较大,内有细胞核和众多膜系构造细胞器。植物细胞外还有数层以纤维素为主要成分的细胞壁。真核细胞一般有明显的细胞周期,处于有丝分裂时期的染色体呈现高度螺旋紧缩状态,既不利于基因外钓,也不利于外源基因的插入。因此,采取一定的措施诱导真核细胞同步化生长,对于成功地进行细胞融合及细胞代谢物的生产具有十分重要的作用。

3.1.2 基本操作技术

3.1.2.1 无菌操作技术

细胞工程的所有实验都要求在无菌条件下进行,稍有疏忽就可能导致实验失败。因此,实验人员一定要有十分严格的无菌操作意识。实验操作应在无菌室内进行。无菌室应定期用紫外线或化学试剂消毒,实验前后还应各消毒一次。无菌室外有缓冲室,实验人员在此换鞋、更衣、戴帽,做好准备后方可进入无菌室。此外,还应注意周围环境的卫生整洁。超净工作台是最基本的实验设备,在超净工作台上进行操作才能达到较高的无菌要求。其次,对生物材料进行彻底的消毒与除菌是实验成功的前提,实验所用的一切器械、器皿和药品都应进行除菌,实验者的双手应戴无菌手套。实验者一定要十分认真细心地把好这道关,以保证无菌操作的顺利进行。

3.1.2.2 细胞培养技术

细胞培养是指动物、植物和微生物细胞在体外无菌条件下的保存和生长。首先,要取材和除菌。除了淋巴细胞可直接抽取以外,植物材料在取材后、动物材料在取材前都要用一定的化学试剂进行严格的表面清洗、消毒。有时还需借助某些特定的酶,对材料进行预处理,以期得到分散生长的细胞。其次,根据各类细胞的特点,配制细胞培养基,对培养基进行灭菌。采用无菌操作技术,将生物材料接种于培养基中。最后,将接种后的培养基放入培养室或培养箱中,提供各类细胞生长所需的最佳培养条件,如温度、湿度、光照、氧气及二氧化碳等。当细胞达到一定生物量时,应及时收获或传代。

3.1.2.3 细胞融合技术

两个或多个细胞相互接触后,其细胞膜发生分子重排,导致细胞合并、染色体等遗传物质重组的过程称为细胞融合,其主要过程如下。

(1) 制备原生质体:由于微生物及植物细胞具有坚硬的细胞壁,因此通常需用酶将其壁降解。动物细胞则无此障碍。

(2) 诱导细胞融合:将两亲本细胞(原生质体)的悬浮液调至一定细胞密度,按 1∶1 的比例混合后,逐渐滴入高浓度的聚乙二醇(PEG)诱导融合,或用电激的方法促进融合。

(3) 筛选杂合细胞:将上述混合液移到特定的筛选培养基上,让杂合细胞有选择性地长出,其他未融合细胞无法生长。借此获得具有双亲遗传特性的杂合细胞。

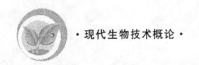

上述细胞培养技术、细胞融合技术以及其他有关实验原理和技术的细节将在以下各节中分述。

3.2 植物细胞工程

植物细胞工程包括植物组织培养、植物细胞培养、植物细胞融合、次生代谢物的生产、人工种子的研制等几个方面。

3.2.1 植物组织培养

植物组织培养是在无菌和人为控制外因(营养成分、光、温度、湿度)条件下,在含有营养物质及生长调节物质的培养基中培养离体的植物组织(器官或细胞)的技术。植物组织培养的优点在于可以研究被培养部分(这部分称为外植体)在不受植物体其他部分干扰下的生长和分化的规律,并且可以用各种培养条件影响它们的生长和分化,以解决理论上和生产上的问题。

3.2.1.1 植物组织培养的理论依据

植物组织培养的理论依据是植物细胞具有全能性。植物细胞的全能性是指离体的体细胞或性细胞在一定的培养条件下,可以长出再生植株,再生植株具有与母株相同的全部遗传信息。植物体的每一个细胞都来自受精卵的分裂,所以每一个细胞都具有相同的基因,每个基因都有表达出来的潜力,即每个细胞中包含着产生完整有机体的全部基因,在适当的条件下可以形成一个完整的植物体。

全能性的表达是有条件的:一是离体培养,二是外源激素的刺激。一个植物体由不同细胞形成不同的组织和器官,相互制约和协调,才能形成有活力的个体,不同器官和组织的细胞只行使特定的机能,据估计每个体细胞虽然都含有完整的基因组,但实际上表达的基因只有10%左右,90%的基因都不表达,而处于沉默状态。要使细胞表达全能性,首先就要使其从整体制约下解放出来,使其沉默的基因能重新活化,这就要离体培养——将要培养的器官、组织、细胞从植物体上分离下来,在人工培养基上培养。外源激素的刺激即在培养基中加入刺激细胞分裂或分化的激素。

3.2.1.2 培养方法

1. 培养类型

根据培养对象不同,组织培养可分为器官培养、组织培养、胚胎培养、细胞培养和原生质体培养等。

根据培养过程不同,将从植物体上分离下来的第一次培养称为初代培养,以后将培养体转移到新的培养基上,则统称为继代培养,继代培养还可细分为"第二代培养"、"第三代培养"等。

根据培养基物理状态不同,把加琼脂而培养基呈固体的称为固体培养,不加琼脂而培养基呈液体的称为液体培养。液体培养又分静止培养和振荡培养两类。

2. 培养条件

植物组织培养所需温度一般是25~27℃,但组织不同,所需温度也略有差异。例如,培养喜温植物的茎尖,温度可以提高到 30 ℃,有些植物(如大蒜)在恒温条件下会进入休眠,这就有必要进行低温处理来破除休眠。花与果实培养最好有昼夜温差,昼温 23～25 ℃,夜温 15～17 ℃。

植物组织培养对光照的要求也因组织不同而异。茎尖、叶片组织培养要光照,以便进行光合作用;花果培养要避免直射光,以散射光或暗中培养较宜;根组织培养通常在暗处进行。

3. 培养过程

植物组织培养是在无菌条件下培养植物的离体组织,所以植物材料必须完全无菌。次氯酸钙、过氧化氢、氯化汞等是常用的消毒剂。材料消毒后就放在无菌培养基中培养。进行植物组织培养,一般要经历以下 5 个阶段。

1) 预备阶段

选择合适的外植体是本阶段的首要问题。外植体,即能被诱发产生无性增殖系的器官或组织切段,如一个芽、一节茎。选择外植体时,大小要适宜,不宜太小。外植体的组织块要达到 2 万个细胞(即 5～10 mg)以上才容易成活。同一植物不同部位的外植体,其细胞的分化能力、分化条件及分化类型有相当大的差别。植物胚与幼龄组织器官比老化组织、器官更容易去分化,产生大量的愈伤组织。愈伤组织原指植物因受创伤而在伤口附近产生的薄壁组织,现已泛指经细胞与组织培养产生的一团不定型的松散排列的可传代的未分化细胞团。不同物种相同部位的外植体,其细胞分化能力可能大不一样。总之,外植体的选择一般以幼嫩的组织或器官为宜。此外,外植体的去分化及再分化的最适条件都需摸索,他人成功的经验只可借鉴,并无捷径可循。

其次是除去病原菌及杂菌。选择外观健康的外植体,尽可能除净外植体表面的各种微生物是成功进行植物组织培养的前提。消毒剂的选择和处理时间的长短与外植体对所用试剂的敏感性密切相关(表 3-1)。通常幼嫩材料的处理时间比成熟材料的短些。

表 3-1 常用消毒剂除菌效果比较

消毒剂	使用浓度	处理时间/min	除菌效果	去除难易
氯化汞	0.1%～1%	2～10	最好	较难
次氯酸钠	2%	5～30	很好	容易
次氯酸钙	9%～10%	5～30	很好	容易
溴水	1%～2%	2～10	很好	容易
过氧化氢	10%～12%	5～15	好	最易
硝酸银	1%	5～30	好	较难
抗生素	20～50 mg/L	30～60	较好	一般

对外植体除菌的一般程序如下:自来水多次漂洗→消毒剂处理→无菌水反复冲洗→无菌滤纸吸干。

还要配制适宜的培养基。由于物种的不同、外植体的差异,植物组织培养的培养基多

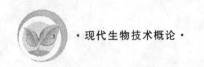

种多样。目前,在植物组织培养中应用的培养基一般是由无机营养物、碳源、维生素、生长调节物质和有机附加物等五类物质组成的。

无机营养物包括大量元素和微量元素。大量元素包括 C、O、H、N、P、S、K、Ca、Na、Mg 等。N 通常用硝态氮或铵态氮,P 常用磷酸盐,S 用硫酸盐。微量元素包括 Mn、Zn、Cu、B、Mo 和 Fe 等。其中铁盐常和乙二胺四乙酸二钠(EDTA-Na$_2$)配制成铁盐螯合物,防止铁盐沉淀。

碳源一般采用 3% 的蔗糖,也可用葡萄糖。它们除作碳源外,还起到维持渗透压的作用。

有机附加物包括甘氨酸、水解酪蛋白、椰子乳等,起调节代谢的作用。

生长调节物质一般为生长素类(IAA、NAA、2,4-D)、细胞分裂素类(激动素或 BA)和赤霉素等,应根据培养的需要决定是否添加。生长调节物质在分化中起重要的作用,有时起决定作用。如 IAA 或 NAA 和糖可引起维管束的分化,在激素浓度相同的情况下,低浓度(1%～2.5%)蔗糖有利于木质部分化,而高浓度(3.5%以上)则有利于韧皮部分化,中间浓度有利于二者的分化。IAA、NAA、2,4-D 有利于愈伤组织形成根。要诱导芽的形成,还必须有腺嘌呤或细胞分裂素。在烟草愈伤组织中,是形成根还是芽,取决于培养基中生长素和激动素的浓度的比值,比值大时诱导出根,比值小时诱导出芽,两者比值处于中间水平时愈伤组织只生长不分化。

最后在无菌室的超净工作台上将消毒好的外植体接种到试管或培养瓶中。超净工作台通过鼓风机将空气经特别的过滤器,变成无尘无菌的干净空气,不断地吹到工作台面上,保证操作的小环境无菌。在这样的环境中,操作者也要小心,如换上干净的工作服、拖鞋,用乙醇对双手进行消毒等,只有这样才能把污染降低到最低程度。

2) 诱导去分化阶段

外植体是已分化成各种器官的切段。植物组织培养的第一步就是让这些器官切段去分化,即使各细胞重新处于旺盛有丝分裂的分生状态。因此,培养基中一般应添加较高浓度的生长素类激素。可以采用固体培养基(添加琼脂 0.6%～1.0%),这种方法简便易行,可多层培养,占地面积小。外植体表面除菌后,切成小片(段)插入培养基中或贴放于培养基上即可。但外植体的营养吸收不均、气体及有害物质排换不畅、愈伤组织易出现极化现象是本方法的主要缺点。如把外植体浸没于液态培养基中,营养吸收及物质交换便捷,但需提供振荡器等设备,投资较大,且一旦染菌则难以挽回。

本阶段植物细胞依赖培养基中的有机物等进行异养生长,原则上不需光照。

3) 继代增殖阶段

愈伤组织长出后经过 4～6 周的迅速细胞分裂,原有培养基中的水分及营养成分多已消耗,细胞的有害代谢物已在培养基中积累,因此必须进行移植,即继代增殖。同时,通过移植,愈伤组织的细胞数大大扩增,有利于下阶段收获更多的胚状体或小苗。继代增殖在种苗的工厂化生产上有很大意义。如兰花从一个侧芽(茎尖)进行培养,经过多次继代增殖,一年内可繁殖 400 万株试管苗,这就是被人们称为“兰花工业”的快速繁殖技术。

4) 生根成芽阶段

愈伤组织只有经过重新分化才能形成胚状体,继而长成小植株。所谓胚状体,指的是在组织培养中分化产生的具有芽端和根端类似合子胚的构造。通常要将愈伤组织移植于含适量细胞分裂素和生长素的分化培养基中,才能诱导胚状体的生成。光照是本阶段的必备外因。

5)移栽成活阶段

生长于人工照明玻璃瓶中的小苗要适时移栽室外以利生长。此时的小苗还十分幼嫩,移植应在能保证适度的光照、温度、湿度条件下进行。

试管苗所处的环境与自然环境有很大不同:试管内的条件是高湿(100%)、恒温、弱光、无菌,而自然环境是低湿、变温、强光、有各种杂菌。如果把试管苗贸然移出试管,它是基本不能成活的,需要采取一定措施,使试管苗逐渐适应自然条件,即有一个驯化过程,才能移出试管,在人工气候室中锻炼一段时间能大大提高幼苗的成活率。这些措施包括:使用生长调节剂降低株高、增加根数和加粗茎秆;打开封口以降低湿度、增强光照;移出试管所用的基质材料既要保湿性好,又要透气和排水性好;在移植初期要用遮阳网降低太阳光照,同时每天要喷几次水以提高空气湿度。只有这样才能保证移植后有较高的成活率。

在植物组织培养中,外植体周围细胞又可进行细胞分裂,产生愈伤组织。这种原已分化的细胞失去原有的形态和机能,又恢复为没有分化的无组织的细胞团或愈伤组织,这个过程称为脱分化过程。愈伤组织经过继代培养后,又可产生分化现象。由脱分化状态的细胞再度分化形成另一种或几种类型的细胞的过程,称为再分化。这样,最后形成完整的植株。所以组织培养中的再生植株是已分化的细胞经过脱分化和再分化而形成的。

3.2.1.3 植物组织培养的发展前景

植物组织培养和细胞培养技术的研究,在下列几方面的作用日益增大。

1. 单倍体育种

花药培养获得单倍体植株后,再进行染色体加倍,便产生出纯系植株,用作父本或母本进行有性杂交,省去了反复自交所需的时间,开辟了一条快速育种的新途径。我国利用花药培养在短期内已培育出烟草、小麦、水稻等优良品种,并已在生产上大面积推广应用。

2. 获得无病毒植株

很多农作物都带有病毒,尤其是无性繁殖植物,如马铃薯、甘草、草莓、大蒜等。一些用无性繁殖方法来繁衍的花卉,如康乃馨、菊花、郁金香、水仙、百合、鸢尾等,不能通过种子途径去除病毒,对于花卉而言会影响花卉的观赏效果,对于经济作物也会影响产量。如病毒病常使马铃薯减产50%左右;苹果被病毒感染后减产14%~45%,而且品质恶化、口感变差、不易储藏。但是病毒并不会感染植物的每一个部位。怀特(White)早在1943年就发现植物生长点附近的病毒浓度很低甚至无病毒。因为该区无维管束,病毒难以进入,所以茎尖培养成为获得无病毒植株的重要途径。可以取一定大小的茎尖进行培养,再生的植株有可能不带病毒,从而获得脱病毒苗,再用它进行快速大量繁殖,种植的作物就不会或很少发生病毒病害。例如,马铃薯因病毒感染而退化,通过茎尖(长度不超过0.5 mm)培养,已获得无病毒原种,用于生产栽培。

3. 无性系快速繁殖

采用组织培养技术快速繁殖植物是组织培养应用于生产实践成效最大的实例。组织培养与传统的无性繁殖相比,不受季节限制,而且经过组织培养进行无性繁殖,具有用材少、速度快等特点。尤其对一些繁殖系数低、不能利用种子繁殖的名、优、特植物品种的繁育意义重大,便于工厂化生产,如国外的"兰花工业",已有几十种兰花用组织培养进行快速繁殖获得成功。用茎尖培养生产试管苗,可有效地节约蔗种,并解决种苗用量过大(1 hm^{2}土地需用蔗种 7.5～15 t)及运输繁重的问题。20 世纪 80 年代初,原国家科学技术委员会和广西壮族自治区联合投资完成了第一个甘蔗试管苗工厂。后来,广东、广西在试管繁殖香蕉方面也实现产业化,获得了较好的经济效益。对芽变的优良果树枝条或名贵的花卉、果树、蔬菜以及濒临灭绝的植物,均可用组织培养方法进行快速大量繁殖,且不受季节限制。如果能克服试管苗生活力较弱的缺点,该技术的发展潜力是很大的。此外,虽然一些经济植物可以用种子繁育,但是它们的后代会出现各种变异,不能保持原来品种的特性,因此需要采用组织培养技术进行无性繁殖。

4. 药用植物的组织培养

药用植物的有效成分多是一些次生代谢产物,主要有苷类、生物碱、固醇类、醌类、黄酮类、蛋白质及其他生理活性物质。通过组织培养成功的药用植物至少有 200 种。培养的药用植物从常见植物到珍稀濒危植物、民族植物,如云南黑节草、延龄草、高山红景天,藏药包括川西獐牙菜、莪术、水母雪莲、星花绣线菊、溪黄草、玉叶金花、辽东葱木等。从培养常用药的植物到具有抗癌、抗病毒等有效成分的植物,如红豆杉、艾、黄杨、狼毒、大戟属、长春花、米仔兰、狗牙花和香榧等。培养用的材料也有提高。开始以草本、木本或藤本植物的根、茎、叶、花、胚、果实、种子、髓、花药等组织或器官进行培养,后来发展到从器官诱导到愈伤组织、冠瘿组织、毛状根进行培养,再发展为细胞培养。目前还借助植物基因工程技术通过农杆菌介导转化法获得基因药用植物,利用转基因组织和器官培养生产药用成分。我国中草药和各类有特色的民族药用植物资源丰富,药用植物组织培养有着天然的优势。随着红豆杉细胞培养生产紫杉醇研究的深入,我国的植物组织生产药用成分一定会有更大的发展。

5. 体细胞杂交与突变体筛选

利用体细胞杂交已获得许多种间杂交和属间杂交的细胞杂种,长成了再生植株。经过鉴定,证明了再生植株的杂种性质,并不是嵌合体。看来,植物细胞杂交可能成为育种途径之一,利用这条途径有希望培育出具有新经济性状的良种,如地上部、地下部兼用种,固氮的禾本科植物等,是有发展前途的。但是,还有许多理论和技术问题有待解决,需要进行深入、系统的研究。在细胞和组织培养过程中往往发生基因突变,自发突变率很低,为 10^{-7}～10^{-6},人工诱变可提高突变率 10～100 倍。现已从甘蔗中选出抗斐济病毒的突变体;从烟草愈伤组织中得到了抗 4-氧赖氨酸的突变细胞,它的赖氨酸含量高于亲本。植物细胞突变体的研究历史不长,但发展很快。除用突变方法改进农作物食品的品质、提高作物的抗逆性外,突变体将在细胞学、遗传学、植物育种学中得到广泛的利用,并将在实际应用中逐渐发挥它的作用。

近年来组织培养飞跃发展,它不仅是植物生理学研究的重要课题,而且已渗透到生物学的各个领域,如细胞学、遗传学、育种学、生物化学、药物学等学科中,开始在农学、园艺、林业、化工、医药业等生产领域得到广泛应用。

3.2.2 植物细胞培养和次生代谢物的生产

植物细胞培养是在植物组织培养技术基础之上发展起来的。理论基础是植物细胞的单个细胞内存在生命体的全部能力(即细胞全能性)。植物细胞培养是指在离体条件下,将愈伤组织或其他易分散的组织置于液体培养基中,进行振荡培养,分散成游离的悬浮细胞,通过继代培养使细胞增殖,从而获得大量的细胞群体的一种技术。

植物中含有数量极为可观的次生代谢物质。但植物生长缓慢,自然灾害频繁,即使是大规模人工栽培仍然不能从根本上满足人类对经济植物日益增长的需求。因此早在1956 年,Routier 和 Nickell 就提出工业化培养植物细胞以提取其天然产物的大胆设想。目前世界上最大批量工业化培养细胞(烟草细胞)已达 2 万升(20 t)。我国在"八五"、"九五"和"863 计划"中连续拨款资助工业化培养红豆杉细胞生产抗肿瘤药物紫杉醇的研究,目前已达到 60 mg/L 的世界先进水平。

工业化植物细胞培养系统主要有两大类:悬浮细胞培养系统和固定化细胞培养系统。前者适于大量、快速地增殖细胞,但往往不利于次生物质的积累;后者则相反,细胞生长缓慢而次生物质含量相对较高。

3.2.2.1 悬浮培养系统

1953 年 Muir 成功地对烟草和直立万寿菊的愈伤组织进行了悬浮培养。Tulecke 和 Nickell 于 1959 年推出了一个 20 L 的植物细胞封闭式悬浮培养系统(图 3-1)。该系统由培养罐及四根导管连通辅助设备构成。经蒸汽灭菌后接入目的培养物,以无菌压缩空气进行搅拌。当营养耗尽,细胞数目不再增加且次生物质达一定浓度时,收获细胞,提取产物。他们用此系统成功地培养了银杏、冬青、黑麦草和蔷薇细胞等。结构简单、易于操作是本系统的突出优点。但它的生产效率不够高,次生物质累积的量也较少。后人在此基础上进行了改进,包括:①半连续培养方法,即每隔一定时间(如 1～2 天)收获部分培养物,再加入等量培养基的方法;②连续培养方法,即培养若干天后在连续收获细胞的同时不断补充培养液的方

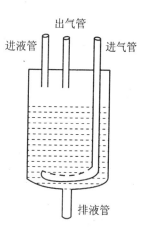

出气管

进液管　　进气管

排液管

图 3-1　封闭式植物细胞培养系统

法。这两种方法较明显地提高了细胞的生产率,但由于收获的是快速生长的细胞,其中的次生代谢物含量依然很低。看来有必要控制不同的参数分阶段培养细胞。如前阶段营养充足,加大通气量,促进细胞大量生长,后阶段由于营养短缺、溶解氧供应不足,细胞代谢途径改变,转而累积较高含量的次生物质。

3.2.2.2 固定化细胞培养系统

针对上述细胞悬浮培养的缺点,Brodelius 等于 1979 年首次报道了用褐藻酸钙成功固定培养橘叶鸡眼藤、长春花、希腊毛地黄细胞。实验证明,细胞分化和次生物质积累之间存在正相关性。细胞固定化后密集而缓慢的生长有利于细胞的分化和组织化,从而有利于次生物质的合成。此外,细胞固定化后不仅便于对环境因子的参数进行调控,而且有

利于在细胞团间形成各种化学物质和物理因素的梯度,这可能是调控高产次生物质的关键。

细胞固定化是将细胞包埋在惰性支持物的内部或贴附在它的表面。其前提是通过悬浮培养获得足够数量的细胞。常见的固定化细胞培养系统有以下两大类。

1. 平床培养系统

本系统由培养床、贮液罐和蠕动泵等构成(图 3-2)。新鲜的细胞被固定在床底部由聚丙烯等材料编织成的无菌平垫上。无菌贮液罐被紧固在培养床的上方,通过管道向下滴注培养液。培养床上的营养液再通过蠕动泵循环送回贮液罐中。本系统设备较简单,比悬浮培养体系能更有效地合成次生物质。不过它占地面积较大,累积次生代谢物较多的滴液区所占比例不高;在此密闭的体系中氧气的供应时常成为限制因子,经常还得附加提供无菌空气的设备。

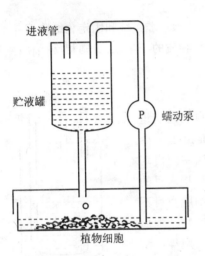

图 3-2　植物细胞平床培养系统

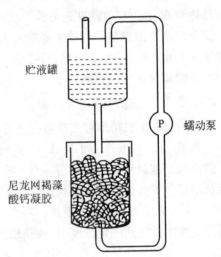

图 3-3　植物细胞立柱培养系统

2. 立柱培养系统

本系统将植物细胞与琼脂或褐藻酸钠混合,制成一个个粒径为 1～2 cm 的细胞团块,并将它们集中于无菌立柱中(图 3-3)。这样,贮液罐中下滴的营养液流经大部分细胞,即"滴液区"比例大大提高,次生物质的合成大为增强,同时占地面积大为减小。

在立柱培养系统中,由于细胞被固定化,因此应尽可能选择那些次生物质能自然地或经诱导后能逸出胞外的细胞株系。此外,为了提高次生物质的产量,还应注意:①要选用高产细胞株系;②在营养液中加入目的产物的直接或近直接前体物质,往往对增产目的产物有特效;③对各类细胞的培养都应反复摸索碳源、氮源和生长调节物质的配比,找出最佳方案;④适量光照及通气在多数情况下有利于产物的生成。

3.2.2.3　植物细胞培养的意义与应用举例

植物细胞含有人类所需的成分。以前采用传统的方法提取分离这些物质,现在由于资源短缺和需求量的不断加大,靠提取分离途径已很难满足人类的需求。早在 20 世纪 50 年代,就发现离体培养的高等植物细胞具有合成并积累次生代谢产物的潜力。目前利用植物细胞培养技术生产植物产品已成为工业化生产植物产品的一条有效途径。这些产品既可用作药物生产的原料,也可作为工业、农业、食品添加剂等的原料。但目前存在的主要问题是代谢产品的含量低,由此造成成本和产品价格高。随着培养技术的发展,植物细胞培养必将成为大规模生产植物代谢产品的有效途径。

植物细胞悬浮培养技术的发展、单细胞培养的成功,加之各种新型生物反应器的问世,使得植物细胞有可能像微生物那样在发酵罐中大量连续培养。此外,由于许多有用的植物群落大多生长在边远地区或高山上,难以大规模采集,所以在人工条件下大规模培养这些植物细胞具有极大的经济吸引力。

与整株植物栽培相比,细胞培养技术的优点如下:

(1)代谢产物的生产是在控制条件下进行的,因此可以通过选择优良细胞系和优化培养条件等方法得到超越整株植物产量的代谢产物,不仅节约能源,减少耕地占用面积,而且不受季节、地域的限制;

(2)细胞培养是在无菌条件下进行的,因此可以排除病菌和害虫的影响;

(3)可以通过特定的生物转化途径获得均一的有效成分;

(4)可以探索新的合成路线,获得新的有用物质。

总之,继微生物发酵技术以后,植物细胞培养用于具有生理活性的次生代谢产物的生产方面现已成为当代生物技术的一个重要应用技术。下面对一些产品的生产分别进行介绍。

1. 药用代谢产物

近年来,由于环境的破坏、无计划的盲目采挖,再加上培养野生植物技术等的限制,野生药用植物资源日益减少。化学合成植物药也因成本、技术、药性等因素限制而难以推广。在这样的情况下,利用植物细胞培养技术生产内含药物以其独特的优势而脱颖而出。目前已有很多种药用植物可以通过细胞培养技术生产内含药物,其中许多培养细胞中积累的药物成分含量超过其亲本植株内的含量,如人参皂苷、蒽醌、小檗碱、迷迭香酸、辅酶Q-10 等。植物细胞培养除了可以生产原植物本身含有的天然药物外,还可进行生物转化和生产原植物没有的合成药物。

2. 天然食品、食品添加剂

食品工业中,化学合成色素、甜味剂等越来越受到严格限制,天然的食品添加剂越来越受到消费者青睐。利用植物细胞培养技术生产天然食品或食品添加剂已展现了诱人的前景。目前已成功开展了通过植物细胞培养生产花青素的研究,并对培养基、代谢途径等进行了详细研究。随着研究工作的进一步深入,植物细胞培养花青素将进入工业化阶段。目前已有报道的能生产花青素的植物有大戟属、翠菊属、甜生豆、矢车菊属、玫瑰花、紫菊属、苹果、葡萄、胡萝卜、葡萄藤、土当归、商陆、筋骨草属、靶苔属等。目前报道过的用植物细胞培养的方法生产的色素有胡萝卜素、叶黄素、单宁、黄酮体等。此外,利用植物细胞大规模培养技术也已能生产出许多种香料物质,如培养玫瑰细胞可以获得许多酚类物质,培养洋葱细胞可以得到香料的前体物质。

3. 杀虫剂、杀菌剂

利用植物培养技术生产的杀虫剂、杀菌剂种类较多。例如:从万寿菊的培养组织或细

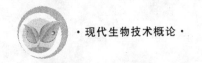

胞中可以收获农药噻吩烷;从鹰嘴豆和扫帚艾的愈伤组织或细胞中可以得到三种鱼藤生物碱、灰叶素、鱼藤酮以及除虫菊酯等;从葫芦巴(香草)静态培养物中能分离得到蓝鱼藤酮、粉红鱼藤酮等杀虫剂;从锦葵叶愈伤组织细胞中可以收集生物碱等。

4. 饲料、精细化工等产品

蚕的饲料生产是一个很好的代表。蚕需要专门的植物做饲料,如桑、蓖麻、榆等,自然界中这些原料来源容易受到季节、地域等条件限制。通过培养这些植物的细胞,收获、混合后再配合一些附加物如大豆粉、蔗糖、淀粉等制成饲料,就很好地解决了蚕饲养的饲料供给问题。另外,利用植物细胞培养技术还可以由银胶菊愈伤组织细胞生产橡胶。

总之,人类迄今通过植物细胞培养获得的生物碱、维生素、色素、抗生素以及抗肿瘤药物等涉及 50 多个大类,其中已有 30 多种次生物质的含量在人工培养时已达到或超过亲本植物的水平。在已研究过的 200 多种植物细胞培养物中,已发现可产生 300 余种对人类有用的成分,其中不乏临床上广为应用的重要药物。利用培养植物细胞工业化生产生物天然次级代谢产物的美好前景已经十分清楚地展现在我们面前。深入发掘我国特有的巨大中草药宝库,结合现代细胞培养技术,我国植物细胞次生物质的研制与生产一定会硕果累累。

3.2.3 植物细胞原生质体制备与融合

细胞融合是 20 世纪 60 年代发展起来的一项细胞工程技术。细胞融合又称体细胞杂交,是指将不同来源的原生质体(除去细胞壁的细胞)相融合并使之分化再生,形成新物种或新品种的技术。

植物细胞原生质体是指那些已去除全部细胞壁的细胞。细胞外仅由细胞膜包裹,呈圆形,要在高渗液中才能维持细胞的相对稳定。此外,在酶解过程中残存少量细胞壁的原生质体称为原生质球或球状体。它们都是进行原生质体融合的好材料。

原生质体融合的一个有效方法是 1973 年 Keller 提出的高钙高 pH 法。第二年,加拿大籍华人高国楠首创聚乙二醇(PEG)法诱导原生质体融合;1977 年,他又把聚乙二醇法与高钙高 pH 法结合,显著提高了原生质体的融合率。1978 年,Melchers 用此法获得了番茄细胞与马铃薯细胞融合的杂种。1979 年,Senda 发明了以电激法提高原生质体融合率的新方法。这一系列方法的提出和建立,促使原生质体融合实验蓬勃地开展起来。

3.2.3.1 细胞融合的基本原理

对于植物细胞而言,一般先将两种不同植物的体细胞(来自其叶或根)经过纤维素酶、果胶酶消化,除去其细胞壁,得到原生质体;然后通过物理或化学方法诱导其细胞融合形成杂种细胞;再以适当的技术进行杂种细胞的分拣和培养,促使杂种细胞分裂形成细胞团、愈伤组织,直至形成杂种植株,从而实现基因在远缘物种间的转移。由于这个新细胞得到了来自两个细胞的染色体组和细胞质,在适宜的条件下来培养,长成的生物个体就是一个新的物种或品系。

细胞可以发生融合的生物范围是很广的。到目前为止,已经在种间、属间、科间以及动物、植物两界之间都做过细胞融合的尝试,但只有体细胞的无性杂交才是真正意义上的细胞融合。精子、卵子的结合虽然也是一种融合,但它是有性的,而且必须是在种内进行的,因此不属于本节所讨论的细胞融合范畴。不同生物的远缘杂交一般是要受到严格限制的。即使偶尔有远缘杂交出现,所产生的杂种子代也是不育的。

细胞融合主要经过了两种原生质体或细胞互相靠近、细胞桥形成、细胞质渗透、细胞核融合等主要步骤。其中细胞桥的形成是细胞融合最关键的一步,融合过程中两个细胞膜从彼此接触到破裂形成细胞桥的具体变化过程如图 3-4 所示。

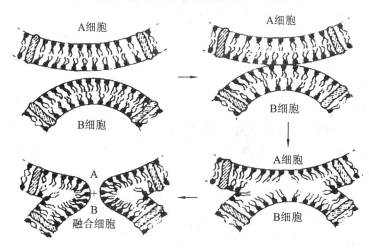

图 3-4　细胞融合过程中两个细胞膜的变化过程

3.2.3.2　原生质体的制备

植物细胞膜外面包裹一层细胞壁,各细胞壁间有果胶层将细胞联结在一起。为了促使这类细胞的融合,就必须先得到单个细胞,除去细胞壁,才能获得植物原生质体。因此,植物细胞的融合一般又可称为原生质体融合。

原生质体的制备过程如下。

1. 取材与除菌

原则上植物任何部位的外植体都可成为制备原生质体的材料。但人们往往对活跃生长的器官和组织更感兴趣,因为由此制得的原生质体一般生活力较强,再生与分生比例较高。常用的外植体包括种子根、子叶、下胚轴、胚细胞、花粉母细胞、悬浮培养细胞和嫩叶。

2. 酶解

由于植物细胞的细胞壁含纤维素、半纤维素、木质素以及果胶质等成分,因此市售的纤维素酶实际上大多是含多种成分的复合酶,如原中国科学院上海植物生理研究所生产的纤维素酶 EA3-867 和日本产的 Onozuka R-10 就含有纤维素酶、纤维二糖酶以及果胶酶等。此外,直接从蜗牛消化道提取的蜗牛酶也有相当好的降解植物细胞壁的功能。

3. 分离

在反应液中除了大量的原生质体外,尚有一些残留的组织块和破碎的细胞。为了取得高纯度的原生质体,就必须进行原生质体的分离。

4. 洗涤

刚分离得到的原生质体往往还含有酶及其他不利于原生质体培养、再生的试剂,应以

新的渗透压稳定剂或原生质体培养液离心洗涤 2～4 次。

5. 鉴定

只有经过鉴定确认已获得原生质体后才能进行下阶段的细胞融合工作。由于已去除全部或大部分细胞壁,此时植物细胞呈圆形。如果把它放入低渗溶液中,则很容易胀破。也可用荧光增白剂染色后置于紫外显微镜下观察,残留的细胞壁呈现明显荧光。通过以上观测,基本上可判别是否为原生质体及其比例。此外,尚可借助台盼蓝活细胞染色、细胞质环流观察以及测定光合作用、呼吸作用等参数定量检测原生质体的活力。

3.2.3.3 细胞融合技术

为了使制备好的原生质体或细胞能融合在一起,选择适宜、有效的诱导融合方法很重要。诱导植物细胞融合的方法可分为物理法、化学法。

1. 化学法——PEG 结合高钙高 pH 诱导法

化学法诱导融合不需贵重仪器,试剂易于得到,因此一直是细胞融合的主要方法。细胞融合中的化学法诱导主要包括:$NaNO_3$ 诱导($NaNO_3$ 可中和原生质体表面负电荷,促进原生质体聚集,对原生质体无损害,但融合率低)、高钙高 pH 诱导、PEG 诱导、高 Ca^{2+} 高 pH 诱导结合 PEG 诱导等。上面几种方法中以后者最为常用,下面重点介绍。

1)基本原理

聚乙二醇(PEG)是一种多聚化合物,分子式为 $H(OHCH_2CH_2)_nOH$,商品名为卡波蜡。实验室用的 PEG 平均相对分子质量在 200～20 000,一般 1 000 以下者为液体,1 000 以上者为固体。1974 年用它诱导大麦、大豆等植物原生质体融合,以后又用 PEG 诱导与高 Ca^{2+} 高 pH 诱导相结合,极大地提高了融合率。

这种多聚化合物靠醚键的联结使其分子末端带有弱电荷。PEG 法诱导原生质体融合的机制尚不十分清楚,初步分析可能是由于带有大量负电荷的 PEG 分子和原生质体表面的负电荷间在钙离子的连接下形成静电键,促使异源的原生质体间的黏着而结合,用高 Ca^{2+} 和高 pH 值溶液将与质膜结合的 PEG 分子进行洗脱,导致电荷平衡失调并重新分配,使两种原生质体上的正、负电荷连接起来,进而形成具有共同质膜的融合体。

2)基本过程

PEG 法诱导原生质体融合的过程:按比例混合双亲原生质体→滴加 PEG 溶液,摇匀,静置→滴加高 Ca^{2+}、高 pH 值溶液,摇匀,静置→滴加原生质体培养液洗涤数次→离心获得原生质体细胞团→筛选、再生杂合细胞。

2. 物理法——电融合诱导法

电融合诱导法是 20 世纪 80 年代出现的细胞融合技术。在直流电脉冲的诱导下,原生质体质膜表面的电荷和氧化还原电位发生改变,使异种原生质体黏合并发生质膜瞬间破裂,进而质膜开始连接,直到闭合成完整的膜形成融合体。

与 PEG 法比较,电融合法优点较多:不使用有毒害作用的试剂,作用条件比较温和,而且基本上是同步发生融合,融合率高、重复性强、对原生质体伤害小;装置精巧、方便简单,可在显微镜下观察或录像融合过程;免去 PEG 诱导后的洗涤过程,诱导过程可控制性强等。只要条件适当,也可获得较高的融合率。

3.2.3.4 融合细胞的鉴别与筛选

经过上述融合处理后再生的细胞株将可能出现以下几种类型：①亲本双方的细胞核和细胞质能融洽地合为一体，发育成为完全的杂合植株，这种例子不多；②融合细胞由一方细胞核与另一方细胞质构成，可能发育为核质异源的植株，亲缘关系越远的物种，某个亲本的染色体被丢失的现象就越严重；③融合细胞由双方细胞质及一方核或再附加少量他方染色体或 DNA 片段构成；④原生质体融合后两个细胞核尚未融合时就过早地被新出现的细胞壁分开，以后它们各自生长成嵌合植株。

双亲本原生质体经融合处理后产生的杂合细胞，一般要经含有渗透压稳定剂的原生质体培养基培养（液体或固体），再生出细胞壁后转移到合适的培养基中。待长出愈伤组织后按常规方法诱导其长芽、生根、成苗。在此过程中，可对其是否为杂合细胞或植株进行鉴别与筛选。对于如何筛选杂合细胞，尚无特定规律可循，需对不同对象设计具体的筛选方案和选择体系，优先选择杂合细胞，或只允许杂合细胞生长，以淘汰亲本细胞。

1. 根据物理性质进行鉴别

根据以下特征可以在显微镜下直接识别杂合细胞：若一方细胞大，另一方细胞小，则大、小细胞融合的就是杂合细胞；若一方细胞基本无色，另一方为绿色，则白色、绿色结合的细胞是杂合细胞；若双方原生质体在特殊显微镜下或双方经不同染料着色后可见不同的特征，则可作为识别杂合细胞的标志。发现上述杂合细胞后可借助显微操作仪在显微镜下直接取出，移至再生培养基培养。

2. 利用互补特性进行筛选

遗传互补法的前提是获得各种遗传突变细胞株系。例如，不同基因型的白化突变株 aaBB×AAbb 可互补为绿色细胞株 AaBb，这叫做白化互补。再如，甲细胞株缺外源激素 A 不能生长，乙细胞株需要提供外源激素 B 才能生长，则甲株与乙株融合，杂合细胞在不含激素 A、B 的选择培养基上可以生长。这种选择类型称为生长互补。假如某个细胞株具某种抗性（如抗氨苄青霉素），另一个细胞株具另一种抗性（如抗卡那霉素），则它们的杂合株将可在含上述两种抗生素的培养基上再生与分裂。这种筛选方式即所谓的抗性互补筛选。此外，根据碘代乙酰胺能抑制细胞代谢的特点，用它处理受体原生质体，只有融合后的供体细胞质才能使细胞活性得到恢复，这就是代谢互补筛选。

此外，可采用细胞与分子生物学的方法、染色体原位杂交、细胞学鉴定、显微操作技术等来鉴别杂合体。

综上所述，虽然细胞融合研究至今尚面临种种难题和挑战，但该领域在理论及实践两个方面的重大意义仍然吸引了不少科学家为之忘我奋斗，更为激动人心的研究成果一定会不断涌现出来。

3.2.4 单倍体植物的诱发和利用

1921 年，Bergner 首次在高等植物曼陀罗中发现了单倍体。此类植物与正常二倍体植物相比，它们叶小、株矮、生活力弱，且高度不育。然而由于它们种质纯，不受显性等位基因的掩盖与遮蔽效应影响，人们易于从中挑选出具有可用性状的隐性突变体。而且，由单倍体诱导产生的二倍体的所有基因是纯合的，即所谓的纯系，其后代不会产生分离，因

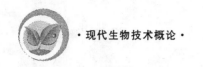

而遗传性是稳定的。所以这种植株的经济意义十分显著。因此,Blakeslee 等于 1924 年提出了在育种中培植利用单倍体生物,然后加倍获得正常二倍体植株的设想。这是一条十分诱人的技术路线,其核心问题是单倍体植株的成功诱导与栽培。由于技术上的限制,直到 1964 年才由 Guha 等率先人工诱导毛叶曼陀罗单倍体植株成功。至 2005 年,世界上通过人工花粉和花药培养已经获得几百种植物的单倍体植株,其中我国科学工作者已培育 40 种以上,如小麦、玉米、辣椒、油菜、甘蔗和苹果等。

3.2.4.1 花药培养

花药由花药壁和花粉囊构成。经过适当的诱导,花粉囊中的花粉(单倍体)可能去分化而发育成单倍体胚或愈伤组织,最终形成花粉植株。

花药经无菌操作从成熟度适中的花蕾或幼穗中取出后,经下述方法之一进行预处理:①用甘露醇或其他糖、无机盐配成的高渗溶液(约 25%(g/mL))处理 6~8 min,或者低速(2 000 r/min)离心 30 min,将有利于单倍体愈伤组织的形成;②低温(4~10 ℃)或高温(35 ℃)处理 2~20 天,可明显提高某些植物单倍体胚的比例;③零磁空间处理,利用航天器将培养中的花药送入太空一段时间后再回收,有助于获得高质量的愈伤组织及其再生苗。

接下来需要选择适当的培养基与培养条件,对多数植物而言,在愈伤组织培养基中一般已添加适量的生长素类激素,如 2,4-D、萘乙酸或吲哚丁酸等。花药可以在这种培养基中去分化而长成愈伤组织,但通常不会长成单倍体植株,但有些植物,如烟草、曼陀罗等则只需在简单的蔗糖和无机盐培养基上即可完成花粉去分化、单倍体胚的形成乃至单倍体植株的长出这一完整的过程。无论哪种情况,在培养基中加入适量的脯氨酸或羟脯氨酸,对促进单倍体愈伤组织的形成都有明显的作用。

无论是长出愈伤组织还是单倍体胚,都应像组织培养那样,适时转移至添加细胞分裂素类激素的分化培养基中,以利于植株生成。不过花药培养中双倍体植株所占比例过高的问题仍未得到根本解决。

3.2.4.2 花粉培养

花药培养时一些二倍性的花药壁细胞也形成愈伤组织,从而增加了培育单倍体植株的难度。1974 年,Nitsch 等首创用挤压法分离花粉进行培养的方法。他们取下烟草成熟花蕾,在 5 ℃ 放置 48 h 后进行表面消毒,取出花药。让花药在 28 ℃ 的液体培养基上漂浮,光照预处理 4 天。然后用器械挤破花药,制成花粉悬液。经过滤、离心、培养,只得到约 5% 的花粉植株。究其成功率低的原因,一方面是挤压损伤了花粉,另一方面可能是缺乏“花药因子”,花粉生长发育欠佳。为了克服上述缺点,1977 年,Sunderland 等提出了自然散开法收集花粉的方法。他们将花蕾或幼穗在 7 ℃ 冷处理两周后,让其在适当的液体培养基表面培养,待花药自然开裂散落出花粉后,离心收集花粉,置于含肌醇和谷酰胺的培养基中生长。虽然该方法使花粉成株率有所提高,但与花药培养相比仍然低得多。不过这些花粉培养一旦成功,则可较明确地判断为单倍体植株。

虽然用花药与花粉培养单倍体植株目前都已取得长足的进展,但白化苗出现过多仍是亟待解决的问题。

3.2.4.3 获得单倍体的其他方法

1. 未传粉子房、胚珠培养

子房是被子植物的雌性生殖器官。子房壁里面是胚珠，雌配子体就位于胚珠内。雌配子体（成熟胚囊）由 7 个细胞 8 个核组成，即 1 个卵细胞、2 个助细胞、3 个反足细胞和 1 个大的含有 2 个极核的中央细胞，这 8 个核都是单倍性的。子房、胚珠的培养就是诱导胚囊内单倍性的核发育成单倍体植株。胚囊中的 8 个核都有可能发育成单倍体植株，一般来自于卵细胞、反足细胞和助细胞。1976 年，SanNoeum 首先从大麦的未传粉子房培养获得单倍体植株。虽然该领域的工作目前还开展得不多，但由于诱导出的植株大多是单倍体绿苗，因此，这是一个充满希望的发展方向。

2. 远缘杂交

在远缘杂交过程中由于遗传上的不亲和性，受精后在幼胚的发育过程中，一方的染色体被排除，最终只得到仅含一方染色体的单倍体植株。这项技术首先在大麦的单倍体诱导中成功。用球茎大麦与栽培大麦杂交，由于球茎大麦的染色体被排除，最终得到栽培大麦的单倍体，这种技术已被称为"球茎大麦技术"。随后用普通小麦"中国春"与球茎大麦杂交，也成功得到普通小麦的单倍体。

3.2.4.4 单倍体植株的加倍

单倍体（主要指由二倍体而来的单倍体）植株一般表现为植株矮小、生长瘦弱，由于减数分裂时染色体不能正常配对，便不能形成正常配子，因而高度不实。通过染色体加倍，使单倍体变成二倍体，才能恢复正常生长和结实，同时对遗传稳定性和加速育种也有重要意义。

染色体加倍的传统方法是用秋水仙素进行处理。秋水仙素是从百合科植物秋水仙的种子和球茎中分离出来的一种植物碱，能阻止细胞分裂时纺锤体的形成，因此形成二倍体或多倍体。具体操作方法：可将秋水仙素配成一定浓度的溶液浸泡小苗，或处理顶芽和腋芽，或直接加在培养基中培养单倍体细胞。

3.2.4.5 单倍体的意义

单倍体只含有单套染色体，每一对同源染色体中都只有一条染色体，就不存在等位基因的干扰，对于基因定位、隐性基因的机能等遗传学基础研究是不可缺少的实验材料。在育种实践上，单倍体也是有重要作用的。

1. 加快育种速度

杂交育种中，杂交后代从第 2 代（F_2）起发生分离，经过 7～8 代才能稳定，因而选择一个新品种需 10 年左右的时间，然而用单倍体技术，将杂交后杂种一代（F_1）的花药进行离体培养，得到单倍体后，人工加倍，就得到纯合二倍体，这种二倍体是由单倍体的染色体自我复制加倍而来，因而后代不会分离，这样就很快稳定下来，从而显著缩短育种年限（图 3-5）。

2. 提高选择效率

前面已经提到，杂交育种时，从 F_2 代开始分离，如果在 F_2 代选择到纯合体，那将不分离，而 F_2 代纯合体选择的概率在杂交育种与单倍体育种上存在显著差异。根据推算，假

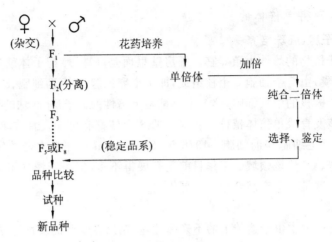

图 3-5　杂交育种与单倍体育种比较

设涉及 n 对基因,那么在 F_2 代得到纯合体的概率,杂交育种时为 $1/2^{2n}$,单倍体育种为 $1/2^n$,可见单倍体育种时,纯合体的选择概率要远远高于杂交育种。

3.2.5　人工种子的研制

人工种子即人为制造的种子,它是一种含有植物胚状体或芽、营养成分、激素以及其他成分的人工胶囊。这是 1978 年植物组织培养学家 Muralshige 在第四届国际植物组织细胞培养大会上提出的设想,他认为科学已经发展到这样的水平,科学家可以超越自然界的限制,用很少的外植体同步培育出许许多多的胚状体。将这些胚状体包埋在某种胶囊内使其具有种子的功能,并可直接用于田间播种。他的预言促使美、日、法等国在 20 世纪 80 年代初竞相掀起人工种子研制的热潮。我国人工种子的研究开始于"七五"期间,并且被列入了"863"高技术研究发展计划,对胡萝卜、芹菜、黄连、苜蓿、西洋参、云杉、华腺萼木、四会贡桃、番木瓜、芫荽等十几种材料进行了系统的研究。

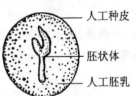

图 3-6　人工种子模式图

3.2.5.1　人工种子的构成及特点

人工种子由以下三部分构成(图 3-6)。

(1)人工种皮　这是包裹在人工种子最外层的胶质化合物薄膜。这层薄膜既能允许内外气体交换畅通,又能防止人工胚乳中水分及各类营养物质的渗漏。此外,还应具备一定的机械抗压力。

(2)人工胚乳　这是人工配制的保证胚状体生长发育需要的营养物质,一般以生成胚状体的培养基为主要成分,再根据人们的需要外加一定量的植物激素、抗生素、农药及除草剂等物质,尽可能提供胚状体正常萌发生长所需的条件。

(3)胚状体　胚状体是由组织培养产生的,具有胚芽、胚根双极性,类似天然种子胚的结构,它具有萌发长成植株的能力。

人工种子作为 21 世纪极具发展潜力和经济价值的高科技成果,具有以下突出的优点:①可以不受环境因素制约,一年四季均可进行工厂化生产;②由于胚状体是经人工无性繁育产生,有利于保存该种系的优良性状;③与试管苗相比,人工种子成本更低,便于运输和储藏,更适合于机械化田间播种;④可根据需要在人工胚乳中添加适量的营养物、激素、农药、抗生素、除草剂等,以利于胚状体的健康生长,这样获得的人工种子就优越于天然种子,生产效率更高。

虽然人工种子的研制历经十几年已经取得了长足的进展,但是仍有一些关键技术尚未攻克。例如,人工种皮的性能尚不尽如人意,还未找到一种符合多数物种需要的人工胚乳,如何让胚状体处于健康的休眠状态,怎样做到使人工种子既延长其保存时间又不明显降低萌发率等。有理由相信,不久的将来,人类终将摆脱大自然的羁绊,实现工厂化生产植物种子的目标。

3.2.5.2 人工种子的制备

1. 胚状体的制备及其同步生长

如前所述,通过外植体的固体培养基培养、液体培养基的悬浮细胞培养以及花药、花粉的诱导培养都可获得数量可观的胚状体。但这些胚状体往往处于胚胎发育的不同时期,不能满足大量制备人工种子的需要。因此,诱导胚状体的同步化生长成了制备人工种子的核心问题。采取低温法、抑制剂法、分离法、通气法、渗透压法等可促进胚状体的同步生长,控制细胞及胚状体的同步化生长是一个尚未完全解决的问题。除了上述提出的外因干预以外,物种及不同外植体细胞的敏感性对实现同步化生长也有很大影响。只有经过实验摸索才可能成功。

此外,刚收获的胚状体含水分很高,不够成熟,也难以储存。一般应经自然干燥 4～7 天,使胚状体转为不透明状为宜。

2. 人工胚乳的制备

人工胚乳的营养需求因种而异,但与细胞、组织培养的培养基大体相仿,通常还要配加一定量的天然大分子碳水化合物(淀粉、糖)以减少营养物泄漏。常用人工胚乳有:MS(或 SH、White)培养基加马铃薯淀粉水解物(1.5%);0.5×SH 培养基加麦芽糖(1.5%)等。还可根据需要在上述培养基中添加适量激素、抗生素、农药、除草剂等。

3. 配制包埋剂及包埋

人工种子的制作过程中,包埋是非常重要的一个环节,主要包括包埋介质的选择和具体的包埋方法。前者主要是人工胚乳和人工种皮的选择。对于人工胚乳,理想的包埋介质应该满足以下条件:

(1) 对所要包埋的胚乳无伤害;

(2) 有足够的柔软性,可以保护胚乳,并允许其发育;

(3) 具有一定硬度,避免运输、操作过程中的伤害;

(4) 具有穿透性,传递细胞生长所需的营养,并能容纳其他附加成分,如防腐剂、杀虫剂等;

(5) 可以用现有的温室或农机机械进行播种。

通过大量实验对比,选择了褐藻酸盐作为人工种子的包埋剂,它具有成胶容易、操作条件温和、使用方便、毒性极低、成本低廉等优点。但是也存在一些缺点,如水溶性营养成分易流失、表面易结团等。目前,正在进行新型包埋材料的研制。褐藻酸钠是目前最好的

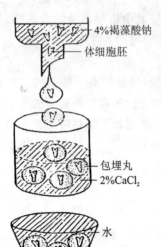

4%褐藻酸钠

体细胞胚

包埋丸
2%CaCl₂

水

图 3-7　人工种子包埋示意图

人工种子包埋剂,经 CaCl₂ 离子交换后,机械性能较好。其次是琼脂、白明胶等。通常以人工胚乳溶液调配成 4% 的褐藻酸钠,再按一定比例加入胚状体,混匀后,逐滴滴到 2.0%~2.5%CaCl₂ 溶液中(图 3-7)。经过 10~15 min 的离子交换配合作用,即形成一个个圆形的具一定刚性的人工种子。然后以无菌水漂洗 20 min,终止反应,捞起晾干。为了克服人工种子易于粘连和变干的缺点,美国杜邦公司以一种称为 Elvax 4260 的涂料对人工种子进行表面处理,效果较好。此外,以 5%CaCO₃ 或滑石粉抗粘连,也有一定效果。

以上所述滴液法获得的人工种子,其直径随滴管口径的大小而定;每颗种子内含胚状体数目主要取决于包埋剂中胚状体的密度;人工种皮的厚度则随人工种子在 CaCl₂ 溶液中离子交换时间的长短而定,一般为 10~15 min。种皮太厚,不利于胚状体萌发;种皮太薄,则在储存、运输以及播种过程中都会遇到麻烦。

3.2.5.3　人工种子的储存与萌发

人工种子的储存与萌发是迄今尚未攻克的难关。一般要将人工种子保存在低温(4~7 ℃)、干燥(相对湿度<67%)的条件下。有人将胡萝卜人工种子保存在上述条件下,两个月后的发芽率仍接近 100%。但这种储存方式的费用是昂贵的。在自然条件下人工种子的储存时间较短,萌发率较低。

综上所述,尽管人工种子的研制尚处于实验室研究阶段,但它那令人神往的产业化前景正吸引着各国政府和科学家投入巨额资金,付出辛勤汗水。成功研制人工种子的美好时刻相信不久一定会到来。

3.3　动物细胞工程

动物细胞工程是细胞工程的一个重要分支,它主要从细胞生物学和分子生物学的层面,根据人类的需要,一方面深入探索、改造生物遗传种性,另一方面应用工程技术的手段,大量培养细胞、组织或动物本身,以期收获细胞或其代谢产物以及可供利用的动物。动物细胞工程不仅具有重要的理论意义,而且它的应用前景十分广阔。

3.3.1　动物细胞与组织培养

3.3.1.1　动物细胞培养与组织培养的区别

经常有不少人将细胞培养与组织培养混淆,其实它们是有区别的。细胞培养指的是离体细胞在无菌培养条件下的分裂、生长,在整个培养过程中细胞不出现分化,不再形成组织。而组织培养意味着取自于动物体的某类组织,在体外培养时细胞一直保持原本已分化的特性,该组织的结构和功能不发生明显变化。

3.3.1.2　动物细胞体外培养生长特性

组成人及哺乳类动物体的细胞具有极其复杂的结构和功能,细胞在机体内生长时相互依赖、相互制约,在神经体液的调节下形成了一种天然的内环境,体外生长时脱离了这些内平衡系统,与机体内细胞相比是不完全相同的。体外生长时,细胞形态上也发生了变化。

体外培养的细胞根据其生长方式,主要可分为以下两种。

1. 贴附型细胞

贴附生长本是指大多数有机体细胞在体内生存和生长发育的基本存在方式。贴附有两种含义:一是细胞之间相互接触;二是细胞与细胞外基质结合。正是基于这种贴附生长特性,才使得细胞与细胞之间相互结合形成组织,也才使细胞与周围环境保持联系。有机体的绝大多数细胞必须贴附在某一固相表面才能生存和生长。

动物细胞培养中,大多数哺乳动物细胞必须附壁即附着在固体表面生长,当细胞布满表面后即停止生长,这时若取走一片细胞,存留在表面上的细胞就会沿着表面生长而重新布满表面。从生长表面脱落进入液体的细胞通常不再生长而逐渐退化,这种细胞的培养称为单层贴壁培养。贴壁培养的细胞可用胰蛋白酶、酸、碱等试剂或机械方法处理,使之从生长表面上脱落下来。

大多数动物细胞体外培养时由于体内、体外环境不同,细胞贴附的方式也是不同的。在体外,细胞生长需要附着于某些带适量正电荷的固体或半固体表面,大多是只附着一个平面,因而培养的细胞的外形一般与在体内时明显不同。按照培养细胞的形态,主要可分为以下四类:成纤维细胞型细胞、上皮型细胞、游走型细胞、多形型细胞。

2. 非贴附型细胞

此类细胞体外生长不必贴壁,可在培养液中悬浮生长,因此也叫悬浮型细胞。一些在体内原本就以悬浮状态生长的细胞或微生物,当接种于体外环境中也可以以悬浮状态生长。血液白细胞、淋巴组织细胞、某些肿瘤细胞、杂交瘤细胞、转化细胞系等都属此类细胞。这类细胞的形态学特点是胞体始终为球形。

3.3.1.3　动物细胞组织培养的基本条件

动物细胞培养与微生物培养有很大的不同,对于营养要求更加苛刻,除氨基酸、维生素、盐类、葡萄糖或半乳糖外,还需要血清。动物细胞对培养环境的适应性更差,生长缓慢,因此培养时间较长。动物细胞培养还需要防止污染。这些都给动物细胞培养带来了一定的难度。

培养动物细胞首先应保证适宜的温度。与多数哺乳类动物体内温度相似,培养细胞的最适温度为 37 ℃,偏离此温度,细胞的正常生长及代谢将会受到影响甚至导致死亡。实践证明,细胞对低温的耐受性要比对高温的耐受性强些,低温会使细胞生长代谢速率降低;一旦恢复正常温度,则细胞会再行生长。若在 40 ℃左右,则几小时内细胞便会死亡。因此,高温对细胞的威胁很大。

其次,应选择一定的 pH 值。细胞培养的最适 pH 值为 7.2 ～7.4,当 pH 值低于 6 或

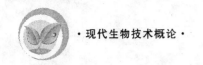

高于 7.6 时,细胞的生长会受到影响,甚至导致死亡。但是,多数类型的细胞对偏酸性的耐受性较强,而在偏碱性的情况下则会很快死亡。因此,培养过程一定要控制 pH 值。

接着,由于细胞的生长代谢离不开气体,因此,容器空间中须保持一定比例的 O_2 及 CO_2。但作为代谢产物的 CO_2 在培养环境中还有另一个重要作用,即调节 pH 值。当细胞生长旺盛、CO_2 过多时,培养液中的 pH 值下降;反之,若容器内的 CO_2 外逸时,pH 值升高。CO_2 培养箱可根据需要持续地提供一定比例的 CO_2 气体,这样便可以将培养环境中的氢离子浓度保持恒定,从而提供一个比较稳定的 pH 值环境。

最后,由于动物细胞的培养对营养的要求较高,往往需要多种氨基酸、维生素、辅酶、核酸、嘌呤、嘧啶、激素和生长因子,其中很多成分系由血清、胚胎浸出液等提供,在很多情况下还需加入 10% 的胎牛或小牛血清。只有满足了这些基本条件,细胞才能在体外正常存活、生长。

动物细胞的培养基一般可分为天然培养基、合成培养基和无血清培养基,此外,细胞培养还需要一些常用的溶液。

1. 天然培养基

直接采用取自动物体液或从组织中提取的成分作培养液,主要有血清、组织提取液、鸡胚汁等。天然培养基营养价值高,但成分复杂,来源有限。

2. 合成培养基

为了营造与细胞体内相似的生长环境,便于细胞体外生长,厄尔(Earle)于 1951 年开发了供动物细胞体外生长的人工合成培养基(Earle 基础合成培养基 MEM)。由于细胞种类和生长条件的不同,合成培养基的种类也相当多。合成培养基成分已知,便于对实验条件的控制,因而对细胞培养技术的发展具有很大推动作用。但有些天然的未知成分尚无法用已知的化学成分替代。因此,细胞培养中使用的基础合成培养基还必须加入一定量的天然培养基成分,以克服合成培养基的不足。最普遍的做法是加入小牛血清。

3. 无血清培养基

动物血清成分复杂,各种生物大、小分子混合在一起,有些成分至今尚未搞清楚。血清对细胞生长很有效,但后期对培养产物的分离、提纯以及检测造成一定困难。另外,高质量的动物血清来源有限,成本高,限制了它的大量使用。

为了深入研究细胞生长发育、分裂繁殖以及衰老分化的生物学机制,开发研制了无血清培养基。无血清培养基由于必须包括血清中的主要有效成分,因此组成相当复杂,一般包括三大部分:①基础培养基,大多以 DME 培养基与 Ham F_{12} 培养基等量混合为基础培养基;②基质因子,包括纤黏素、血清铺展因子、胎球蛋白、胶原和多聚赖氨酸等;③生长因子、激素和维生素等约 30 种有机和无机微量物质,其中包括哺乳动物的绝大多数内分泌激素。

3.3.1.4 动物细胞培养方法

动物细胞或组织的体外培养就是将活的组织、细胞、器官或微小个体放在一个不会被其他微生物等污染的环境里(器皿或反应器)生存、生长。这里先介绍动物细胞培养的基本步骤:①无菌取出目的细胞所在组织,以培养液漂洗干净;②以锋利无菌刀具割去多余部分,切成小组织块;③将小组织块置于消化液中离散细胞;④低速离心洗涤细胞后,将目的细胞吸移至培养瓶培养。

由于绝大多数哺乳动物细胞趋向于贴壁生长,细胞长满瓶壁后生长速度显著变慢,乃至不生长。因此,哺乳动物细胞的大量培养需提供较大的支持面。下面简单介绍一下微胶囊培养法:将一定量动物细胞与大约 4% 的褐藻酸钠混合后,滴到 $CaCl_2$ 溶液中,发生离子交换而逐渐硬化成半透性微胶囊。可通过控制离子交换的时间调控微胶囊的刚性。细胞在微胶囊内生长,既可吸收外界营养,又可排出自身代谢废物。其最突出的优点是微胶囊内细胞及其产物可不受培养液中血清复杂成分的污染。细胞密度增加,纯度提高,为单克隆抗体、干扰素等有用产品的大规模生产提供了一条有效途径。

3.3.1.5　动物组织培养方法

动物组织培养法与细胞培养法类似,主要区别在于省略了蛋白酶对组织的离析作用。其基本方法如下:①无菌操作取出目的组织,以培养液漂洗;②以锋利无菌刀具割去多余部分,将该组织分切成 $1 \sim 2 \ mm^3$ 小块,移入培养瓶;③加入合适的培养基浸润组织,小心地将培养瓶翻转,搁置 $15 \sim 30 \ min$,以利于组织块的贴壁生长;④翻回培养瓶,平卧静置于 37 ℃培养。

3.3.1.6　培养物的长期保存

培养物的长期保存方法基本上有两大类:经典传代法和冷冻保存法。Carrel 是经典传代法的创始人之一和杰出代表,他在极简陋的条件下每隔几天把鸡胚心肌细胞传代一次。在令人难以置信的长达 34 年的时间里成功地无菌传代 3 400 次。冷冻保存法具有操作简便、保存期长的特点。现以其中的液氮保存法为例简介如下:①将成熟培养物(细胞)与 $5\% \sim 10\%$ 的甘油或二甲亚砜混匀,封装于若干个安瓿瓶中;②缓慢降温(每分钟 $1 \sim 3$ ℃)至 -30 ℃;③继续降温(每分钟 $15 \sim 30$ ℃)至 -150 ℃;④转移至液氮中冻存,可无限期保存。

若安瓿瓶置于 -70 ℃保存,保活期通常只有几个月。在 -90 ℃下培养物可保存半年以上。

3.3.2　动物细胞融合

细胞融合现象最初是在动物细胞中发现的。例如,肿瘤细胞能在体内自发地融合,产生多核的肿瘤细胞。1858 年维尔萧(Virchow)叙述了正常组织、发炎组织以及肿瘤组织中的多核细胞情况。天花病人的血液中也有多核体细胞存在。1875 年,兰格(Lange)第一个观察到脊椎动物(蛙类)的血液细胞发生的合并现象。

1962 年日本冈田善雄发现日本血凝病毒(HVJ)能引起艾氏腹水瘤细胞融合成多核细胞的现象。细胞融合现象公布后引起细胞学界的高度重视。1965 年英国海利斯等进一步证实灭活的病毒在适当条件下可以诱发动物细胞融合,不同种的动物细胞可被诱导融合,融合细胞可以存活。当 HVJ 被吸附在两个细胞表面后,相互接触而引起细胞膜之间出现所谓细胞桥的结构,随着时间的推移,细胞桥的数量和体积增加,最后细胞质融合为一个双核细胞或多核细胞。除日本血凝病毒外,一些疱疹病毒和黏液病毒也有诱导细胞融合的特性,但远不如 HVJ 有效。细胞膜融合后的双核细胞在培养过程中会出现细胞核的融合及染色体的交互联结或某些染色体消失等现象。

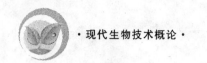

后来,细胞融合技术逐步扩展到植物细胞和微生物细胞。目前细胞融合已成为细胞工程的核心技术之一,不但在研究核质相互关系、基因的作用与定位、肿瘤的发生等方面有着重要作用,而且在植物、微生物的改良及基因治疗、疾病诊断等应用领域也已展现出美好的前景。

3.3.2.1 融合材料的获得

动物细胞虽然没有细胞壁,但细胞间的连接方式多样而复杂,在进行有效的细胞融合之前,也必须获得单个分散的细胞,主要步骤如下。

1. 组织的获得

采用各种适宜的方法处死动物,取出组织块放入小烧杯中,用剪刀将组织块剪碎成 1 mm³ 大小,用吸管吸取 Hanks 溶液,冲下剪刀上的碎块,补加 3~5 mL 的 Hanks 溶液,用吸管轻轻吹打,低速离心,弃去上清液,留下组织块。

2. 组织的消化

通过生物化学的方法将剪碎的组织块分散成细胞团或单细胞。可根据不同的组织对象采用不同的酶消化液,如最常用的有胰蛋白酶和胶原酶等。其他的酶如链霉蛋白酶、黏蛋白酶、蜗牛酶等也可用于动物细胞的消化。EDTA 最适合消化传代细胞,常与胰蛋白酶合用。

3.3.2.2 动物细胞融合的途径

细胞融合是研究细胞间遗传信息转移、基因在染色体上的定位以及创造新细胞株的有效途径。诱导融合的方法可分为物理法、化学法及生物法。物理法主要包括显微操作、电场刺激等;化学法主要是用聚乙二醇(PEG)结合高 pH、高 Ca^{2+} 法;生物法有仙台病毒法等。具体应用时要根据不同对象选择不同的细胞融合方法和条件。诱导动物细胞融合时,仙台病毒法、PEG 法、电激诱导融合法都适用。

1. 生物法——仙台病毒法

很多病毒都具有凝集细胞的能力,它一边黏结在一个细胞表面,另外一边黏结在另一个细胞表面,从而使两个细胞在病毒的作用下靠近发生黏结。

仙台病毒(Sendai virus)也称日本血凝病毒(HVJ),属黏液病毒副流感类群,是 RNA 病毒,多型颗粒状,易在小鼠中蔓延。由于被感染细胞表面发生某些改变,这些细胞容易发生融合,甚至处死的 HVJ 病毒也具有促进细胞融合的作用。20 世纪 60 年代,日本仙台东北大学医学系的学者冈田(Okada)利用仙台病毒使两种不同的动物细胞之间发生凝集,进而融合成一体。在动物细胞融合中,仙台病毒已成为产生细胞杂种的标准融合剂。

仙台病毒诱导细胞融合的方法如图 3-8 所示。

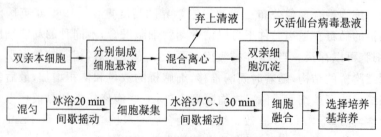

图 3-8 仙台病毒诱导细胞融合的方法

如果双亲本细胞都呈单层贴壁生长,则将它们混合培养后直接加入灭活的仙台病毒诱导融合即可。该方法虽然早已建立,但由于病毒的致病性与寄生性,制备比较困难。该方法诱导产生的细胞融合率也比较低,重复性不够高,所以近年来已不多用。

2. 化学法

PEG 诱导融合是动植物细胞融合的主要手段。对动物细胞而言,由于不具细胞壁,融合更加简便。动物细胞的 PEG 诱导融合方法可参照前述植物细胞的 PEG 悬浮混合法进行。但由于动物细胞质的 pH 值多为中性至弱碱性,PEG 溶液的 pH 值应调至 $7.4\sim7.8$ 为宜。此外,还可将细胞-PEG 悬浮液进行适当离心处理,迫使细胞更紧密接触,提高融合率。

3. 电激诱导融合法

方法参见植物原生质体融合(见 3.2.3)。

在科学高度发展的今天,细胞融合已经比较容易做到,但这种融合的结果如何,要经过筛选和检测才能清楚。与植物杂合细胞筛选的模式类似,动物杂合细胞筛选也可采用抗药互补性筛选和营养缺陷性筛选方法。此外,也有人采用温度敏感突变等特征进行筛选。总之,细胞株具备越多可识别的突变性状,以它为亲本进行细胞融合和筛选也就越容易做到。

3.3.3　细胞核移植与动物克隆

近年来,动物细胞核,尤其是哺乳动物体细胞核经移植到卵细胞后重新发育成一个幼体的研究已经在不少国家开展,并取得了令人瞩目的成就。

3.3.3.1　细胞核移植

细胞核移植技术是一种利用显微操作技术将一种动物的细胞核移入同种或异种动物的去核成熟卵内的精细技术。细胞核移植所得到的杂种称为核质杂种。利用该项技术可以实现不同细胞核和细胞质的组配,从而培育出新物种。

Briggs 是研究细胞核遗传全能性第一人。1952 年,他将豹纹蛙囊胚期细胞的细胞核取出,送入去核同种蛙卵中,结果部分卵发育成个体;他从胚胎发育后期、蝌蚪期、成蛙细胞中取出的细胞核进行类似的实验却都以失败告终。从此我们知道,胚胎早期(囊胚期)细胞是一些尚未分化的细胞,其细胞核具有发育成完整个体的遗传全能性,而胚胎后期乃至成体的细胞已出现明显分化,其细胞核已难以重演胚胎发育的过程。然而,1964 年南非科学家 Gurdon 的实验取得了突破。他首次将非洲爪蟾体细胞(小肠上皮细胞)的细胞核取出,植入经紫外线辐射去核的同种卵中,竟然有 1.5% 的卵发育至蝌蚪期。虽然实验没有取得完全的成功,但至少揭示了体细胞核仍具有遗传全能性,是可能去分化而重新发育的。

不过由于科学技术水平的限制,利用体细胞核发育成个体这种尝试屡遭挫折,多数生物学家转向以未成熟胚胎细胞克隆动物的领域,并很快取得成效。1981 年 Illmenses 率先报告用小鼠幼胚细胞核克隆出正常小鼠。随后,1986 年英国 Willadsen 等用未发育成熟的羊胚细胞的细胞核克隆出一头羊。进入 20 世纪 90 年代,利用幼胚细胞核克隆哺乳动物的技术几近成熟,世界许多国家和地区,如美国、英国、新西兰、中国等纷纷报道成功克隆猴、猪、绵羊、牛、山羊、兔等。不过最让生物学家和全世界震惊的重大突破是英国 PPL 公司和罗斯林(Roslin)研究所的维尔穆特(Wilmut)博士 1997 年 2 月 27 日在世界著名权威杂志《自然》宣布的用乳腺细胞的细胞核克隆出一只绵羊"多莉"(多莉)的消息。"多莉"的诞生,既说明了体细胞核的遗传全能性,也翻开了人类以体细胞核竞相克隆哺乳动物的新篇章。此项技术因而荣登美国《科学》杂志评出的 1997 年十大科学发现的榜首。仅仅过了一年半,1998 年 7 月 5 日,日本人就喜迎了叫做"能都"和"加贺"的两头克隆牛犊的降生。它们是用母牛输卵管细胞的细胞核克隆成功的。几乎与此同时,一组科学家在美国檀香山宣布,他们已用经卵泡细胞的细胞核克隆成功的小鼠"卡缪丽娜"再克隆出了下一代。祖孙三代 22 只克隆鼠组成的大家庭具有完全一致的遗传基础。随后,德国和韩国的科学家也相继宣布用体细胞成功克隆出哺乳动物。综上所述可见,几个世纪以来人类梦寐以求的快速、大量繁殖纯种动物的夙愿,在 20 世纪结束之前已经变成现实。

3.3.3.2 体细胞克隆技术

体细胞克隆技术是将动物体细胞经过抑制培养,使其处于休眠状态,利用细胞核移植技术将其导入去核卵母细胞,发育成胚胎后移植至受体,妊娠产仔,克隆出成体动物。

早在 20 世纪 50 年代就有利用体细胞克隆成体蛙的先例,其后的科学家们几十年来一直期望利用体细胞克隆出哺乳动物个体,但均未成功。1997 年 2 月 23 日,英国爱丁堡罗斯林研究所和 PPL 公司的胚胎学家伊恩·维尔穆特博士的研究小组经过多年的无性繁殖实验,无性繁殖了一只雌性小绵羊——"多莉"。维尔穆特解释他的"多莉"是"有史以来第一次通过成熟细胞的核移植生产出来的动物后代"。"多莉"与以往的克隆动物的最大区别是它的核供体是高度分化了的体细胞——乳腺细胞,而不是尚保留细胞全能性的早期胚胎细胞。这是克隆技术领域的一项重大突破,利用这一技术可以大批复制某一动物。

下面以克隆羊"多莉"的制备过程为例,详细介绍体细胞克隆动物的技术。伊恩·维尔穆特博士无性繁殖的克隆羊"多莉"的操作过程如图 3-9 所示。

(1) 取处于后三分之一妊娠期的 6 岁母绵羊(芬兰多塞特白品种绵羊,即图中绵羊 A)的乳腺细胞作核供体细胞,用"饥饿法"使其进入休眠状态而使全部基因具有活性。

(2) 注射促性腺激素 GN 促使母羊(苏格兰黑面母绵羊,即绵羊 B)排卵,28～33 h 取其未受精卵快速去核,放入 10%FCS(小牛血清)、1%FCS 和 0.5%FCS 连续 5 天,饥饿使其进入 G_0 期作为受体细胞。

(3) 乳腺细胞注射 GN 34～36 h 后与无核卵放入同一培养皿中,在微电流作用下乳腺细胞融入卵中,形成一个含有新遗传物质的卵细胞。

(4) 将新的卵细胞植入羊的结扎的输卵管内,6 天后发育成桑甚期的胚胎或囊胚(8～16 个细胞),再移入假孕母羊(绵羊 C)子宫内。

(5) 产下"多莉",即为 6 岁母羊的复制品,也为白色。

取自 6 岁白绵羊身上的供体细胞经过几个月的体外培养,可得到上千个遗传上一致的细胞,但并不是所有的细胞都能被克隆成功。克隆技术并不像人们想象的那般简单。伊恩·维尔穆特等人将取自 434 只成体绵羊细胞的 DNA 物质植入相同数量的绵羊卵子中,产生了 277 个融合细胞(成功率为 63.8%),将此融合细胞移入母羊输卵管成功 247

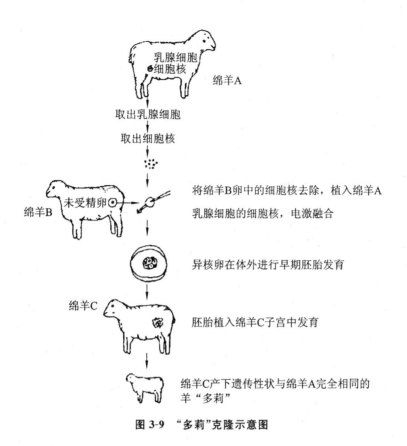

乳腺细胞
细胞核
绵羊A

取出乳腺细胞
取出细胞核

绵羊B 未受精卵 将绵羊B卵中的细胞核去除，植入绵羊A
乳腺细胞的细胞核，电激融合

异核卵在体外进行早期胚胎发育

绵羊C 胚胎植入绵羊C子宫中发育

绵羊C产下遗传性状与绵羊A完全相同的
羊"多莉"

图3-9 "多莉"克隆示意图

个(89.2%)，而发育到桑葚期的胚胎只有29枚(11.7%)。将这些卵子植入13只母羊子宫后，仅有一头羊怀胎(7.7%)。这样才能从一枚成体细胞孕育出一只健全的小羊(总成功率为0.23%)。

"多莉"与其他克隆动物的重要区别在于供核细胞的分化程度不同。早期胚胎细胞基本上是未分化细胞，即使是成形胚胎的已分化细胞，其细胞分化程度也远低于成年个体的已特化细胞。能将已特化细胞克隆成一个成活的个体，从理论上讲这是一次重大突破。它证明了一个已经完全分化了的动物体细胞仍然保持着当初胚胎细胞的全部遗传信息，并且经此技术处理后，体细胞恢复了失去的全能性并形成完整个体。这说明，已特化细胞的遗传结构即使发生了变化，这种变化也不是不可逆的。

该项技术的突破，其科学和产业的价值意义重大。"多莉"的诞生及生长表明利用克隆技术复制哺乳动物的最后技术障碍已被突破，在理论上已成为可能。它的成功说明可以在培育供体细胞成为核供体之前，利用"基因靶"技术精确地诱发核基因的遗传改变或精确地植入目的基因，再用选择技术准确地挑选那些产生了令人满意变化的细胞作为核供体，从而生产出基因克隆体。也就是说，可以按照人的意志去改造、生产物种。

如果说当时对克隆羊"多莉"还有些人持怀疑态度的话，那么10年来多种哺乳动物体细胞的克隆成功，已经用事实打消了人们的疑虑。这项成就必将对21世纪生命科学、医学以及农学等诸多领域产生重大的影响。其主要优点如下：①遗传素质完全一致的克隆动物将更有利于开展对动物(人)生长、发育、衰老和健康等机制的研究；②有利于大量培养品质优

良的家畜;③经转基因的克隆哺乳动物,将能为人类提供源源不断的廉价的药品、保健品以及较易被人体接受的移植器官;④科学家将很快地从目前的同种克隆技术推进到异种克隆,即借腹怀胎的新领域,这无疑将大大促进对濒临灭种的哺乳动物的保护工作。

3.3.4　干细胞研究

早在20世纪50年代,科学家在畸胎瘤中首次发现了胚胎干细胞(embryonic stem cell,ES细胞),从此开创了干细胞生物学研究的历程。1970年,Martin Evans分离出小鼠胚胎干细胞并在体外进行培养。接着,科学家直接从患者的身上提取出某种特殊的细胞使之长成皮肤、骨骼和软骨,甚至是重要器官的一部分,这些特殊的细胞就是干细胞。1997年,人的胚胎干细胞被首次培养成功,科学家从而开始了尝试"定制"器官救助生命的干细胞工程,即非繁殖性克隆或治疗性克隆研究。

干细胞(stem cell)是动物(包括人)胚胎及某些器官中具有自我复制和多向分化潜能的原始细胞,是重建、修复病损或衰老组织、器官功能的理想种子细胞。按分化潜能的大小,干细胞基本上可分为三种类型。

(1)全能性干细胞,即胚胎干细胞,是最原始的干细胞,具有自我更新、高度增殖和多向分化发育成为人体全部206种组织和细胞,甚至形成完整个体的分化潜能。当受精卵分裂发育成囊胚时,内层细胞团的细胞即为胚胎干细胞。

(2)多能性干细胞,这种干细胞具有分化出多种细胞和组织的潜能,但失去了发育成完整个体的能力,发育潜能受到一定的限制。如骨髓造血干细胞可分化成为至少12种血细胞,但一般不能分化出造血系统以外的其他细胞。

(3)专一性干细胞,这类干细胞只能分化成一种类型或功能密切相关的两种类型的细胞,如上皮组织基底层的干细胞和肌肉中的成肌细胞等。

干细胞具有以下显著的特点:具有分裂成其他细胞的可能性;具有无限增殖分裂的潜能;可连续分裂几代,也可在较长时间内处于静止状态;以对称或不对称两种方式进行生长。

开展干细胞研究一般要经过以下三个阶段:①获得干细胞系,这是本研究最重要的第一步,可以从动物或人的早期胚胎或各器官、组织中分离并鉴定,且能在体外长期保持干细胞特性(一般应稳定传25代以上);②建立干细胞诱导分化模型,可利用基因工程手段引入外源目的基因(对原有致病基因进行置换改造),探索诱导干细胞向特定组织、器官分化的化学和(或)物理条件;③将上述干细胞或干细胞培育体系植入动物或人的相应器官或组织,考察其效果。

上述干细胞研究不仅操作烦琐,而且对实验者的实验技能要求较高。我国徐荣祥教授等另辟蹊径,在皮肤干细胞原位再生方面取得了原创性的重大突破。他们对被烧伤的皮肤进行适当处理后,成功地直接诱导上皮组织基底层的干细胞分化生成皮肤细胞,使受伤的皮肤细胞得以迅速康复。该技术显示我国干细胞研究已率先进入组织和器官的原位干细胞修复和复制阶段。干细胞巨大的潜在应用价值引起世界许多国家和机构的高度重视,并投入巨资进行研究,陆续取得了一系列重大的发现,1999年12月美国《科学》杂志将人类干细胞的研究评为当年十大科学成就之首。

应用干细胞治疗疾病和传统方法比较具有如下优点:①低毒性(或无毒性),一次治疗有效；②不需要完全了解疾病发病的确切机制；③用于自身干细胞移植，可避免产生免疫排斥反应。

 ## 3.4 微生物细胞工程

　　微生物是一个相当笼统的概念，既包括细菌、放线菌这样微小的原核生物，又涵盖菇类、霉菌等真核生物。由于微生物细胞结构简单，生长迅速，实验操作方便，有些微生物的遗传背景已经研究得相当深入，因此微生物已在国民经济的不少领域，如抗生素与发酵工业、防污染与环境保护、节约资源与能源再生、灭虫害与农林发展、深开采与贫矿利用、种菇蕈造福大众等方面发挥了非常重要作用。微生物原生质体融合也成为微生物育种的重要手段，因为它超越了生物体所具有的性的障碍，给育种和不同种细胞间的融合提供了理论上的可能性。本节仅从细胞工程的角度，概述通过原生质体融合的手段改造微生物种性、创造新变种的途径与方法。

3.4.1 原核细胞的原生质体融合

　　细菌是最典型的原核生物，它们都是单细胞生物。细菌细胞外有一层成分不同、结构各异的坚韧细胞壁形成抵抗不良环境因素的天然屏障。根据细胞壁的差异，一般将细菌分成革兰氏阳性菌和革兰氏阴性菌两类。前者肽聚糖约占细胞壁成分的 90%，而后者的细胞壁上除了部分肽聚糖外还有大量的脂多糖等有机分子。由此决定了它们对溶菌酶的敏感性有很大差异。

　　溶菌酶广泛存在于动植物、微生物细胞及其分泌液中。它能特异性地切开肽聚糖中 N-乙酰胞壁酸与 N-乙酰葡萄糖胺之间的 β-1,4-糖苷键，从而使革兰氏阳性菌的细胞壁溶解。但由于革兰氏阴性菌细胞壁组成成分的差异，处理革兰氏阴性菌时，除了溶菌酶外，一般还要添加适量的 $EDTA \cdot Na_2$（乙二胺四乙酸二钠盐），才能除去它们的细胞壁，制得原生质体或原生质球（残余少量细胞壁的原生质体，呈圆球形）。

　　革兰氏阳性菌细胞融合的主要过程如下：①分别培养带遗传标志的双亲本菌株至指数生长中期，此时细胞壁最容易被降解；②分别离心收集菌体，以高渗培养基制成菌悬液，以防止下一阶段原生质体破裂；③混合双亲本，加入适量溶菌酶，作用 20～30 min；④高速离心后去上清液得原生质体，用少量高渗培养基制成菌悬液；⑤加入 10 倍体积的聚乙二醇（40%）促使原生质体凝集、融合；⑥数分钟后，加入适量高渗培养基稀释；⑦涂接于高渗选择培养基上进行筛选。未发生融合或同亲本细胞融合后的细胞都不能在筛选培养基上生长，长出的菌落很可能已结合双方的遗传因子，要经数代筛选及鉴定才能确认已获得能稳定遗传的杂合菌株。

　　对革兰氏阴性菌而言，在加入溶菌酶数分钟后，应添加少量 0.1 mol/L 的 $EDTA \cdot Na_2$ 共同作用 15～20 min，则可使 90% 以上的革兰氏阴性菌转变为可供细胞融合用的球状体。

　　尽管细菌间细胞融合的检出率仅为 $10^{-5} \sim 10^{-2}$，但由于菌数总量十分巨大，检出数仍然是相当可观的。

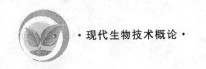

3.4.2　真菌的原生质体融合

真菌主要包括单细胞的酵母类和多细胞菌丝类。同样,降解它们的细胞壁、制备原生质体是细胞融合的关键。

真菌的细胞壁成分比较复杂,主要由几丁质及各类葡聚糖构成纤维网状结构,其中夹杂着少量的甘露糖、蛋白质和脂类。因此,可在含有渗透压稳定剂的反应介质中加入消解酶(zymolase,终浓度为 0.3 mg/mL)进行酶解,也可用取自蜗牛消化道的蜗牛酶(复合酶,终浓度为 30 mg/mL)进行处理,原生质体的获得率都在 90% 以上。此外,纤维素酶和几丁质酶等都可用来降解真菌细胞壁。

真菌原生质体融合的要点与前述细胞融合类似,一般以聚乙二醇为融合剂,在特异的选择培养基上筛选融合子。但由于真菌一般是单倍体,融合后,只有那些形成真正单倍重组体的融合子才能稳定传代。具有杂合双倍体和异核体的融合子遗传特性不稳定,需经多代考证和鉴定才能最后断定是否为真正的杂合细胞。不少大型食用菌,如蘑菇、香菇、木耳、凤尾菇和平菇等经细胞融合获得一些新的性状,取得了相当可观的经济效益。福建省轻工业研究所通过细胞融合获得了耐高温等性能的蘑菇新品种。

3.4.3　微生物原生质体融合——新菌株的构建技术

目前,已在链霉菌、酵母和其他真菌中运用原生质体融合获得了一些性能优良且稳定的菌株。链霉菌是许多重要抗生素的生产菌,将庆丰链霉菌和吸水链霉菌井冈变种的原生质体融合,其融合株能在胞内积累一种具有抗菌活性的物质,其性质不同于两亲株所产生的抗生素庆丰霉素和井冈霉素,说明这两个不同种链霉菌的基因组在融合中发生了新的基因组合。

乳糖发酵短杆菌和黄色短杆菌是两种重要的氨基酸生产菌。黄色短杆菌是赖氨酸高产菌株,但生长缓慢,发酵周期长,生产中易染菌,将它与生长快的乳糖发酵短杆菌融合,得到了新的赖氨酸生产菌,提高了对葡萄糖的转化率,发酵周期缩短 11%。

对酱油酿造来说,曲霉所产生的各种酶的作用是十分重要的,如曲霉的蛋白酶对产率以及谷酰胺酶对酱油香味成分之一的谷氨酸的产量的影响都是很大的。过去在改良和培育酱油曲霉菌种时,其主要目的是增加产酶能力,但是产蛋白酶高的菌株产谷酰胺酶的能力低,而产谷酰胺酶高的菌株产蛋白酶的能力低。如果把高产谷酰胺酶和产蛋白酶的两亲株菌的原生质体融合,就可以获得双高产的优良新菌种。

用原生质体融合方法培育具有多种杀灭害虫能力的新菌株也是重要的研究课题。苏云金杆菌是杀玉米螟的重要生物农药,灭蚊球孢菌具有杀灭蚊子的效能,科学家将这两种菌的原生质体融合获得既能灭蚊又能杀螟的新菌株。微生物原生质体的获得、纯化、培养等类似于植物原生质体。总之,微生物原生质体融合是一种方法简单、用途较广的技术,在育种中将会有更多的实际应用。

细胞工程是于 20 世纪初诞生的工程。一个世纪过去了,人类在植物、动物和微生物细胞工程各领域都取得了辉煌的成就。科学家不仅能培养许多类型的细胞和组织,还能从单个细胞克隆出最高等的植物——被子植物(组织培养)及最高等的动物——哺乳动物。我们不仅在努力揭去自然界神秘的重重面纱,而且已不满足于大自然亿万年的恩赐,正用智慧的大脑和勤奋的双手改造生物种性,创造更加美好的未来。

本章主要介绍了植物细胞工程、动物细胞工程和微生物细胞工程三个领域的基础理论和基本实验技术。细胞培养和组织培养是细胞工程的基本实验技术,严格的无菌操作是实验成功的前提条件。要从植物的细胞和组织培养中产生出胚状体乃至植株,调节好各阶段激素的配比非常重要。茎尖培养是最常用的植物脱毒方法。通过体细胞克隆技术来克隆哺乳动物的技术路线已经接近成熟。细胞融合技术在改良动植物品种特性、创造新品种方面发挥着越来越重要的作用。目前通过植物细胞培养获得次生代谢产物的工程还面临成本过高的问题,人工种子的研制也有一定限制,但随着细胞工程的发展,这两个极有发展前景的新兴生长点必将在本世纪实现工业化。

 复习思考题

1. 植物组织培养的基本步骤有哪些?

2. 利用植物细胞培养技术如何制备较高产量的次生代谢产物?

3. 如何制备人工种子? 其主要优点有哪些?

4. 植物脱毒技术主要有哪些途径? 如何进行检测?

5. 茎尖培养在作物育种上有什么积极意义?

6. 在植物育种上,进行单倍体植株培育有何意义?

7. 什么是动物克隆? 如何利用体细胞克隆技术克隆出一只哺乳动物?

8. 什么是细胞融合? 试比较动植物细胞融合的机理和途径。

9. 干细胞的类型有哪些? 开展干细胞研究的意义是什么?

10. 比较细胞工程的几种技术的共性和差异。

第4章

发 酵 工 程

 学习目标

了解发酵工程发展经历的几个阶段;掌握发酵工程的基本过程、基本原理;认识常用的发酵设备及其主要特点;了解典型发酵产品的生产工艺。

发酵工程指利用微生物的特定功能,通过现代工程技术,在生物反应器中生产有用物质的一种技术系统。发酵工程是化学工程与生物工程技术相结合的产物,它将微生物学、生物化学、化学工程学等学科的基本原理和技术有机地结合在一起,利用微生物进行规模化生产,是生产加工与生物制造实现产业化的核心技术。

"Fermentation"(发酵)这个英文术语是从拉丁语"ferver"(发泡、沸涌)派生而来的。原意是指果汁或发芽谷物进行酒精发酵时产生 CO_2 的现象。事实上,在后来的啤酒、果酒生产中,起泡现象一直作为重要的直观观察发酵的指标。而第一个探讨发酵的生理意义,将发酵现象与微生物生命活动联系起来的则是"现代发酵工程之父"——微生物学的奠基人之一、法国著名科学家巴斯德(Louis Pasteur,1822—1895)。1857 年巴斯德证明发酵是由于微生物的作用,巴斯德认为:发酵是酵母在无氧状态下的呼吸过程,是生物获得能量的一种形式。这一阐述至今仍然是正确的,尽管不很全面。

发酵技术有着悠久的历史,早在几千年前,人类就开始酿酒、制浆和制奶酪等生产活动。作为现代科学概念的微生物发酵工业,是在 20 世纪 40 年代随着抗生素工业的兴起而得到迅速发展的,而现代发酵技术又是在传统发酵技术的基础上,结合了现代的基因工程、细胞工程、分子修饰和改造等新技术。微生物发酵工业具有投资省、见效快、污染小和外源目的基因易在微生物菌体中高效表达等特点,已成为全球经济的重要组成部分。

4.1 发酵工程概述

4.1.1 基本概念

4.1.1.1 发酵

现在把利用微生物在有氧或无氧条件下的生命活动来大量生产或积累微生物菌体、

酶类和代谢产物的过程称为发酵。

"发酵"作为名词表示一个过程,作为动词表示一种行动,是指复杂的有机化合物在微生物的作用下分解成比较简单的物质,如发面、酿酒等都是发酵的应用。

从微生物学观点来看,发酵是指微生物细胞将有机物氧化释放的电子直接交给底物本身未完全氧化的某种中间产物,同时释放能量并产生各种不同的代谢产物的过程。发酵的种类很多,可发酵的底物有糖类、有机酸、氨基酸等,其中以微生物发酵葡萄糖最为重要。

生物化学上发酵的定义是指在无氧条件下,底物在酶催化下脱氢后产生的还原力(H),不经过呼吸传递而直接交给某一内源氧化型中间代谢产物的一类低效产能反应。

工业生产上笼统地把一切依靠微生物的生命活动而实现的工业生产均称为"发酵"。这样定义的发酵就是"工业发酵"。工业发酵要依靠微生物的生命活动,生命活动依靠生物氧化提供的代谢能来支撑。近百年来,随着科学技术的进步,发酵技术发生了划时代的变革,已经从利用自然界中原有的微生物进行发酵生产的阶段进入按照人的意愿改造成具有特殊性能的微生物以生产人类所需的发酵产品的新阶段。

4.1.1.2　发酵工程

发酵工程是生物技术的重要组成部分,是生物技术产业化的环节。它是一门将微生物学、生物化学和化学工程学的基本原理有机地结合起来,利用微生物的生长和代谢活动来生产各种有用物质的工程技术。它以培养微生物为主,所以又称微生物工程。

与传统的化学工程相比,发酵工程有如下突出特点。

(1)发酵过程一般来说都是在常温常压下进行的生物化学反应,反应安全,要求条件也比较简单。

(2)原料通常以淀粉、糖蜜或其他农副产品为主,只要加入少量的有机氮源和无机氮源就可进行反应。基于这一特性,可以利用废水和废物等作为发酵的原料进行生物资源的改造和更新。

(3)发酵过程是通过生物体的自动调节方式来完成的,反应的专一性强,因而可以得到较为单一的代谢产物,也可以产生比较复杂的高分子化合物。

(4)投资较少,环境污染较小。

(5)发酵过程中对杂菌污染的防治至关重要。除了必须对设备进行严格消毒处理和空气过滤外,反应必须在无菌条件下进行。因而维持无菌条件是发酵成功的关键。

4.1.2　发酵工程的内容

现代发酵工程的主体即利用微生物,特别是利用经过DNA重组技术改造过的微生物来生产商业产品。发酵工程的内容随着科学技术的发展而不断扩大和充实,现代的发酵工程不仅包括菌体生产和代谢产物的发酵生产,还包括微生物机能的利用,其主要内容包括生产菌种的选育,发酵条件的优化和控制,反应器的设计及产物的分离、提取与精制等。

从广义上讲,发酵工程由三部分组成:上游工程、发酵工程、下游工程。上游工程包括遗传和细胞育种、种子培养、培养基优化、灭菌、接种。发酵工程实际就是发酵的过程。下游工程包括产物分离、纯化和检测,废物处理,副产物回收等。

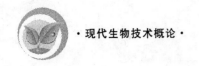

4.1.3 发酵类型

4.1.3.1 微生物菌体发酵

菌体发酵是以获得某种用途的菌体为目的的发酵。传统的菌体发酵有酵母发酵(用于面包、馒头制作)和微生物菌体蛋白发酵(用于人类食品和动物饲料)两种。现代的菌体发酵有用于制药行业的药用真菌生产(如香菇、冬虫夏草、茯苓菌等),还有用于制造生物防治剂和杀虫剂的微生物菌体(苏云金杆菌等)。

4.1.3.2 微生物酶发酵

酶普遍存在于动物、植物和微生物中。最初都是从动植物组织中提取酶,现在工业上应用的酶大多来自于微生物发酵,因为微生物具有种类多、产酶品种多、生产容易和成本低等优点。微生物酶制剂有广泛的用途,主要用于食品工业和轻工业。例如,微生物生产的淀粉酶和糖化酶可用于生产葡萄糖。

4.1.3.3 微生物代谢产物发酵

微生物的代谢类型有很多,已知的有37个大类(表4-1)。在菌体对数生长期所产生的产物,如氨基酸、核苷酸、蛋白质、核酸、糖类等,是菌体生长繁殖所必需的,这些产物叫做初级代谢产物。许多初级代谢产物在经济上相当重要,分别形成各种不同的发酵工业。在菌体生长静止期,某些菌体能合成一些具有特定功能的产物,如抗生素、生物碱、细菌毒素、植物生长因子等。这些产物与菌体生长繁殖无明显关系,叫做次级代谢产物。次级代谢产物多为低相对分子质量化合物,但其化学结构类型多种多样,其中仅抗生素按结构类型就可以分为14类。由于抗生素不仅具有广泛的抗菌作用,而且具有抗病毒、抗癌和其他生理活性,因而得到了长足的发展,已成为发酵工业的重要支柱。

表 4-1　微生物代谢产物类型

产业	微生物代谢产物
医药	抗生素、药理活性物质、维生素、抗肿瘤剂、基因工程药物、疫苗等
食品	氨基酸、鲜味增强剂、脂肪酸、蛋白质、糖与多糖类、发酵剂、脂类、核酸、核苷酸、核苷、维生素、饮料等
农业	动物生长促进剂、除草剂、植物生长促进剂、灭害剂、驱虫剂、杀虫剂等
轻工	酸味剂、生物碱、酶抑制剂、酶、溶媒、辅酶、表面活性剂、转化甾醇和甾体、有机酸、乳化剂、色素、抗氧化剂、石油等
其他	离子载体、抗代谢剂、铁运载因子等

引自宋思扬主编《生物技术概论》,科学出版社,2007。

4.1.3.4 微生物的转化发酵

微生物的转化是利用微生物细胞的一种或多种酶,把一种化合物转变成结构相关的更有经济价值的产物。可进行的转化反应包括脱氢反应、氧化反应、脱水反应、缩合反应、脱羧反应、氨化反应、脱氨反应和异构化反应等。最古老的生物转化就是利用菌体将乙醇转化成乙酸的醋酸发酵。生物转化还可用于异丙醇转化成丙醇、葡萄糖转化成葡萄糖酸等。

4.1.3.5 生物工程细胞的发酵

利用生物工程技术所获得的细胞,如 DNA 重组的"工程菌"进行的新型发酵以及细胞融合所得的"杂交"细胞等进行培养的新型发酵,其产物多种多样。如用基因工程菌生产的胰岛素、干扰素等,用杂交瘤细胞生产的用于治疗和诊断的各种单克隆抗体等。

4.2 优良菌种的选育

发酵工业的生产水平取决于三个要素:菌种的生产、发酵工艺和发酵设备。优良菌种的选育不仅为发酵工业提供了高产生产菌株,还可以提供各种类型的突变株,改善其生理生化特性,去除多余的代谢途径和产物,有利于合成新的产物,改善发酵工艺条件,提高产品质量,增加经济效益。

4.2.1 工业生产常用的微生物

微生物资源非常丰富,广布于土壤、水和空气中,土壤中最多。有的微生物从自然界中分离出来就可以被利用,有的则需要对分离的野生菌株进行人工诱变,得到的突变株才能被利用。当前发酵工业所用的菌种的总趋势是从野生菌转向变异菌,从自然选育转向代谢控制育种,从诱发基因突变转向基因重组的定向育种。工业生产上常用的微生物主要是细菌、放线菌、酵母菌和霉菌,另外,藻类、病毒等也正在逐步地变为工业生产用的微生物。

4.2.2 培养基

菌种的筛选和工业发酵过程都离不开培养基,培养基是提供微生物生长繁殖和生物合成各种代谢产物需要的多种营养物质的混合物。培养基的成分和配比对微生物的生长、发育、代谢以及产物的积累,甚至对发酵工业的生产工艺都有很大的影响。依据其在生产中的用途,可以将培养基分为孢子培养基、种子培养基和发酵培养基等。

孢子培养基是制备孢子用的,要求此种培养基能形成大量的优质孢子,但不能引起菌种的变异。一般来说,孢子培养基的基质浓度(特别是有机氮源)要低些,否则影响孢子的形成。无机盐的浓度要适量,否则影响孢子的数量和质量。孢子培养基的组成因菌种不同而异。生产中常用的孢子培养基有麸皮培养基,大(小)米培养基,由葡萄糖(或淀粉)、无机盐、蛋白胨等配制而成的琼脂斜面培养基等。

种子培养基是供孢子发芽和菌体生长繁殖用的。营养成分应是容易被菌体吸收利用的,同时要比较丰富和完整。其中氮源和维生素的含量应略高一些,但总浓度以略稀薄为宜,以便于菌体的生长繁殖。常用的原料有葡萄糖、糊精、蛋白胨、玉米浆、酵母粉、硫酸铵、尿素、硫酸镁、磷酸盐等。培养基的组成随菌种而改变。发酵中种子质量对发酵水平的影响很大,为使培养的种子能较快适应发酵罐内的环境,在设计种子培养基时要考虑与发酵培养基组成的内在联系。

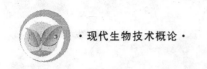

发酵培养基是供菌体生长繁殖和合成大量代谢产物用的。要求此种培养基的组成丰富完整,营养成分浓度和黏度适中,利于菌体的生长,进而合成大量的代谢产物。发酵培养基的组成要考虑菌体在发酵过程中的各种生化代谢的协调,在产物合成期,使发酵液pH值不出现大的波动。发酵培养基的组成和配比由于菌种不同、发酵设备和工艺不同以及原料来源和质量不同而有所差别。因此,需要根据不同要求考虑所用培养基的成分与配比。但是综合所用培养基的营养成分,不外乎碳源(包括用作消泡剂的油类)、氮源、无机盐类(包括微量元素)、生长因子等几类。

4.2.3 菌种选育方式

目前菌种选育主要还是采用自然选育和诱变育种的方法,工作量大,有一定的盲目性,尚属于经典的遗传育种的范畴。近30年来,尤其是随着基因工程的迅猛发展,基因工程、细胞工程、蛋白质工程等具有定向作用的育种技术也获得了成功,应用越来越广泛。

4.2.3.1 自然选育

不经过人工处理,利用微生物的自然突变进行菌种选育的过程称为自然选育。自然突变的结果可能导致生产上不希望的菌种退化和对生产有益的变化。为确保生产水平不下降,不断对生产菌种进行分离纯化,淘汰衰退的,保留优良的,会使生产菌种不断地优化,达到自然选育的目的。特别是经过诱变的突变株,在传代的过程中,恢复突变和退化的菌种往往占有优势,只有经常进行分离选育,才能保证生产的正常进行。

自然选育一般包括以下几个步骤。

(1)采样。应根据筛选的目的、微生物分布情况、菌种的主要特征及其生态关系等因素,确定具体的时间、环境和目标物。

(2)增殖。在采集的样品中,一般待分离的菌种在数量上并不占优势,为提高分离的效率,常以投其所好和取其所抗的原则在培养基中投放和添加特殊的养分或抗菌物质,使所需菌种的数量相对增加,这种方法称为增殖培养或富集培养。其实质是使天然样品中的劣势菌转变为人工环境中的优势菌,便于将它们从样品中分离。

(3)纯化。因为增殖培养的结果并不能获得微生物的纯种。

(4)性能鉴定。菌种性能测定包括菌株的毒性试验和生产性能测定。

自然选育是一种简单易行的选育方法,可以达到纯化菌种、防止退化、稳定生产、提高生产水平的目的。但是自然选育的效率低,只有经常进行自然选育和诱变育种,才可获得良好的效果。

4.2.3.2 诱变选育

微生物代谢受多种方式的调控,故某一种特定的代谢物不会过量积累。虽然许多微生物具有合成某种产物的适宜途径,但往往也有产物分解的途径。因此,从自然环境中分离的菌种的生产能力有限,一般不容易满足工业生产的需要。提高其生产能力,改良其特性,最大限度地满足大规模工业生产需要的有效途径之一是诱变育种。

诱变育种是人为地利用物理化学等因素,使诱变的细胞内遗传物质染色体或DNA的片段发生缺失、易位、倒位、重复等畸变,或DNA的某一部位发生改变(又称点突变),

从而使微生物的遗传物质 DNA 和 RNA 的化学结构发生变化,引起微生物的遗传变异,因此诱发突变的变异幅度远大于自然突变。

用来进行诱变的出发菌株的性能对提高诱变效果的育种效率有着极为重要的意义,选择时应注意以下几点:

(1) 诱变出发菌株要有一定的目标产物的生产能力;

(2) 对诱变剂敏感的菌株变异幅度较大;

(3) 生产性能好的菌株,如生长快、营养要求低、产孢子多且早的菌株,最好为生产上自然选育的菌种;

(4) 可选择已经过诱变的菌株,因有时经过诱变后菌株对诱变剂的敏感性提高。

在诱变育种的实际工作中,不仅要选择好的出发菌株,还需要适合的诱变方法与之配合。因此,单细胞或单孢子悬浮液的制备、诱变剂的剂量和浓度、处理时间、不同诱变手段的搭配、诱变后的处理方法和培养以及变异株的筛选等均需严加掌握。

诱变处理后,提高产量的变异株为少数,还需要大量的筛选才能获得所需要的高产菌种,其筛选方法与前面所述的方法和步骤基本相同。经过初筛和复筛获得的高产菌株还需要经过发酵条件的优化研究,确定最佳的发酵条件才可使高产突变菌株得到充分的表现。

4.2.3.3 杂交育种

将两个不同性状个体内的基因转移到一起,经过重新组合后,形成新的遗传型个体的过程称为基因重组。基因重组是生物体在未发生突变的情况下,产生新的遗传型个体的现象。杂交育种一般是指人为利用真核微生物的有性生殖或准性生殖,或原核微生物的接合、转导和转化等过程,促使两个具不同遗传性状的菌株发生基因重组,以获得性能优良的生产菌株。这也是一类重要的微生物育种手段。比起诱变育种,它具有更强的方向性和目的性。杂交是细胞水平的概念,而基因重组是分子水平的概念。杂交育种必然包含着基因重组过程,而基因重组并不仅限于杂交的形式。

4.2.3.4 菌种筛选方法

所有的微生物育种工作都离不开菌种筛选。尤其是在诱变育种工作中,筛选是最为艰难的也是最为重要的步骤。经诱变处理后,突变细胞只占存活细胞的百分之几,而能使生产状况提高的细胞又只是突变细胞中的少数。要在大量的细胞中寻找真正需要的细胞,就像大海捞针,工作量很大。简洁而有效的筛选方法无疑是育种工作成功的关键。为了花费最少的工作量,在最短的时间内取得最大的筛选成效,就要求采用效率较高的科学筛选方案和手段。

1. 菌种筛选方案

在实际工作中,为了提高筛选效率,往往将筛选工作分为初筛和复筛两步进行。初筛的目的是删去明确不符合要求的大部分菌株,把生产性状类似的菌株尽量保留下来,使优良菌种不至于漏网。因此,初筛工作以量为主,测定的精确性还在其次。初筛的手段应尽可能快速、简单。复筛的目的是确认符合生产要求的菌株,所以复筛工作以质为主,应精确测定每个菌株的生产指标。

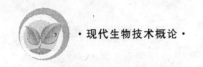
2. 菌种筛选的手段

筛选的手段必须配合不同筛选阶段的要求,对于初筛,要力求快速、简便,对于复筛,应该做到精确,测得的数据要能够反映将来的生产水平。

(1) 从菌体形态变异分析 有时,有些菌体的形态变异与产量的变异存在着一定的相关性,这就能很容易地将变异菌株筛选出来。尽管相当多的突变菌株并不存在这种相关性,但是在筛选工作中应尽可能捕捉、利用这些直接的形态特征性变化。当然,这种鉴别方法只能用于初筛。

(2) 平皿快速检测法 平皿快速检测法是利用菌体在特定固体培养基平板上的生理生化反应,将肉眼观察不到的产量性状转化成可见的"形态"变化。如纸片培养显色法、变色圈法、透明圈法、生长圈法、抑制圈法等,这些方法较粗放,一般只能定性或半定量用,常只用于初筛,但它们可以大大提高筛选的效率。它的缺点是由于培养平皿上种种条件与摇瓶培养,尤其是发酵罐深层液体培养时的条件有很大的差别,有时会造成两者的结果不一致。

(3) 摇瓶培养法 摇瓶培养法是将待测菌株的单菌落分别接种到三角瓶培养液中,振荡培养,然后对培养液进行分析测定。摇瓶与发酵罐的条件较为接近,所测得的数据就更有实际意义。但是摇瓶培养法需要较多的劳力、设备和时间,所以摇瓶培养法常用于复筛。但当某些突变性状无法用简便的形态观察或平皿快速检测法等方法检测时,摇瓶培养法也可用于初筛。初筛的摇瓶培养一般是一个菌株只做一次发酵测定,从大量菌株中选出 10%～20% 较好的菌株,淘汰 80%～90% 的菌株;复筛中摇瓶培养一般是一个菌株培养 3 瓶,选出 3～5 个较好的菌株,再做进一步比较,选出最佳的菌株。

(4) 特殊变异菌的筛选方法 上述一般的筛选菌株方法的处理量仍是很大的,为了从存活的每毫升 10^6 个左右细胞的菌悬液中筛选出几株高产菌株,要进行大量的稀释分离、摇瓶和测定工作。虽然平皿快速检测法作为初筛手段可减少摇瓶和测定的工作量,但稀释分离的工作仍然非常繁重。而且有时高产变异的频率很低,在几百个单细胞中并不一定能筛选到,所以建立特殊的筛选方法是极其重要的。例如营养缺陷型和抗性突变菌株的筛选有它们的特殊性,营养缺陷型或抗性突变的性状就像一个高效分离的"筛子",以它为筛选的条件,可以大大加快筛选的进程并有效地防止漏筛。在现代的育种中,常有意以它们作为遗传标记选择亲本或在 DNA 中设置含这些遗传标记的片段,使菌种筛选工作更具方向性和预见性。

 # 4.3 发酵过程的优化控制

4.3.1 影响发酵的参数

无论采用什么样的发酵方式,都需要对发酵的各种参数进行监控,如反应器中溶解氧浓度、pH 值、温度、菌种与培养基的混合程度等,如果其中的任何一个发生了变化,都可能使细胞产量和蛋白质产物稳定性发生巨大变化。反映发酵过程变化的参数可以分为两类:一类是可以直接采用特定的传感器检测的参数,包括反映物理环境和化学环境变化的参数,如温度、压力、搅拌功率、转速、泡沫、发酵液黏度、浊度、pH 值、离子浓度、溶解氧浓度、基质浓度等,称为直接参数;另一类是至今尚难于用传感器来检测的参数,包括细胞生长速率、产物合成速率和呼吸熵等。这些参数需要根据一些直接检测出来的参数,借助于计算机计算和特定的数学模型才能得到。因此,这类参数被称为间接参数。上述参数中,对发酵过程影响较大的有温度、pH 值、溶解氧浓度等。

4.3.1.1 温度

温度是发酵成功的基本参数之一。它对发酵过程的影响是多方面的,它会影响各种酶反应的速率,改变菌体代谢产物的合成方向,影响微生物的代谢调控机制。除了这些直接影响外,温度还会对发酵液的理化性质产生影响,如发酵液的黏度、基质和氧在发酵液中的溶解度和传递速率、某些基质的分解和吸收速率等,进而影响发酵的动力学特性和产物的生物合成。

在发酵过程中,菌体生长和产物合成均与温度有密切的关系,但最适微生物生长的温度对于微生物产物的合成不一定是最合适的,两者的最适温度往往不相同。在发酵过程中究竟选择哪一温度,需要视微生物生长和产物合成阶段中哪一矛盾是主要的而定。理论上,整个发酵过程中不应只选一个培养温度,而应该根据发酵的不同阶段,选择不同的培养温度。在生长阶段,应选择最适生长温度,微生物在低于最适生长温度时生长缓慢,细胞的生产力降低,而如果温度过高则会导致细胞热休克,使细胞产生大量的胞内蛋白酶,从而降低目的蛋白的产量;在产物分泌阶段,应选择最适生产温度。但实际生产中,由于发酵液的体积很大,升降温度都比较困难,所以在整个发酵过程中,往往采用一个比较适合的培养温度,使得到的产物产量最高,或者在可能的条件下进行适当调整。发酵温度可以通过温度计或自动记录仪表进行检测,通过向发酵罐的夹套或蛇形管中通入冷水、热水或蒸汽进行调节。工业生产上,所用的大发酵罐在发酵过程中一般不需要加热,因为在发酵过程中释放了大量的发酵热,在这种情况下通常还需要加以冷却,利用自动控制或手动调整的阀门,将冷却水通入夹套或蛇形管中,通过热交换来达到降温的目的,从而保持恒温发酵。

4.3.1.2 pH 值

pH 值对微生物的生长繁殖和产物合成的影响表现在以下几个方面:①影响酶的活性,当 pH 值抑制菌体中某些酶的活性时,会阻碍菌体的新陈代谢;②影响微生物细胞膜所带电荷的状态,改变细胞膜的通透性,影响微生物对营养物质的吸收及代谢产物的排泄;③影响培养基中某些组分和中间代谢产物的解离,从而影响微生物对这些物质的利用;④pH 值不同,往往引起菌体代谢过程的不同,使代谢产物的质量和比例发生改变。另外,pH 值还会影响某些霉菌的形态。

发酵过程中,pH 值的变化取决于所用的菌种、培养基的成分和培养条件。培养基中的营养物质的代谢是引起 pH 值变化的重要原因,发酵液的 pH 值的变化是菌体产酸和产碱的代谢反应的综合结果。每一类微生物都有其最适的和能耐受的 pH 值范围,大多数细菌生长的最适 pH 值为 6.3~7.5,霉菌和酵母菌为 3~6,放线菌为 7~8。而且微生物生长阶段和产物合成阶段的最适 pH 值往往不一样,需要根据实验结果来确定。为了确保发酵的顺利进行,必须使其各个阶段经常处于最适 pH 值范围之内,这就需要在发酵

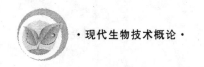

过程中不断地调节和控制 pH 值的变化。首先要考虑试验发酵培养基的基础配方,使它们具有适当的配比,使发酵过程中的 pH 值变化在合适的范围内。现在常用的是以生理酸性物质 $(NH_4)_2SO_4$ 和生理碱性物质氨水来控制,它们不仅可以调节 pH 值,还可以补充氮源。此外,用补料的方式来调节 pH 值也比较有效。目前已试制成功适合于发酵过程监测 pH 值的电极,能连续测定并记录 pH 值的变化,将信号输入 pH 值控制器来指令加糖、加酸或加碱,使发酵液的 pH 值控制在预定的数值。

4.3.1.3　溶解氧浓度

对于好氧发酵,溶解氧浓度是最重要的参数之一。大肠杆菌和许多其他宿主微生物的最适生长条件都需要在培养液中溶解大量的氧气。特别是进行深层培养时,需要适量的溶解氧以维持其呼吸代谢和某些产物的合成,供氧的不足会造成代谢异常,降低产物产量。微生物发酵的最适溶解氧浓度与临界溶解氧浓度是不同的。前者是指溶解氧浓度对生长或合成有一最适的浓度范围,后者一般指不影响菌体呼吸所允许的最低溶解氧浓度。如在头孢霉素 C 发酵中,不同的溶解氧浓度对头孢霉素的合成的影响是不同的,头孢霉素合成的临界溶解氧浓度为 7%,最适溶解氧浓度为 40%,如果在限氧条件下发酵,头孢霉素的产量仅为最适溶解氧浓度条件下的一半。实际上,影响抗生素合成的临界溶解氧浓度为 5%,而生物合成的最低的允许溶解氧浓度比前者大,为 10%～20%。因此,按照发酵过程不同阶段对氧的需求控制每个发酵阶段的溶解氧浓度,可以控制代谢,以提高发酵产量。为了避免生物合成处在氧限制的条件下,需要考察每一发酵过程的临界溶解氧浓度和最适溶解氧浓度,并使其保持在最适溶解氧浓度范围内。现在已可采用复膜氧电极来检测发酵液中的溶解氧浓度。

4.3.1.4　培养基

培养基是微生物生长和产物合成的重要影响因素,在培养基中要含有供微生物生长及合成目的蛋白所必需的全部营养物质。培养基的碳氮比(C/N)是衡量一种培养基是否适用的重要指标之一。碳氮比不当,不仅会造成不必要的浪费,还可能影响微生物的生长和目的产物的合成。一般情况下,微生物生长的最适培养基与产物合成的最适培养基是不同的,因此种子培养基和发酵培养基之间也是有区别的,不能把实验室小规模培养用的培养基简单地照搬到发酵过程中。在选择发酵培养基时,还要考虑到是否有利于目的蛋白产物的分离和培养基的渗透是否有利于微生物的生长。

总之,发酵过程中各参数的控制很重要,目前发酵工艺控制的方向是自动化控制,因而希望能开发出更多、更有效的传感器用于过程参数的检测。此外,对于发酵终点的判断也同样重要。生产不能只单纯追求高生产力,而不顾及产品的成本,必须把两者结合起来。合理的放罐时间是由实验来确定的,就是根据不同的发酵时间所得的产物产量计算出发酵罐的生产力和产品成本,采用生产力高而成本又低的时间,作为放罐时间。确定放罐时间的指标有产物的产量、过滤速度、氨基氮的含量、菌丝形态、pH 值、发酵液的外观和黏度等。发酵终点的确定需要综合考虑这些因素。

4.3.2　发酵方式

微生物发酵的方式可以分为分批发酵、补料分批发酵和连续发酵。

4.3.2.1 分批发酵

在分批发酵过程中,营养物和菌种被一次加入进行培养,直到结束后放出,中间除了空气进入和尾气排出,与外部没有物料交换。传统的生物产品发酵多用此种方式,它除了控制温度和 pH 值及通气外,不进行任何其他控制,操作简单。但从细胞所处的环境来看,则明显改变,发酵初期营养物过多可能抑制微生物的生长,而发酵的中后期又可能因为营养物减少而降低培养效率。从细胞的增殖来说,初期细胞浓度低,增长慢,后期细胞浓度高但营养物浓度过低,也长不快,总的生产能力不是很高。

分批发酵的具体操作如图 4-1 所示:首先种子培养系统开始工作,即对种子罐用高压蒸汽进行空罐灭菌(空消),之后投入培养基,再通过高压蒸汽进行实罐灭菌(实消),然后接种,即接入用摇瓶等预先培养好的种子,进行培养。在种子罐开始培养的同时,以同样程序进行主发酵罐的准备工作。对于大型发酵罐,一般不在罐内对培养基灭菌,而是利用专门的灭菌装置对培养基进行连续灭菌(连消)。种子培养达到一定菌体量时,即转移到主发酵罐中。发酵过程要控制温度和 pH 值,对于需氧微生物还要进行搅拌和通气。主发酵结束即将发酵液送往提取、精制工段进行后处理。

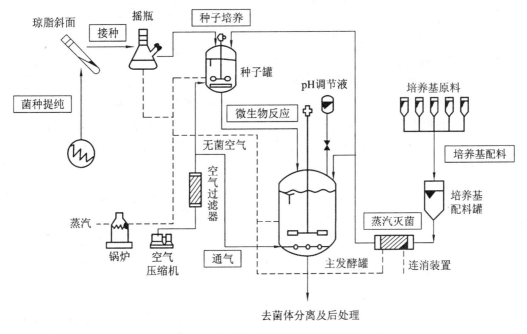

图 4-1 典型的分批发酵工艺流程图

根据不同发酵类型,每批发酵需要十几个小时到几周时间。其全过程包括空罐灭菌、加入灭过菌的培养基、接种、培养的诱导期、发酵过程、放罐和洗罐,所需时间的总和为一个发酵周期。

分批发酵系统属于封闭系统,只能在一段有限的时间内维持微生物的增殖,微生物处在限制条件下生长,表现出典型的生长周期:延迟期、加速期、对数期、减速期、停滞期和死亡期。

一般来说,把细胞接种到灭菌的培养基中以后,细胞数目并不是立即增长,这一时期称为延迟期。此时细胞为适应新的环境,例如在不同的 pH 值或一种新的营养物水平,可能诱导出以前未表达的代谢途径。特别是,当用于接种的细胞是已经停止生长、进入静止期的培养物时,一般会有延迟期,因为细胞进入静止期可能是由于某种底物的缺乏或产物的抑制,而细胞需要重新启动它们的代谢系统,以适应新的环境。相反,如果接种的细胞是处于快速生长的对数期,那么就可能不会有明显的延迟期了。

在延迟期之后、对数期之前,细胞生长速度逐渐加快的时期称为加速期。加速期维持的时间较短,细胞在该时期内开始大量繁殖,很快达到对数期。

在细胞生长的对数期,培养基中的营养物质比较充足,有害代谢物很少,所以细胞的生长不受限制,细胞浓度随培养时间呈指数增长,细胞总量几次翻番,但细胞的特定生长速率保持不变。在对数生长末期,随着培养基中营养物质的迅速消耗,加上有害代谢物的积累,细胞生长速率逐渐下降,进入减速期,由于在对数生长末期培养基中所含的细胞数目很大,底物可能被迅速吸收利用,所以减速期可能很短,甚至观察不到。

在减速期之后,由于某种关键底物(如碳源)被耗尽,或是一种或几种抑制生长的代谢产物的积累,培养体系中的细胞数量的增长逐渐停止,细胞进入静止期(停滞期)。这一时期,虽然生物量保持一定,但是细胞代谢的方式常常会发生巨大变化。在某些情况下,细胞在此时还可以合成有商业价值的次级代谢产物,例如,大多数抗生素就是在这一时期合成的。这一时期的长度取决于具体的生物种类及其生长条件。

在死亡期里细胞的能量耗尽,代谢停止,或细胞的浓度不断下降。对绝大多数商业过程来讲,发酵在细胞进入死亡期以前就停止了,所以收获细胞也是在死亡期之前进行的。

分批发酵是传统的发酵培养方式,其生产是间断进行的。每进行一次培养就要经过灭菌、装料、接种、发酵、放料等一系列过程。因此非生产时间较长,使得发酵成本较高。

4.3.2.2 连续发酵

所谓连续发酵,是指以一定的速度向发酵罐内添加新鲜培养基,同时以相同的速度流出培养液,从而使发酵罐内的液量维持恒定,微生物仍在稳定状态下生长。稳定状态可以有效地延长分批培养中的对数期。在稳定的状态下,微生物所处的环境条件,如营养物浓度、产物浓度、pH 值等都能保持恒定,微生物细胞的浓度及其生长速率也可以保持不变,甚至还可以根据需要来调节生长速率。

连续发酵使用的反应器可以是罐式反应器,也可以是管式反应器。在罐式反应器中,即使加入的物料中不含有菌体,只要反应器内含有一定量的菌体,在一定进料流量范围内,就可实现稳态操作。罐式连续发酵的设备与分批发酵设备无根本差别,一般可采用原有发酵罐改装。根据所用的罐数,罐式发酵系统又可分为单罐连续发酵系统和多罐连续发酵系统。

虽然科学家们对分批发酵更有经验,连续发酵在工业上的应用尚未普及,但它的成本比分批发酵要低得多。这主要是由以下几个因素造成的:①生产同样量的产物,连续发酵所用的生物反应器比分批发酵所用的生物反应器要小;②大规模的分批发酵结束后,需要用大量大型的设备来收获细胞、裂解细胞及进行下游纯化过程的操作以获得蛋白质或核酸,而在连续发酵中,一次收获只收获少量的细胞,各种所需设备的规模相应都要小得多;

③连续发酵避免了分批发酵之间的停工时间,影响工业发酵效率的一个因素就是生物反应器在修理、清洁、灭菌时没有生产力,由于连续发酵的一次反应周期较长,停工时间相应较短,因而提高了工业发酵的效率;④连续发酵时细胞的生理状态更一致,产物产生的持续性更好,而分批发酵时,收获细胞的时期通常是在对数生长中期,稍有不同,细胞的生理状态就可能产生显著的差异。

连续发酵除了可以降低成本之外,还有其他一些优点,如易于实现生产过程的仪表化和自动化,有利于对微生物生理、生态及反应机制的研究等。现在啤酒、酒精、酵母、有机酸的生产及污水处理等方面都已采用连续发酵生产的方式,利用这种方法已经能大规模地生产单细胞蛋白、抗生素和有机溶剂等产品了。

但是连续发酵也存在一些缺陷,这些缺陷在其更大规模应用之前都应该予以解决。

(1)连续发酵可持续 500~1 000 h,在培养过程中某些细胞可能丢失重组质粒,这些细胞比含质粒的细胞能量负担小,分裂更迅速,随着时间的延长,容易成为反应器中的优势菌群,在生物反应器中合成产物的细胞越来越少,从而导致生物反应器中产物的产量逐步降低,将外源基因整合到宿主染色体上可以避免这一问题的发生。

(2)长时间维持工业规模生产的无菌状态是很困难的,而且连续过程需要无菌的替代设备,这会大大增加开支。

(3)工业发酵用的培养基成分,其质量不如实验室里用的培养基那样有保证,不同批次的培养基,其质量可能不同,这种质量的不同会影响细胞的最适生理活动,降低产量。

目前,已研制出了实验室水平(约 10 L)或预生产水平(约 1 000 L)的连续发酵体系,用于重组微生物发酵生产蛋白。人们预测,连续发酵在工业上获得更为广泛的应用可能只是时间上的问题。当然,由于分批发酵已经经过多年的实践证明十分可靠,而连续发酵又存在上述一些缺陷,因此至少在短时间内连续发酵还不能完全取代分批发酵。

4.3.2.3 补料分批发酵

补料分批发酵又称为半连续发酵,是介于分批发酵和连续发酵之间的一种发酵技术。它是指在微生物的分批发酵中,以某种方式向培养系统补加一定物料的培养技术。通过向培养系统中补充物料,可以使培养液中的营养物浓度较长时间地保持在一定范围内,既保证微生物的生长需要,又不会造成不利的影响,从而达到提高产率的目的。

补料在发酵过程中的应用是发酵技术上一个划时代的进步。补料技术本身也是由少次多量、少量多次,逐步改为流加,现在又实现了流加补料的微机控制。因为直接检测发酵时的培养基的浓度变化比较困难,所以目前在发酵过程中的补料量或补料率,还只是凭经验确定,一般采用与之相关的其他因素,如有机酸的产生、pH 值的变化、CO_2 的产生等作为监测的标准,来推断应该在何时加入新的培养基。这种方法带有一定的盲目性,很难同步满足微生物生长和产物合成的需要,也不可能完全避免基质的调控反应。因而现在的研究重点是如何实现补料的优化控制。

补料分批发酵可以分为两种类型:单一补料分批发酵和反复补料分批发酵。在开始时投入一定量的基础培养基,到发酵过程的适当时期,开始连续补加碳源或(和)氮源或(和)其他必需的基质,直到发酵液体积达到发酵罐最大操作容积后,停止补料,最后将发

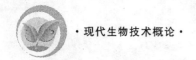

酵液一次全部放出。这种操作方式称为单一补料分批发酵,该操作方式受发酵罐操作容积的限制,发酵周期只能控制在较小的范围内。反复补料分批发酵是在单一补料分批发酵的基础上,每隔一定的时间按一定的比例放出一部分发酵液,使发酵液的体积始终不超过发酵罐的最大操作容积,从而在理论上延长发酵周期,直至发酵产率明显下降,才最终将发酵液全部放出。这种操作方式既保留了单一补料分批发酵的优点,又避免了它的缺点。

补料分批发酵作为分批发酵向连续发酵的过渡,兼有两者的优点,而且克服了两者的缺点。同传统的分批发酵相比,首先它可以解除营养物基质的抑制、产物反馈抑制和葡萄糖分解阻遏效应(葡萄糖被快速分解代谢所积累的产物在抑制所需产物合成的同时,也抑制其他一些碳源、氮源的分解利用)。对于好氧发酵,它可以避免在分批发酵中一次性投入糖过多造成细胞大量生长,耗氧过多,以致通风搅拌设备不能匹配的状况,还可以在某些情况下减少菌体生成量,提高有用产物的转化率。在真菌培养中,菌丝的减少可以降低发酵液的黏度,便于物料输送及后处理。与连续发酵相比,它不会产生菌种老化和变异问题,其通用范围也比连续发酵广。

目前,运用补料分批发酵技术进行生产和研究的范围十分广泛,包括单细胞蛋白、氨基酸、生长激素、抗生素、维生素、酶制剂、有机溶剂、有机酸、核苷酸、高聚物等,几乎遍及整个发酵行业。它不仅被广泛应用于液体发酵中,在固体发酵及混合培养中也有应用。随着研究工作的深入及微机在发酵过程自动控制中的应用,补料分批发酵技术将日益发挥出其巨大的优势。

4.4　发酵设备

在发酵工业上进行微生物深层反应的设备统称为发酵设备,它是完成生物反应的核心设备。一个优良的发酵装置具有严密的结构,良好的液体混合性能,较高的传质、传热速率,同时还应具有配套而又可靠的检测及控制仪表。另外,一般都要求杜绝杂菌和噬菌体的污染。为了便于清洗,消除灭菌死角,发酵罐的内壁及管道焊接部位都要求平整光滑、无裂缝、无塌陷,并且在外压大于内压时,有防止外部液体及空气流入发酵罐中的机制。由于微生物有好氧与厌氧之分,所以其培养装置也相应地分为好氧发酵设备与厌氧发酵设备。对于好氧微生物,发酵罐通常采用通气和搅拌来增加氧的溶解,以满足其代谢需要。根据搅拌方式的不同,好氧发酵设备又可分为机械搅拌式发酵罐和通风搅拌式发酵罐。

4.4.1　机械搅拌式发酵罐

最传统也是至今应用最广泛的发酵设备是机械搅拌式发酵罐,它是利用机械搅拌器的作用,使空气和发酵液充分混合,促进氧的溶解,以保证供给微生物生长繁殖和代谢所需的溶解氧。机械搅拌式发酵罐具有以下优点:①操作条件灵活;②很容易买到;③气体运输效率高,也就是体积质量转移系数很高;④已被实际生产证明,可广泛用于各种微生物生长的发酵。比较典型的是通用式发酵罐和自吸式发酵罐。

4.4.1.1 通用式发酵罐

通用式发酵罐是指既具有机械搅拌又具有压缩空气分布装置的发酵罐(图 4-2)。由于这种样式的发酵罐是目前大多数发酵工厂最常用的,所以称为"通用式"。其容积可达 $20 L \sim 200 m^3$,有的甚至可达 $500 m^3$。发酵罐多为细而长的立式圆筒形,罐体各部分有一定的比例,圆筒部分的高度与半径之比在 $1.7 \sim 2.5$,这样培养液可以有较大的深度,从而增加空气在培养液中停留的时间。发酵罐为封闭式,一般在一定罐压下操作,罐顶和罐底采用椭圆形或蝶形封头。为便于清洗和检修,发酵罐设有手孔或人孔,甚至爬梯,罐顶还装有窥镜和灯孔,以便观察罐内情况。此外,还有各式各样的接口。装于罐顶的接口有进料口、补料口、排气口、接种口和压力表接口等,装于罐身的接口有冷却水进出口、空气进口、温度和其他测控仪表的接口。取样口则视操作情况装于罐身或罐顶。现在很多工厂在不影响无菌操作的条件下将接管加以归并,如进料口、补料口和接种口用同一个接管。放料可利用通风管压出,也可在罐底另设放料口。

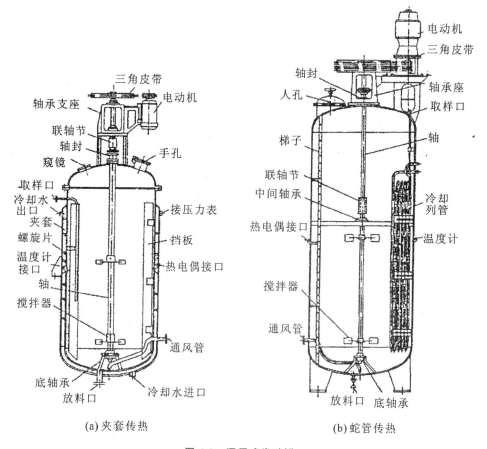

(a) 夹套传热　　　　　　　　(b) 蛇管传热

图 4-2　通用式发酵罐

在通用式发酵罐内设置机械搅拌的首要作用是打碎空气气泡,增加气-液接触面积,以提高气液间的传质速率。其次是为了使发酵液充分混合,液体中的固形物料保持悬浮

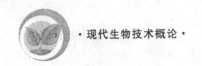

状态。通用式发酵罐大多采用涡轮式搅拌器。为了避免气泡在阻力较小的搅拌器中心部位沿着轴的周边上升逸出,在搅拌器中央常带有圆盘。常用的圆盘涡轮搅拌器有平叶式、弯叶式和箭叶式三种,叶片数量一般为 6 个,少至 3 个,多至 8 个。对于大型发酵罐,在同一搅拌轴上需配置多个搅拌器。搅拌轴一般从罐顶伸入罐内,但对容积 100 m³ 以上的大型发酵罐,也可采用下伸轴。为防止搅拌器运转时液体产生旋涡,在发酵罐内壁需安装挡板。挡板的长度自液面起至罐底部为止,其作用是加强搅拌,促使液体上下翻动和控制流型,消除涡流。立式冷却蛇管等装置也能起一定的挡板作用。

影响发酵罐大小的一个重要因素是散热效率。热量产生的主要原因是细胞的生长和搅拌。在这些过程中产生的过多的热量会使发酵罐内的温度升高,从而改变发酵罐内细胞的生理状态,降低蛋白质产量。散热可以通过发酵罐周围的冷却套或其内部的管子进行。发酵罐的传热装置有夹套和蛇管两种。一般容积在 5 m³ 以下的发酵罐采用外夹套作为传热装置,而大于 5 m³ 的发酵罐则采用立式蛇管作为传热装置。如果用 5~10 ℃ 的冷却水,也有发酵罐采用外夹套作为传热装置的。它是把半圆形钢或角钢制成螺旋形焊于发酵罐的外壁而成的。

通用式发酵罐内的空气分布管是将无菌空气引入发酵液中的装置。空气分布装置有单孔管及环形管等形式,装于最低一挡搅拌器的下面,喷孔向下,以利于罐底部分液体的搅动,使固形物不易沉积于罐底。空气由分布管喷出,上升时被转动的搅拌器打碎成小气泡并与液体混合,加强了气液的接触效果。

发酵罐不能被真菌或细菌污染。通常采用蒸汽灭菌的方法对发酵罐进行消毒,所以在发酵罐内部应该没有无法接触到高压蒸汽的死腔或表面,所有的探头、阀门和密封用的部件都应用耐受高温蒸汽灭菌的材料制成。在设计发酵罐时,往往不是设计很多的探头入口监测各种参数,而是只设计少数几个入口,一来减少污染的途径,二来方便灭菌。

4.4.1.2 自吸式发酵罐

自吸式发酵罐罐体的结构大体上与通用式发酵罐相同,主要区别在于搅拌器的形状和结构的不同。自吸式发酵罐使用的是带中央吸气口的搅拌器。搅拌器由从罐底向上伸入的主轴带动,叶轮旋转时叶片不断排开周围的液体使其背侧形成真空,于是将罐外空气通过搅拌器中心的吸气管吸入罐内,吸入的空气与发酵液充分混合后在叶轮末端排出,并立即通过导轮向罐壁分散,经挡板折流涌向液面,均匀分布。空气吸入管通常用一端面轴封与叶轮连接,确保不漏气。

由于空气靠发酵液高速流动形成的真空自行吸入,气液接触良好,气泡分散较细,从而提高了氧在发酵液中的溶解速率。据报道,在相同空气流量的条件下,溶氧系数比通用式发酵罐高。可是由于自吸式发酵罐的吸入压头和排出压头均较低,习惯用的空气过滤器因阻力较大已不适用,需采用其他结构类型的高效率、低阻力的空气除菌装置。另外,自吸式发酵罐的搅拌转速较通用式高,所以它消耗的功率比通用式大,但实际上由于节约了空气压缩机所消耗的大量动力,对于大风量的发酵,总的动力消耗还是减少的。

自吸式发酵罐的缺点是进罐后空气处于负压,因而增加了染菌的机会;其次是这类罐的搅拌转速甚高,有可能使菌丝被搅拌器切断,影响菌的正常生长。所以在抗生素发酵时较少采用,但在食醋发酵、酵母培养方面已有成功使用的实例。

4.4.2 通风搅拌式发酵罐

在通风搅拌式发酵罐中,通风的目的不仅是供给微生物所需要的氧气,同时还利用通入发酵罐的空气,代替搅拌器使发酵液均匀混合,由于没有搅拌装置,也就减少了能量消耗及污染来源。常用的有循环式通风发酵罐和高位塔式发酵罐。

4.4.2.1 循环式通风发酵罐

循环式通风发酵罐利用空气的动力使液体在循环管中上升,并沿着一定路线进行循环,所以这种发酵罐也叫空气带升式发酵罐(简称带升式发酵罐)。带升式发酵罐有内循环和外循环两种,循环管有单根和多根。与通用式发酵罐相比,它具有以下优点:①发酵罐内没有搅拌装置,结构简单、清洗方便、加工容易;②由于是通过注入空气来搅拌,不是用机械搅拌,因此能节约能量。

4.4.2.2 高位塔式发酵罐

高位塔式发酵罐是一种类似塔式反应器的发酵罐,其高径比约为 7:1,罐内装有若干块筛板。压缩空气由发酵罐底部的高压引入,利用在通气过程中产生的空气泡上升时的动力带动发酵罐中液体的运动,从而达到使反应液混合均匀的目的,发酵罐中的液体深度较大,使得空气进入培养液后有较长的停留时间;在发酵罐中装有筛板,这样既能阻挡气泡的上升、延长气体在反应液中的停留时间,又能使气体更分散。这种发酵罐结构较简单,具有造价低、动力消耗少、操作成本低和噪音小等优点,特别适合培养基黏度小、含固体量少和需氧量低的发酵过程。

循环式通风发酵罐与机械搅拌式发酵罐相比剪切力小。减小剪切力非常重要,因为它可以对以下几个方面产生影响:①重组微生物遇到剪切力时更容易发生裂解,这是由于合成外源蛋白的额外负担使细胞壁比正常细胞的细胞壁更为脆弱;②通常细胞对剪切力的反应就是降低所有蛋白(包括重组蛋白)的合成;③剪切力能改变细胞的物理和化学性质,使下游操作更难进行。例如,发酵时,剪切力可使微生物细胞表面的多糖增多,从而改变收获和裂解细胞的条件,使纯化重组蛋白的工作更加困难。

4.4.3 厌氧发酵设备

厌氧发酵也称静止培养,因其不需要供氧,所以设备和工艺都较好氧发酵简单。严格的厌氧液体深层发酵的主要特色是排除发酵罐中的氧。罐内的发酵液应尽量装满,以便减少上层气相的影响,有时还需充入非氧气体。发酵罐的排气口要安装水封装置,培养基应预先还原。此外,厌氧发酵还需要使用大剂量接种(一般接种量为总操作体积的10%~20%),使菌体迅速生长,减少其对外部氧渗入的敏感性。酒精、丙酮、丁醇、乳酸和啤酒等都是采用液体厌氧发酵工艺生产的。具有代表性的厌氧发酵设备有酒精发酵罐(图 4-3)和用于啤酒生产的锥底立式发酵罐(图 4-4)。

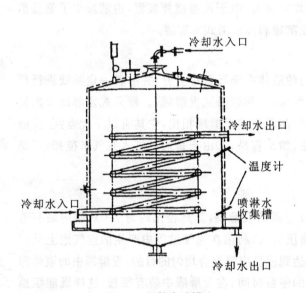

图 4-3　酒精发酵罐

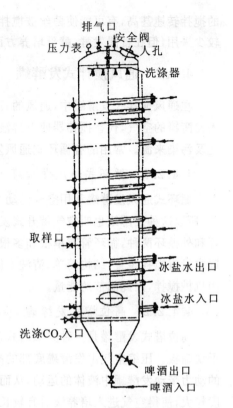

图 4-4　锥底立式发酵罐

4.5　发酵产品的下游处理

　　从发酵液中分离和精制有关产品的过程称为发酵生产的下游处理过程。发酵完成以后所得到的发酵液实际上是混合物,其中除了含有表达的目的蛋白质产物之外,还有残余的培养基、细菌代谢过程中产生的各种杂质和微生物的菌体等大量的杂质,因此对于发酵产品必须进行分离和纯化。现代生物技术完成了从基因工程改造到现代发酵工程生产蛋白质这一过程之后,人们发现,长期以来,一直忽视了一个很重要的问题,那就是发酵产物的下游处理问题。目前,下游处理已成为整个生产过程的瓶颈问题,据统计,下游处理的费用现在已经占到了整个产品成本的 60%,如今发酵产品的下游处理已引起越来越多的科学家的重视,这一领域的研究工作及实际应用很有可能形成一个新的技术领域,也就是所谓的产品后处理工程。

　　一般来说,从发酵液中分离得到最终蛋白质产物,大致需要经过以下几个步骤:①微生物细胞的收获;②微生物细胞的破碎;③固体杂质的去除;④产物的初步分离、浓缩;⑤产物的进一步纯化;⑥产物的最终分离、纯化。

　　其一般工艺流程如图 4-5 所示。

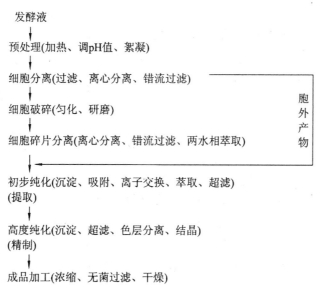

图 4-5 下游处理的工艺流程

4.5.1 收获微生物细胞

发酵过程完成后,纯化产物的第一步就是将微生物细胞与培养基分开。重组微生物与天然微生物可用同样的设备分离,但由于这两种细胞在生理上的差异,如大小发生变化、产生胞外多糖等,收获天然微生物细胞的最佳条件不一定适用于重组微生物细胞。

在发酵结束后,发酵液中溶有大量蛋白酶等有机物和钙、镁等金属离子,同时还含有大量的微生物细胞,使得发酵液的黏度大大增加,增加了细胞与培养基的分离难度,因此在收获微生物细胞之前,一般要对发酵液进行一些预处理。对发酵液的预处理主要包括以下几个方面。

4.5.1.1 加热

由于加热可能使某些热敏感性蛋白质发生不可逆的变性,因此这种预处理方法仅适用于对非热敏感性产品发酵液的预处理。适当加热之后,发酵液中的蛋白质由于变性而凝聚,形成较大的颗粒,发酵液的黏度就会降低。一般加热的温度采用 65~80 ℃。

4.5.1.2 调节 pH 值

适当的 pH 值可以提高产物的稳定性,减少它在随后的分离纯化过程中的损失。此外,发酵液 pH 值的改变会影响发酵液中某些成分的解离程度,从而降低发酵液的黏度。在调节 pH 值时要注意选择比较温和的酸和碱,以防止局部酸性或碱性太强。草酸是一种较常用的 pH 值调节剂。

4.5.1.3 加入絮凝剂

通常情况下,细菌的表面都带有负电荷,可以在发酵液中加入带正电荷的絮凝剂,从而使菌体细胞与絮凝剂结合形成絮状沉淀,降低发酵液的黏度,有利于菌体的收获。

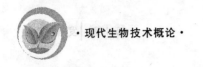

在对发酵液进行预处理之后,就可以通过过滤的方法收获菌体。过滤旨在使悬浊液中的液相通过多孔性过滤介质,固体颗粒则截留在介质一侧。

对于大体积的发酵液,采用高速离心或微孔滤膜过滤,其中最常用的是高速离心。为此,专门设计了高速半连续的离心机以收获微生物细胞。将细胞悬液不停地注入转动的离心机中。细胞沉淀下来,上清液则收集到外部的一个容器中。在离心管中填满细胞后,将离心机停下来取出细胞。但是如果发酵液的体积很大,那么离心机需要多次停下,然后再启动,十分麻烦,而且造成设备和动力的成本也较高;同时,在收获过程中微生物可能以气溶胶的形式释放到空气中,对于重组菌株而言,就有泄漏到环境中的危险。因此,上述的这些缺点都限制了高速离心方法的广泛使用。

滤膜过滤(membrane filtration)也是一种收获微生物细胞的有效方法。如果采用常规的过滤方法,细胞有可能在滤膜的表面积累,导致流速迅速降低,这时增加压力可以在短时间内增加流速,但细胞又会因为受到较大的压力而形成更密、不易透过的一层。这一问题现在可以通过在过滤时加入助滤剂的方法来解决。助滤剂由硅藻土、珍珠岩粉、谷壳等细小而坚硬的物质组成。在过滤过程中,助滤剂可形成骨架,使细胞在受压后不易形成致密的一层而影响过滤。

另外一种收集微生物细胞的过滤方法是使细胞悬液快速流过滤膜表面,即交叉流过滤(cross-flow filtration)。在这种情况下,每次只有很少量的液体能真正穿过滤膜,而其余的细胞悬液只是快速扫过滤膜,这种快速流动方式不易形成细胞层贴在膜上。因此,过膜速度不像前面的方法降低得那样快。在以上两种过滤方法中,滤膜的孔径都为 $0.2 \sim 0.45~\mu m$;经过多次的交叉流过滤后,绝大多数培养基都可以通过滤膜。目前交叉流过滤方法还仅局限于实验室中使用,工业上大规模的操作主要还是依赖离心法。

收获微生物细胞后,下一步纯化操作就与蛋白质产物的特性以及所处的位置有关了。蛋白质产物如果是位于培养基中,那么就要浓缩培养基,然后通过柱层析或其他经典的方法纯化蛋白质;如果产物是培养基中的小相对分子质量化合物,就要选用另外一些适当的提取方法进行纯化;如果产物位于细胞内,那么就必须对细胞进行裂解破碎。

4.5.2 微生物细胞的破碎

微生物细胞破碎的方法有很多,包括化学、物理和生物的方法。运用这些方法既要能破坏细胞壁,又要保证蛋白质产物不发生变性。由于不同的微生物细胞壁是由不同的多聚物组成的,所以破壁的条件不是一成不变的。

在革兰氏阳性菌中,细胞壁在细胞膜的外面,主要由 N-乙酰葡萄糖胺和 N-乙酰胞壁酸通过寡肽链交联为一层厚厚的肽聚糖;革兰氏阴性菌的细胞壁由一层外膜、一层薄的肽聚糖和一层细胞膜组成;酵母菌的细胞壁由一厚层部分磷酸化的甘露糖与 β-葡聚糖组成;低等真菌有多层细胞壁,由 α-和 β-葡聚糖、糖蛋白和壳多糖组成。

细胞壁的组成与强度是由培养条件、细胞生长速率、收获时细胞所处的生长阶段、收获后细胞的储存方式以及微生物是否表达外源基因等多种因素决定的,这些因素都会影响破碎的效果。

4.5.2.1　化学及生物学方法

破碎微生物细胞的化学方法包括用酸、碱、有机溶剂以及去污剂处理。如果蛋白质产物在 pH 值为 10.5～12.5 的条件下能保持稳定，那么就很容易用碱对细菌进行大规模裂解，而且成本很低。碱处理后，几乎没有存活的细胞，因而人们对将重组微生物释放到环境中的担心也大大降低了。采用有机溶剂裂解细胞的方法很简单，也很便宜，现在已有人把这种方法用于从酵母中分离提取酶。

生物学方法主是采用酶裂解。例如，革兰氏阳性菌的细胞壁很容易用溶菌酶破坏；革兰氏阴性菌的细胞壁也可用溶菌酶和 EDTA 水解；酵母菌细胞壁可被 β-1,3-葡聚糖酶、β-1,6-葡聚糖酶、甘露聚糖酶和壳多糖酶中的一种或几种水解。用酶处理的方法特异性较高，条件比较温和，但成本较高。当然可以用重组微生物大规模生产这些酶，以降低其成本。

4.5.2.2　物理方法

物理方法包括非机械的方法（如渗透压法、反复冻融法）和机械的方法（如超声波破碎、湿磨、高压匀浆及撞击等）。通常在采用一种非机械的方法后，有许多细胞还是完好的；相反，机械破碎的效率则很高，因而较受人们的青睐。如果收获细胞的体积较小，那么可以用超声波破碎仪产生超声波来破坏细胞。从原理上讲，超声波可以在工业上用于大规模破碎细胞，但是在实际应用中，超声波破碎会产生大量的热量，细胞在破碎过程中容易产生一些自由基而使蛋白质产物变性，而且细胞碎片太小也难以分离。因此，超声波破碎法要在工业生产中广泛使用还有一定的困难。

湿磨的方法常用于破碎大量细胞。通过泵将浓缩的细胞悬液抽到充入了惰性研磨材料（如直径小于 1 mm 的玻璃珠等）的研磨腔中，高速搅拌研磨。在研磨腔内部有一个中心杆，上面装有很多刀片。高速转动的玻璃珠产生的剪切力使大部分细胞破碎。通过调整转盘的设计、搅拌速率、玻璃珠的大小及数目、细胞浓度、研磨腔的几何形状及温度，可以获得最佳的细胞破碎效果。这种设备已成功地用于多种微生物细胞的破碎，它既可以破碎天然细菌细胞，也可以破碎重组微生物细胞。

高速匀浆的方法是把浓缩的细胞在高压下泵入一个阀门，之后压力迅速降低，导致细胞裂解。可以通过调节工作压力、阀门设计、细胞悬液的温度及操作次数，而使之适用于不同种的微生物和蛋白质产物。

撞击法是指在压力下，细胞悬浮液形成的液柱高速撞到静止的表面或是另一个细胞悬液液柱，撞击时产生的力量可以使细胞破碎。与高压匀浆和湿磨不同，撞击法不要求高度浓缩的细胞悬液，不论在稀释还是浓缩的情况下都可以采用这种方法。

4.5.3　目的产物的纯化

4.5.3.1　提取

细胞破碎后，一般可以通过低速离心或微过滤法除去细胞碎片，用硫酸铵或有机溶剂（如乙醇、丙酮等）从粗提物、粗提物上清液或培养基上清液中将蛋白质沉淀下来。这时目的蛋白质可浓缩 2～5 倍，但是使用沉淀剂会大大增加下游处理的成本。另一种方法就是

用前边提到的交叉流过滤法,只是这时所使用的滤膜的孔径比沉淀细胞或细胞碎片时的要小。这种方法目前尚处于发展阶段,适用的体积一般从一升到几千升,可以持续操作。

此外,还可以利用蒸发、萃取等方法对蛋白质产物进行初步纯化。

4.5.3.2 精制

蛋白质终产物所需的纯度是由它的用途决定的。有时蛋白质粗提物就可以满足要求了,而有时,如医用药物蛋白质,则对纯度要求极高。

某些大量表达的蛋白质在细胞内形成不溶的包含体,细胞破碎后,包含体很容易与其他细胞组分分开。最初,只有用不可逆变性的方法才能溶解包含体,现在已可以通过复性的方法,使重组蛋白质恢复活性。当然,从包含体中分离有活性的蛋白质的步骤也会增加纯化过程的成本。

对发酵产物进行进一步的纯化常采用层析法,包括吸附层析法、离子交换层析法、分子筛层析法和亲和层析法等。

吸附层析法是目前应用时间最长、应用范围较广的一种分离方法。现在常用的吸附剂为大网格聚合物,另外还可以用活性炭、白土、氧化铝、树脂等。

离子交换层析法是一种利用各种蛋白质电荷性质的差异产生的与离子交换树脂间结合力的强弱不同而分离蛋白质的方法。常用的离子交换层析树脂有羧甲基纤维素和EDTA-纤维素等。

分子筛层析法是利用蛋白质分子的大小不同而对其进行分离的一种方法。

亲和层析法的分离效果是上述几种层析法中最好的。虽然它产生的时间不长,但是已在蛋白质的分离纯化中得到了广泛的应用。

4.5.3.3 成品加工

在完成分离纯化之后,根据产品的应用要求,往往还需要浓缩、无菌过滤和去热原、干燥、加稳定剂等加工步骤。干燥通常是固体产品加工的最后一道工序,一般来说,生物制品的干燥,其时间不能太长,温度不能太高。在工业生产中常用的干燥设备有喷雾干燥器、气流干燥器、沸腾干燥器、鼓式干燥器和冷冻干燥器等。其中冷冻干燥是利用高真空下冻成固态的样品中水分的升华现象而达到干燥的目的,这种方法处理温度低,不会使目的蛋白质由于受热而失活,因而是几种干燥方法中最好的一种。

4.6 固体发酵

某些微生物生长需水很少,可利用疏松且含有必需营养物的固体培养基进行发酵生产,称为固体发酵。我国传统的酿酒、制酱及天培(大豆发酵食品)的生产均为固体发酵。另外,固体发酵还用于蘑菇的生产,奶酪、泡菜的制作以及动植物废料的堆肥等。在固体发酵过程中不含任何自由水,随着微生物产出的自由水的增加,固体发酵范围延伸至黏稠发酵(slurry fermentation)以及固体颗粒悬浮发酵。

4.6.1 固体发酵的特点

与液体发酵相比,固体发酵具有很多优点,它是液体发酵所无法取代的。

1. 固体发酵的优点

（1）培养基简单，多为便宜的天然基质，例如谷物类、小麦麸、小麦草、大宗谷物或农产品等均可被使用，发酵原料成本较低。

（2）基质的低含水量可大大降低生物反应器的体积，减少污染，常不需要无菌操作，后处理加工方便。

（3）通气可由气体扩散或间歇通气完成，不一定连续通风；产物的产率较高，能源消耗量较低。

2. 固体发酵的缺点

（1）限于低湿状态下生长的微生物，故可能的流程及产物较受限制，一般较适合于真菌。

（2）在较致密的环境下发酵，其代谢热的移除常成为问题，尤其是需要大量生产时，产能受到限制。

（3）固态下各项参数不易测控，尤其是液体发酵的各种探针不适用于固体发酵，pH值、湿度、基质浓度不易调控，每批次的发酵条件不易保持一致，再现性差。

（4）不易以搅拌的方式进行物质传递，因此在发酵期间，物质的添加无法达到均匀。

（5）固体发酵的培养时间较长，其产量及产能常低于液体发酵。

（6）萃取的产物常因黏度高而不易大量浓缩。

4.6.2 固体发酵的应用

固体发酵法目前主要用在传统的发酵工业中（表 4-2），例如酱油的生产，从菌种培养到制曲，再到发酵都采用固体发酵法。固体发酵相对比较开放，工艺简单，设备要求简单，成本相对比较低。虽然最近有的厂家也采用深层液体发酵，但在产品的口味上明显与固体发酵无法相比。又如在食醋的生产中，有的厂家采用前液后固，目的在于提高食醋的风味。

表 4-2 固体发酵实例

例子	原料	所用微生物
蘑菇生产	麦秆、粪肥	双孢蘑菇、埃杜香菇等
泡菜	包心菜	乳酸菌
酱油	黄豆、小麦	米曲霉
大豆发酵食品	大豆	寡孢根霉
干酪	凝乳	娄格法尔特氏青霉
堆肥	混合有机材料	真菌、细菌、放线菌
花生饼素	花生饼	嗜食链孢霉
金属浸提	低级矿石	硫芽孢杆菌
有机酸	蔗糖、废糖蜜	黑曲霉
酶	麦麸	黑曲霉
污水处理	污水成分	细菌、真菌和原生动物

小 结

发酵工程是一门既具有悠久历史又融合了现代科学的技术,是现代生物技术的组成部分。现代的发酵工程不仅包括菌体生产和代谢产物的发酵生产,还包括微生物机能的利用,即生产菌种的选育、发酵条件的优化与控制、反应器的设计与产物的分离、提取与精制等。本章主要介绍了发酵工程的基本内容和基本原理、发酵工程上使用的微生物资源及其筛选方法、培养基的组成、发酵产物的类型、发酵的一般过程、发酵的操作类型与发酵工艺的控制、常用的发酵设备以及发酵产物的后处理过程等。工业生产上常用的微生物包括细菌、放线菌、霉菌和酵母菌等,菌种选育方法主要有自然选育、诱变育种、杂交育种等方式;微生物发酵的方式可以分为分批发酵、补料分批发酵和连续发酵;发酵过程中,为了能对生产过程进行必要的控制,需要对有关工艺参数进行定期取样测定或进行连续测量,主要发酵参数包括温度、pH 值、溶解氧浓度和培养基等。在发酵工业上进行微生物深层反应的设备统称为发酵设备,它是完成生物反应的核心设备,根据微生物有好氧与厌氧之分,发酵设备也相应地分为好氧发酵设备与厌氧发酵设备。对于好氧微生物,发酵罐通常采用通气和搅拌来增加氧的溶解量,以满足其代谢需要。根据搅拌方式不同,好氧发酵设备又可分为机械搅拌式发酵罐和通风搅拌式发酵罐。下游处理过程是许多发酵生产中最重要的环节,也是获得发酵产品的关键。下游处理过程主要包括微生物细胞的获取,微生物细胞的破碎,固体杂质的去除,产物的初步分离、浓缩,产物的进一步纯化,产物的最终分离、纯化;固体发酵是典型的传统发酵工艺。

 复习思考题

1. 微生物发酵产物根据其产物分为哪几种类型?

2. 发酵培养基的主要成分有哪些?

3. 比较分批发酵、连续发酵和补料分批发酵的优缺点。

4. 在发酵过程中,温度、pH 值以及溶解氧浓度会对发酵过程产生什么样的影响?

5. 试述发酵罐的要求和主要类型。

6. 发酵产品的下游处理过程分为哪几个步骤? 相应的分离方法有哪些?

7. 什么是固态发酵? 它有哪些应用?

第 5 章

酶 工 程

 学习目标

了解微生物发酵产酶的工艺条件及控制;了解酶分离纯化的方法;了解酶分子修饰的方法;了解酶及细胞固定的方法;了解酶反应器的种类及特点;了解酶工程的应用及其对现代人类生活的影响。

作为一种生物催化剂,酶已经广泛地应用于工业、农业、医药卫生、能源开发及环境工程等各个生产领域,并已形成了生物技术的一个重要分支——酶工程。

酶工程是利用酶的催化作用生产人们所需产品的一门技术,主要包括酶的生产、酶的固定、酶分子的修饰及酶反应器等方面的内容。其中固定化酶技术是酶工程的核心。

5.1 酶的发酵生产

在现代工业中,酶的大量生产主要靠发酵,依据产酶细胞的不同,可以分为微生物发酵产酶、植物细胞发酵产酶和动物细胞发酵产酶。根据细胞培养方式的不同,可分为固体培养发酵产酶、液体深层发酵产酶和固定化细胞发酵产酶等。针对不同的产酶细胞类型,可以采用不同的培养发酵方法,其中微生物发酵产酶是最常用的发酵方法。

5.1.1 酶发酵生产常用的微生物

微生物具有种类繁多、繁殖速度快、易于培养、适应性强等特点,可以满足酶发酵生产所需,目前工业生产的酶制剂 80% 是由微生物进行发酵生产的,许多性能优良的产酶菌株已经在酶的发酵生产中得到广泛应用。工业生产酶的微生物主要有细菌(主要是芽孢杆菌)、真菌(曲霉、青霉、担子菌、酵母菌等)、放线菌等。

(1)枯草芽孢杆菌　为芽孢杆菌属细菌,可用于生产 α-淀粉酶、蛋白酶、β-半乳糖苷酶、碱性磷酸酶等。

(2)大肠杆菌　可生产多种多样的酶,如谷氨酸脱氢酶、天冬氨酸酶、β-半乳糖苷酶、限制性核酸内切酶、DNA 连接酶、DNA 聚合酶等。

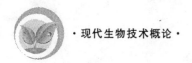

（3）黑曲霉　属曲霉属，可用于生产多种酶类，如糖化酶、α-淀粉酶、酸性蛋白酶、果胶酶、过氧化氢酶、脂肪酶、纤维素酶、葡萄糖氧化酶等。

（4）米曲霉　属曲霉属，可用于生产糖化酶、蛋白酶、果胶酶等。

（5）青霉　属于半知菌纲，主要生产葡萄糖氧化酶、果胶酶、脂肪酶、苯氧甲基青霉素酰化酶、凝乳蛋白酶、核酸酶 S1、核酸酶 P1 等。

（6）毛霉　主要生产蛋白酶、糖化酶、脂肪酶、果胶酶、凝乳酶等。

（7）木霉　属于半知菌类，是生产纤维素酶的重要菌，并可用于甾体转化。

（8）根霉　在培养基生长时，营养菌丝体上产生葡匐枝，葡匐枝的节间形成特有的假根，在有假根处的葡匐枝上着生成群的孢囊梗，梗的顶端膨大形成孢子囊，囊内产生孢子，孢囊孢子球形、卵形或形状不规则。此菌可用于生产糖化酶、α-淀粉酶、转化酶、酸性蛋白酶、果胶酶、脂肪酶、纤维素酶、核糖核酸酶等。

（9）链霉菌　属于放线菌，是生产葡萄糖异构酶的主要菌株。还可生产青霉素酰化酶、碱性蛋白酶、中性蛋白酶、纤维素酶等。

（10）啤酒酵母　主要用于生产转化酶、丙酮酸脱羧酶、醇脱氢酶等。

（11）假丝酵母　主要用于生产转化酶、脂肪酶、尿酸酶、醇脱氢酶、烷类代谢酶等。

5.1.2　培养基

培养基的组分一般包括碳源、氮源、无机盐和生长因子等几方面。

1. 碳源

碳源是微生物细胞生命活动的基础，是合成酶的主要原料之一。碳源种类较多，但工业生产中选择碳源时要考虑以下因素：①原料的价格及来源，目前，在酶发酵生产中最常用的碳源是淀粉及其水解物，如糊精、麦芽糖、葡萄糖以及玉米粉、甘薯粉等；②碳源对酶生物合成的调节作用，主要考虑酶生物合成的诱导作用是否存在分解代谢物阻遏作用。常见酶发酵生产中的诱导和阻遏碳源见表 5-1。

表 5-1　酶发酵生产中的诱导和阻遏碳源

酶	诱导碳源	阻遏碳源
α-淀粉酶	淀粉	
葡萄糖异构酶	木糖、木聚糖	
纤维素酶	纤维素	
糖化酶	玉米粉	葡萄糖
β-半乳糖苷酶	乳糖	
β-淀粉酶	玉米粉	
蛋白酶	玉米粉	

2. 氮源

氮源可以分为有机氮源和无机氮源两大类。微生物酶生产一般使用的有机氮源有豆饼、花生饼、棉子饼、玉米浆和蛋白胨等,无机氮源有硫酸铵、氯化铵、硝酸铵、硝酸钠和磷酸氢二铵等。

培养基中碳元素(C)的总量与氮元素(N)总量之比,即碳氮比(C/N),对酶的产量有显著影响。一般蛋白酶生产采用碳氮比低的培养基比较有利,淀粉酶生产的碳氮比一般比蛋白酶生产略高。

3. 无机盐

微生物产酶培养基中需要有磷酸盐及硫、钾、钠、钙、镁等元素存在,以提供细胞生命活动必不可少的各种无机元素,并对细胞内外的 pH 值、氧化还原电位和渗透压起调节作用。无机盐一般在低浓度情况下有利于酶产量的提高,而高浓度则容易产生抑制。

4. 生长因子

生长因子是指细胞生长繁殖所必需的微量有机化合物,主要包括各种氨基酸、嘌呤、嘧啶、维生素等。各种氨基酸是蛋白质和酶的组分,嘌呤和嘧啶是核酸和某些辅酶的组分。

在酶的发酵生产中,一般在培养基中添加含有多种生长因素的天然原料的水解物,如酵母膏、玉米浆、麦芽汁、麸皮水解液等,以提供细胞所需的各种生长元素。也可以加入某种或某几种提纯的有机化合物,以满足细胞生长繁殖之需。

5.1.3 细胞活化与扩大培养

保藏的菌种在用于发酵生产之前,必须接种于新鲜的固体培养基上,在一定的条件下进行培养,使细胞的生命活性得以恢复,这个过程称为细胞活化。

活化了的细胞需在种子培养基中经过一级乃至数级的扩大培养,以获得足够数量的优质细胞。种子扩大培养所使用的培养基和培养条件,应当适合细胞生长、繁殖的最适条件。种子培养基中一般含有较为丰富的氮源,碳源可以相对少一些。种子扩大培养的时间一般以培养到细胞对数生长期为宜。接入下一级种子扩大培养或接入发酵罐的种子量一般为下一工序培养基总量的 1%～10%。

5.1.4 酶的发酵生产方式

酶的发酵生产方式有两种:固体发酵和液体深层发酵。固体发酵法虽然简单,但是操作条件不易控制,产量低。目前,大多数的酶是通过液体深层发酵生产的。

1. pH 值的调节

不同细胞生长繁殖的最适 pH 值有所不同。一般细菌和放线菌的生长最适 pH 值为 6.5～8.0,霉菌和酵母的生长最适 pH 值为 4.0～6.0,植物细胞的生长最适 pH 值为 5～6。

2. 温度的控制

温度不仅影响微生物的繁殖,而且影响酶和其他代谢物的形成和分泌。酶的发酵生产,要在不同阶段控制不同的温度条件。在生长繁殖阶段,控制在细胞生长最适温度范围内,以利于细胞生长繁殖,而在产酶阶段,则需控制在产酶的最适温度。

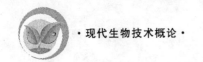

3. 溶解氧的调节

发酵过程中连续不断地供给无菌空气,使培养基中的溶解氧浓度保持在一定水平,以满足细胞生长和产酶的需要。溶解氧的供给,首先是将无菌空气通入发酵容器中,然后在一定条件下使空气中的氧溶解到培养液中,以供细胞生命活动之所需。培养液中溶解氧的量取决于在一定条件下氧气的溶解速度。

调节溶氧速率的方法主要有下列几种:①调节通气量;②调节氧的分压;③调节气液接触时间;④调节气液接触面积;⑤调节培养液的特性。

5.1.5 提高酶产量的措施

在酶的发酵过程中,为了提高酶产量,除了选育优良的产酶细胞,保证发酵工艺条件,并根据需要和变化情况及时加以调节控制以外,还可以采取以下措施。

1. 添加诱导物

对于诱导酶的发酵生产,在发酵培养基中添加适当的诱导物,可使酶的产量显著提高。诱导物一般可分为三类:①酶的作用底物,如青霉素是青霉素酰化物的诱导物;②酶的反应产物,如半乳糖醛酸是果胶酶催化果胶水解的产物,它却可以作为诱导物,诱导果胶酶的产生;③酶的底物类似物,如异丙基-β-D-硫代半乳糖苷(IPTG)对β-半乳糖苷酶的诱导效果比乳糖高几十倍等。

2. 降低阻遏物浓度

有些酶的生物合成受到阻遏物作用。为了提高酶产量,必须设法解除阻遏作用。例如,β-半乳糖苷酶受葡萄糖引起的分解代谢物的阻遏作用。在培养基中有葡萄糖存在时,即使有诱导物存在,β-半乳糖苷酶也无法大量产生。只有在不含葡萄糖的培养基中,或在葡萄糖被细胞利用完以后,诱导物的存在才能诱导该酶大量生成。类似情况在不少酶的生产中均可发生。为了减少或解除分解代谢物的阻遏作用,应控制培养基中葡萄糖等容易利用的碳源的浓度。可采用其他较难利用的碳源(如淀粉等),或采用补料、分次流加碳源等方法,以利于提高产酶量。此外,在分解代谢物存在的情况下,添加一定量的环腺苷酸(cAMP),可以解除分解代谢物的阻遏作用,若同时有诱导物存在,则可迅速产酶。对于受代谢途径末端产物阻遏的酶,可以通过控制末端产物的浓度使阻遏解除。

3. 添加表面活性剂

表面活性剂可分为离子型和非离子型两大类。离子型表面活性剂又有阳离子型、阴离子型和两性离子型之别。

4. 添加产酶促进剂

产酶促进剂是指可以促进产酶但作用机理并未阐明的物质。

5.2 酶的提取与分离纯化

酶的提取与分离纯化主要包括发酵液的预处理、细胞的破碎、酶的提取、酶的分离纯化、酶的浓缩与干燥、结晶等。

5.2.1 发酵液的预处理

发酵液预处理的方法主要有以下几种：①加热法，加热可降低悬浮液的黏度，使固液分离变得更加容易；②调节悬浮液的 pH 值，恰当的 pH 值能够促进聚集作用，一般用草酸、无机酸或碱来调节；③凝聚和絮凝，凝聚和絮凝都是将化学药剂预先投加到悬浮液中，改变细胞、菌体和蛋白质等胶体粒子的分散状态，破坏其稳定性，使它们聚集成可分离的絮凝体，再进行分离。

5.2.2 细胞的破碎

为了获得细胞内的酶，就得收集细胞并进行细胞破碎。

根据作用方式的不同，细胞破碎基本可以分为两大类：机械法和非机械法。传统的机械法包括匀浆法、研磨法、珠磨法、压榨法、超声波法等，常见的非机械法包括溶胀法、酶溶法、冻融法、化学试剂法等。细胞破碎方法整体分类见表 5-2。

表 5-2 细胞破碎方法一览表

方　法		原　理	效果	成本	主要应用范围
机械法	匀浆法	细胞受大的撞击力和剪切力作用而破碎	适中	适中	动、植物及微生物细胞
	研磨法	细胞被研磨物磨碎	适中	便宜	动、植物及微生物细胞
	珠磨法	借助磨料和细胞间的剪切及碰撞作用破碎细胞	剧烈	适中	植物及微生物细胞
	压榨法	很大的压力迫使细胞悬液通过小孔（小于细胞直径的孔），致使其被挤破、压碎	剧烈	适中	动、植物及微生物细胞
	超声波法	用超声波的空穴作用使细胞破碎	剧烈	昂贵	细胞悬浮液小规模处理
非机械法	物理法　溶胀法	渗透压破坏细胞壁	温和	便宜	血红细胞的破坏
	冻融法	急剧冻结后在室温缓慢融化，并反复进行，细胞受到破坏	温和	便宜	动、植物及微生物细胞
	化学法　化学试剂法	特定化学试剂可破坏细胞壁或增加其通透性	适中	适中	动、植物及微生物细胞
	酶溶法	细胞壁被消化，细胞破碎	温和	昂贵	植物及微生物细胞

5.2.3 酶的提取

在一定的条件下，用适当的溶剂处理含酶原料，使酶充分溶解到溶剂中的过程，称为酶的提取或抽取。酶的提取方法主要有盐溶法、酸溶法、碱溶法和有机溶剂法等。几种酶

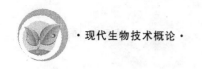

提取方法的特点见表5-3。

表 5-3　酶提取方法比较

提取方法	原　　　理	使用的溶剂或溶液	提取对象
盐溶法	在低浓度条件下,酶的溶解度随盐浓度的升高而增加	一般采用稀盐溶液进行酶的提取,浓度常控制在 0.02～0.5 mol/L	用于提取在低浓度盐溶液中溶解度较大的酶,如6-磷酸葡萄糖脱氢酶、枯草杆菌碱性磷酸酶
酸溶法	有些酶在酸性条件下溶解度较大,且稳定性较好	pH 值为 2～6 的水溶液	用于提取在稀酸溶液中溶解度大且稳定性较好的酶,如胰蛋白酶
碱溶法	有些酶在碱性条件下溶解度较大且稳定性好	采用 pH 值为 8～12 的水溶液,一边搅拌一边缓慢加入碱液,以免影响酶的活性	用于提取在稀碱溶液中溶解度大且稳定性较好的酶,如 L-天冬酰胺酶
有机溶剂法	有些酶与脂肪结合牢固或含有较多非极性基团,可采用与水能混溶的乙醇、丙酮、丁醇等有机溶剂提取	可与水混溶的有机溶剂,温度应控制在 10 ℃以下	用于提取那些与脂质结合牢固或含有较多非极性基团的酶,如核酸类酶

5.2.4　酶的分离纯化

纯化是要将酶从杂蛋白中分离出来。分离纯化的方法很多,如沉淀法(盐析法、有机溶剂沉淀法、等电点沉淀法)、层析法(凝胶层析法、离子交换层析法、亲和层析等)、电泳法等。

1. 盐析法

蛋白质在不同的盐浓度条件下溶解度不同,在酶液中添加一定浓度的中性盐,使酶从溶液中析出,从而使酶与杂质分离的过程称为盐析法。

盐析中常用的中性盐有硫酸铵、硫酸钠、硫酸钾、硫酸镁、氯化钠和磷酸钠等,盐析时,应注意以下事项:①由于不同的酶有不同的结构,盐析时所需的盐浓度各不相同;②温度一般维持在室温左右,对于温度敏感的酶,则应在低温条件下进行;③溶液的 pH 值应调节到欲分离的酶的等电点附近;④经过盐析得到的酶含有大量盐分,一般可以采用透析、超滤或层析等方法进行脱盐处理,使酶进一步纯化。

2. 离子交换层析法

离子交换层析法是利用离子交换剂上的可解离基团(活性基团)对混合溶液中各种离子的亲和力不同而达到不同组分分离的一种层析分离方法。

3. 凝胶层析法

凝胶层析又称为凝胶过滤、分子排阻层析、分子筛层析等,是指以各种多孔凝胶为固定相,利用流动相中所含各种组分的相对分子质量的不同而达到物质分离的一种层析技术。

基本原理:凝胶层析柱中装有多孔凝胶,当含有酶的混合溶液流经凝胶层析柱时,大的蛋白质分子被凝胶颗粒排斥,不能进入凝胶的微孔,因此只能在凝胶颗粒的间隙以较快的速度向下移动;较小的分子能进入凝胶的微孔内,不断地进出于一个个颗粒的微孔,其移动路径加长,向下移动的速度就比大分子慢,从而使混合溶液中各组分按照相对分子质量由大到小的顺序流出层析柱,而达到分离的目的。凝胶层析分离的基本原理见图5-1。

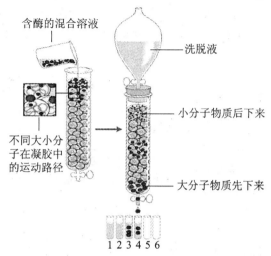

图 5-1　凝胶层析分离

5.2.5　酶的浓缩与干燥

1. 浓缩

浓缩是从低浓度酶中除去部分水或其他溶剂而成为高浓度酶液的过程。

浓缩的方法很多,有过滤与膜分离、沉淀分离、层析分离等。用各种吸水剂,如硅胶、聚乙二醇、干燥凝胶等吸去水分,也可以达到浓缩效果。

2. 干燥

干燥是将固体、半固体或浓缩液中的水分或其他溶剂除去一部分,以获得含水量较少的固体物质的过程。

固体酶制剂的生产过程中常用的干燥方法有真空干燥、冷冻干燥、喷雾干燥、气流干燥和吸附干燥等,它们各自的原理、特点及注意事项见表5-4。

表 5-4　酶常见干燥方法比较

干燥方法	原　　理	特　　点	注 意 事 项
真空干燥	在密闭干燥器中,一边抽真空一边加热,使酶液在低温下干燥	干燥得到的酶质量较高、活力损失少,但需要真空系统	温度控制在 60 ℃以下
冷冻干燥	先将酶液降温到冰点以下,使之冻结成固态,再在低温下抽真空,使冰直接升华为气体	酶结构保持完整,酶活力损失少,适用于对热非常敏感而价值较高的酶类的干燥,但成本高	—

续表

干燥方法	原 理	特 点	注意事项
喷雾干燥	通过喷雾装置将酶液喷成直径仅为几十微米的雾滴,分散于热气流中,水分迅速蒸发	干燥速度快,但对酶活力有一定的影响	控制好气流进口温度,可减少酶的变性失活
气流干燥	在常压条件下,利用热气流直接与固体或半固体的物料接触,使物料的水分蒸发	设备简单、操作方便,但是干燥时间较长,酶活力损失较大	控制好气流温度、速度和流向,经常翻动物料,使之干燥均匀
吸附干燥	在密闭的容器中用各种干燥剂吸收物料中的水分	设备简单、操作方便,酶活力损失较小,但是干燥时间较长,制品质量不高	根据实际情况选择合适的干燥剂

 ## 5.3 酶分子的修饰

利用各种方法使酶分子的结构发生某些改变,进而改变酶的某些功能和特性的过程称为酶分子的修饰。对酶分子进行修饰有以下作用:①探索酶的结构与功能的关系;②提高酶的活力;③增强酶的稳定性;④降低或消除酶的抗原性,改变酶的动力学特性。

酶分子修饰技术主要包括酶分子的金属离子置换修饰、大分子结合修饰、酶蛋白侧链基团修饰、氨基酸置换修饰、酶分子肽链有限水解修饰、酶分子的物理修饰等。

5.3.1 金属离子置换修饰

金属离子置换修饰是指通过改变酶分子中所含的金属离子,使酶的特性和功能发生改变的一种修饰方法。

金属离子置换修饰时,首先要除去酶分子中原有的金属离子,此过程是向需要修饰的酶液中加入一定量的金属螯合剂,如乙二胺四乙酸(EDTA)等,使酶分子中的金属离子与EDTA等形成螯合物,通过透析、超滤、分子筛层析等方法,将 EDTA-金属螯合物从酶液中除去。此时的酶呈无活性状态。然后在去离子的酶液中加入一定量的另一种金属离子,酶蛋白与新加入的金属离子结合,除去多余的置换离子,完成了金属离子置换修饰的过程。

用于酶分子修饰的金属离子,往往是二价金属离子,如 Zn^{2+}、Ca^{2+}、Mg^{2+}、Mn^{2+}、Cu^{2+}、Fe^{2+} 等。金属离子置换修饰只适用于本来在结构中就含有金属离子的酶。

5.3.2 大分子结合修饰

采用水溶性大分子与酶蛋白的侧链基团共价结合,使酶分子的空间构象发生改变,从而改变酶的特性与功能的方法称为大分子结合修饰。大分子结合修饰采用的修饰剂是水溶性大分子,如聚乙二醇(PEG)、右旋糖酐、蔗糖聚合物、葡聚糖、环状糊精、肝素、羧甲基纤维素、聚氨基酸等。

酶经过大分子结合修饰后,不同酶分子的修饰效果往往有所差别,需要通过凝胶层析等方法进行分离,将具有不同修饰度的酶分子分开,从中获得具有较好修饰效果的修饰酶。

5.3.3　酶蛋白侧链基团修饰

酶分子的侧链基团修饰是指采用一定的方法(一般是化学方法)改变酶分子的侧链基团,从而导致酶分子的特性和功能发生改变。

某些侧链基团的改变可以影响到蛋白质所特有的生物活性,这类基团一般称为必需基团(图 5-2)。必需基团的化学修饰将导致酶的不可逆失活。

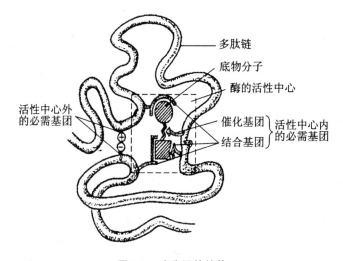

图 5-2　酶分子的结构

酶的侧链基团修饰方法主要有氨基修饰、羧基修饰、巯基修饰、胍基修饰、酚基修饰、吲哚基修饰、分子内交联修饰等。

5.3.4　氨基酸置换修饰

酶蛋白是由各种氨基酸通过肽键联结而成的,在特定位置上的各种氨基酸是酶的化学结构和空间结构的基础,若将肽链上的某个氨基酸换成另一个氨基酸,则会引起酶蛋白空间构象的某些改变,从而改变酶的某些功能和特性,这种修饰方法称为氨基酸置换修饰。

现在常用的氨基酸置换修饰的方法是定点突变技术。定点突变是指在 DNA 序列中的某一特定位点上进行碱基的改变从而获得突变基因产物(酶)的操作技术。定点突变技术在氨基酸置换修饰的应用中有以下四个环节。

1. 新蛋白质结构的设计

根据已知的酶蛋白的化学结构、空间结构和特性,特别是根据酶的催化活性、稳定性、抗

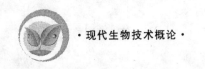

原性和底物专一性等,设计出目的酶蛋白的氨基酸排列顺序,并确定要置换的氨基酸的位置。

2. 突变基因核苷酸序列的确定

将目的酶蛋白的氨基酸排列顺序对照遗传密码,确定其对应的 mRNA 的核苷酸序列,注意考虑物种间密码子的差异,根据碱基互补原则,确定此 mRNA 所对应的突变基因上的碱基序列,并确定需要置换的碱基及其位置。

3. 突变基因的获得

根据欲获得的突变基因的碱基序列及其需要置换的碱基位置,采用聚合酶链式反应(PCP)等定位突变技术获得所需的大量突变基因。

4. 新蛋白质的产生

将通过 PCR 获得的大量突变基因进行体外重组,插入适宜的基因载体中,接着通过转化、转导、介导、基因枪和显微注射等技术,将突变基因转入适宜的寄主细胞中,在适宜的条件下进行表达,获得经过氨基酸置换修饰的新酶。

5.3.5 酶分子肽链有限水解修饰

肽链是蛋白酶的主链,主链是酶分子结构的基础,主链一旦发生变化,酶的结构和功能、特性也随之改变。

肽链的水解在特定的肽键上进行,称为肽链的有限水解。利用肽链的有限水解,使酶的空间结构发生某些精致的改变,从而改变酶的特性和功能的方法,称为酶分子肽链有限水解修饰。

酶分子肽链有限水解修饰通常使用端肽酶(氨肽酶、羧肽酶)切除 N 端或 C 端的片段,可以用稀酸进行控制性水解。

例如,胃蛋白酶原由胃黏膜细胞分泌,在胃液中的酸或已有活性的胃蛋白酶作用下发生酶分子肽链有限水解修饰,自 N 端切下 12 个多肽碎片,其中最大的多肽碎片对胃蛋白酶有抑制作用,在高 pH 值的条件下,它与胃蛋白酶非共价结合,而使胃蛋白酶原不具活性,在 pH 值为 1.5~2 时,它很容易从胃蛋白酶上解离下来,从而使胃蛋白酶原转变成具有催化活性的胃蛋白酶(图 5-3)。

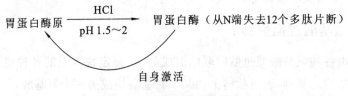

$$\text{胃蛋白酶原} \xrightarrow[\text{pH } 1.5\sim2]{\text{HCl}} \text{胃蛋白酶}（\text{从N端失去12个多肽片断}）$$

自身激活

图 5-3　胃蛋白酶原的激活

5.4　酶的固定化

早期酶的应用,通常是把酶与底物直接混合(多在溶液中),然后进行催化反应,进而得到产物。此种方式的酶转化反应存在如下不足:①酶稳定性较差;②产物的分离纯化较困难;③酶使用后通常不能回收,这种一次性使用酶的方式不仅使生产成本提高,而且难以连续化生产,从而导致酶的使用效率低,产品成本高。

这就促使人们去研究更好的酶使用方法,其中之一就是把固定化技术应用到酶促反应中。采用各种方法,将酶与水不溶性载体结合,制备固定化酶的过程称为酶的固定化。固定在载体上并在一定的空间范围内进行催化反应的酶称为固定化酶。

目前,酶及细胞固定化技术已在医药、食品、化工、医疗诊断、农业、分析、环保及能源开发以及理论研究中得到了广泛应用,并取得了显著成效。

5.4.1　固定化酶的特点

与天然酶相比,固定化酶具有自己独特的优点,主要包括以下几方面:①稳定性较天然酶高;②反应后酶易于和底物及产物分开,可在较长时间内反复使用,有利于工艺的连续化;③反应液中无残留酶,产物易于纯化,产率提高,有利于提高产品质量;④酶反应过程可以严格控制,有利于工艺自动化控制;⑤较能适应多酶反应体系。

但是,随着对固定化酶不断研究和应用,发现它也存在一些缺点:①酶固定化时酶的活力有所损失,尤其是需经提纯后才被固定化的酶;②酶固定化过程中所用载体及试剂较贵,增加了固定化的成本,工厂投资大;③比较适应水溶性底物和小分子底物,大分子底物常受载体阻碍,不易与酶接触,限制了酶催化作用的发挥;④对胞内酶,需经分离后才能固定化,使操作工序更为复杂。

5.4.2　酶的固定化方法

酶和含酶菌体或菌体碎片的固定化方法多种多样,根据所用载体及操作方法的差异,可分为吸附法、包埋法、共价偶联法和交联法四类。

5.4.2.1　吸附法

利用各种吸附剂将酶吸附在其表面上而使酶固定化的方法称为吸附法。该法又分为物理吸附法和离子结合吸附法两种(图 5-4)。

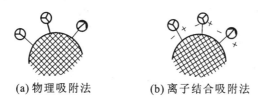

(a) 物理吸附法　　　　(b) 离子结合吸附法

图 5-4　吸附法酶固定化示意图

物理吸附法是将酶蛋白吸附到水不溶性惰性载体上,常用的载体有活性炭、氧化铝、硅藻土、多孔陶瓷、多孔玻璃、硅胶、淀粉及羟基磷灰石等。离子结合吸附法是利用酶的侧链解离基团和特定非水溶性载体上的离子交换基团间的相互作用实现固定化的,常用的载体是带各种离子基团的硅胶、纤维素、交联葡聚糖和树脂等。

5.4.2.2　包埋法

将酶分子包埋于凝胶网格或半透性的聚合膜腔中的酶固定化技术称为包埋法,主要用于水溶性小分子底物的转化反应。包埋法制备固定化酶或固定化菌体时,根据载体材

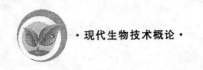

料和制备方式的不同,可分为凝胶包埋法和微囊包埋法两大类(图 5-5)。

(a) 凝胶包埋法　　　　　　(b) 微囊包埋法

图 5-5　包埋法酶固定化示意图

1. 凝胶包埋法

凝胶包埋法是将酶或含酶菌体包埋在各种具有网孔结构的凝胶内部的微孔中,制成一定形状的固定化酶的技术。

该法常用的凝胶有琼脂、褐藻酸钙凝胶、角叉菜胶、明胶等天然凝胶以及聚丙烯酰胺凝胶、聚酰胺树脂、光交联树脂等合成凝胶。

2. 微囊包埋法

微囊包埋法是一种将酶定位于具有半透性膜的微小囊腔中的技术。囊腔直径一般为 $1\sim100~\mu m$,构成囊腔的半透膜厚约 $20~nm$,膜上孔径约 $4~nm$,其表面积与体积比很大,很大程度上增大了囊腔内外的物质交换效率,故能有效地包埋许多种酶。

5.4.2.3　共价偶联法

共价偶联法是酶分子的活性基团与载体表面功能基团之间经化学反应形成共价键而偶联在一起的一种酶固定化方法(图 5-6)。

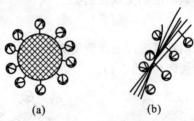

(a)　　　　　　(b)

图 5-6　共价偶联法酶固定化示意图

共价偶联法按不同的偶联反应方式,可分成重氮法、多肽法、烷化法、缩合法等,各方法的比较见表 5-5。

表 5-5　主要共价偶联方法比较

方法	载体	偶联基团		偶联机理
		载体	酶蛋白	
重氮法	对氨苄基纤维素、聚氨基苯乙烯、交联葡聚糖等	重氮盐	酚基、咪唑基	将带氨基的芳香族化合物(R-Y-NH₂)(Y 代表苯环)作载体,用稀盐酸和亚硝酸钠处理生成重氮盐化合物,然后与酶蛋白的酚基、咪唑基发生偶联反应(游离氨基也能发生十分缓慢的反应),制成固定化酶

续表

方法		载体	偶联基团		偶联机理
			载体	酶蛋白	
多肽法	叠氮法	甲酯化的羧甲基纤维素	叠氮化合物	氨基、羟基和巯基	将甲酯化的羧甲基纤维素先与水合肼作用形成酰肼,再与亚硝酸反应得到叠氮化合物,在低温条件下,该化合物和酶的游离氨基、羟基和巯基反应形成肽键,得固定化酶
	卤化氰法	纤维素、交联葡聚糖、琼脂糖等	亚胺碳酸基	氨基	将纤维素、交联葡聚糖和琼脂糖等多糖类载体先用卤化氰(常用的是溴化氰)活化,然后在偏碱性的条件下与酶进行偶联,即制成固定化酶
烷化法		氯乙酰纤维素、溴乙酰纤维素、碘乙酰纤维素等	卤素官能团	氨基、酪氨酸的酚羟基、半胱氨酸的巯基	蛋白质 N 末端游离氨基、酪氨酸的酚羟基、半胱氨酸的巯基等与含卤素官能团的非水溶性载体发生烷化反应而制成固定化酶的过程
缩合法		含羧酸载体或氨基载体	经碳化二亚胺活化后的基团	氨基或羧酸基团	酶液与含羧酸载体(R—COOH)或氨基载体(R—NH₂)在缩合剂碳化二亚胺或伍德沃德试剂 K(N-乙基-5-苯异噁唑-3′-磺酸)作用下,经搅拌就可制成固定化酶

5.4.2.4 交联法

交联法是利用双功能或多功能试剂(交联试剂)在酶分子之间、酶分子与惰性蛋白间或酶分子与载体间进行交联反应,形成共价键连接来制备固定化酶的方法(图 5-7)。常用的交联试剂有戊二醛、己二胺、顺丁烯二酸酐、双偶氮苯等。其中应用最广泛的是戊二醛。以戊二醛为交联剂的酶结合模式如图 5-7 所示。

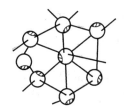 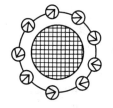

(a) 普通交联剂交联 　　　(b) 吸附交联 (与吸附法结合)

图 5-7　交联法酶固定化示意图

此法根据与酶发生交联的分子的类型不同,又可分为酶交联法、惰性蛋白交联法和载体交联法三种。其各自的特点见表 5-6。

表 5-6 交联法的种类

交联方法	原 理	特 点	实 例
酶交联法	向酶液中加入交联试剂,在一定条件下使任意酶分子之间发生交联而形成固定化酶	固定过程与酶浓度、试剂浓度、pH 值、离子强度、温度及反应时间有关,交联过程中酶易失活	0.2%木瓜蛋白酶和 0.3%戊二醛在 pH 值为 5.2～7.2,0 ℃,24 h 即实现交联
惰性蛋白交联法	酶与惰性蛋白在交联剂的作用下发生交联	机械强度优于酶交联法。将酶蛋白和惰性蛋白交联后,可减小目的酶活力的降低速度	惰性蛋白可用胶原或动物血清白蛋白等。此法可制成酶膜或在混合后经低温处理及预热制成泡沫状共聚物,也可制成多孔性颗粒
载体交联法	同一多功能试剂一部分化学基团与载体偶联,而另一部分基团与酶分子偶联	载体和酶结合牢固,可长时间使用,交联过程中酶易失活	葡萄糖氧化酶、丁烯-3、4-氧化物和丙烯酰胺共聚即可得稳定的固定化葡萄糖氧化酶

5.4.3 固定化酶的性质

酶被固定后,酶的性质(酶的相对活力、最适 pH 值、稳定性、米氏常数等)发生了变化。

1. 形态(状)

根据固定化酶的应用目的不同,可把固定化酶制作成多种不同的形态。目前已可制造多种物理形态固定化酶,如酶膜、酶管、酶纤维、微囊及颗粒状固定化酶等。

2. 活力

与溶液酶相比,大多数固定化酶活性下降。

固定化酶活力测定基本上与溶液酶相似。另外由于游离的酶(细胞)被固定化以后,在反应中酶往往会有少部分失活,酶的催化性质也会发生变化。

3. 稳定性

大部分酶经固定化后,其稳定性及有效寿命均较游离酶高。

固定化酶稳定性主要指其对温度、酸碱、蛋白酶、变性剂、抑制剂及有机溶剂等的耐受力,具体表现在以下方面:

(1)酶经固定化之后,热稳定性提高,可以耐受较高的温度;

(2)酶经固定化之后,对酸碱条件变化的耐受力有一定程度的增强;

(3)酶经固定化之后,对抑制剂、变性剂及有机溶剂的耐受力增强;

(4)酶经固定化之后,对蛋白酶的抵抗性增强,不易被蛋白酶水解;

(5)酶经固定化之后,半衰期增长,可以在一定条件下保存较长时间。

4. 最适反应 pH 值

酶经固定化之后,其最适 pH 值往往会发生一些变化,这一点在使用固定化酶时必须

110

注意。

5. 最适反应温度

大多数酶固定化后,其最适温度随之提高。如 CM-纤维素共价结合的胰蛋白酶最适温度较天然酶高 5～15 ℃,但也有少数酶固定化后最适温度不变,甚至降低,如多孔玻璃共价结合的葡萄糖异构酶和亮氨酸氨基肽酶的最适温度与游离酶一样。

6. 动力学常数:K_m 值(米氏常数)与 v_m(最大反应速度)

天然酶固定化后,其 K_m 值均发生变化,多数情况下增大,少数情况下不变或变小。

大多数天然酶固定化后其最大反应速度(v_m)与天然酶相同或接近。但也有因固定化方法不同而有差异者。如多孔玻璃共价结合的转化酶,其 v_m 与天然酶相同,但用聚丙烯酰胺包埋的转化酶,其 v_m 较天然酶小 10%。

鉴于酶固定化后,其 K_m 和 v_m 数值都会发生变化,所以在应用之前,对它们进行测定是很有必要的。

7. 底物特异性

对于那些作用于小分子底物的酶,固定化前后的底物特异性没有明显变化。例如:氨基酰化酶、葡萄糖氧化酶、葡萄糖异构酶等,固定化酶的底物特异性与游离酶的底物特异性相同。而对于那些可作用于大分子底物,又可作用于小分子底物的酶而言,固定化酶的底物特异性往往会发生变化。例如:胰蛋白酶既可作用于高分子的蛋白质,又可作用于低分子的二肽或多肽,固定在羧甲基纤维素上的胰蛋白酶,对二肽或多肽的作用保持不变,而对酪蛋白的作用仅为游离酶的 3% 左右。

5.5 酶反应器

酶反应器是利用游离酶或固定化酶将底物转化为产物的装置。酶反应器根据使用对象的不同可分两种类型:一种是应用游离酶进行反应的设备,称为均相酶反应器(也叫游离酶反应器);另一种是应用固定化酶进行反应的设备,称为非均相酶反应器(也叫固定化酶反应器)。

5.5.1 酶反应器的基本类型

酶反应器的基本类型如图 5-8 所示。

1. 间歇式酶反应器

间歇式酶反应器由容器、搅拌器及恒温装置等组成。酶的底物一次性加入反应器,产物一次性取出,底物和产物的浓度随时间的变化而变化。反应完成后,将固定化酶滤出,再转入下一批反应。间歇式酶反应器很少用于固定化酶,常用于游离酶。

2. 连续式搅拌罐

连续式搅拌罐的作用机理是向反应器中投入固定化酶和底物溶液,不断搅拌,反应达到平衡之后,再以恒定的流速补充新鲜底物溶液,以相同流速输出反应液。反应基本属于稳态过程,反应器内各部位的物质组成不随时间而变化。该反应器具有与间歇式酶反应器相同的优点。为了提高反应效率,可以把几个搅拌罐串联起来组成串联酶反应器。

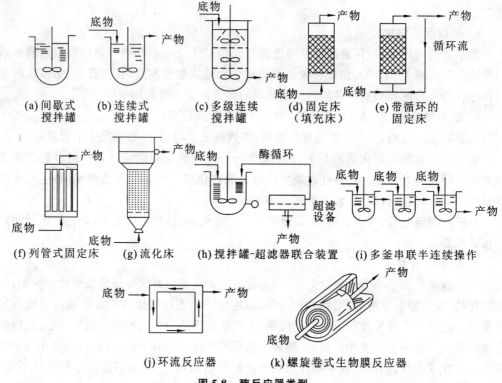

图 5-8   酶反应器类型

3. 固定床反应器

固定床反应器又称填充床反应器,是将固定化酶填充于反应器内,制成稳定的床柱,然后通入底物溶液,在一定反应条件下实现酶的催化反应,最后以一定的流速收集输出的转化液(含产物)。该设备的优点是:可使用高浓度的生物催化剂,反应效率较高;由于产物不断流出,可以减少产物对酶的抑制作用;效率高、易操作、结构简单,适用于大规模的工业生产。缺点是:传质系数和传热系数较低;由于床内压降相当大,底物溶液必须在加压下才能流入床柱内;更换固定化床比较麻烦;当底物溶液含固体颗粒或黏度很大时,易堵塞床柱。该设备适用于各种形状的固定化酶和不含固体颗粒、黏度不大的底物溶液,以及存在底物抑制的催化反应。

4. 流化床反应器

流化床反应器是一种装有较小颗粒的垂直塔式反应器。其特点是底物以较大的流速,从反应器底部向上流过固定化酶床柱,从而使固定化酶颗粒始终处于流化状态并进行反应,此时的固定化颗粒和流体可以看作均匀混合的流体。该设备的优点是:反应液混合比较充分,传质传热效果良好;温度和 pH 值调控、气体供给均方便易行。床柱不易堵塞,可以处理粉末状底物或黏度大的底物溶液,也可以处理细颗粒化底物,压降较小。缺点是:它需要较高的流速才能维持粒子的充分流态化,而且放大较困难,不适用于有产物抑制的酶反应,流化床的空隙体积大,使酶浓度不高;底物溶液高速流动,使固定化酶冲出反应器外,会降低产物的转化率。为了避免固定化酶冲出,提高产物转化率,可以采用以下方法:①使底物溶液进行循环来提高产物转化率;②使用锥形流化床;③将几个流化床串连成反应器组。目前,流化床反应器主要用来处理黏度高的液体和颗粒细小的底物,比如用于水解牛乳中的蛋白质。

5. 循环反应器

这种反应器的工作原理是让部分反应液流出,与新加入的底物液混合,再进入反应床进行循环。该设备的特点是可以提高液体的流速和减少底物向固定化酶表面传递的阻力,可以达到较高的转化率。当反应底物是不溶性物质时,可以采用此反应器。

6. 膜反应器

膜反应器是利用膜的分离功能,同时完成反应和分离过程的设备。这是一类仅适合于生化反应的反应器,该类反应器包括固定化酶膜组装的平板状或螺旋卷型反应器、转盘反应器、空心酶管反应器和中空纤维膜反应器等,其中平板状和螺旋卷型反应器具有压降小、放大容易的优点,但与填充塔相比,反应器内单位体积催化剂的有效面积较小。转盘反应器又可细分为立式和卧式两种,主要用于废水处理装置,其中卧式反应器由于液体的上部接触空气可以吸氧,适用于需氧反应。空心酶管反应器主要由自动分析仪等组装,常用于定量分析。中空纤维膜反应器则是由数根醋酸纤维素制成的中空纤维构成,其内层紧密光滑,具有一定的分子截留作用,可以截留大分子物质,同时又允许小分子物质通过;外层则是多孔的海绵状支持层,酶被固定在海绵支持层中。

5.5.2 固定化酶反应器的设计原理与选择依据

5.5.2.1 固定化酶反应器的设计原理

使产品的质量和产量达到最高,并设法降低生产成本,这是酶反应器设计的基本原则。酶反应器设计的原理及内容包括:提高酶的比活力和浓度;实现更方便的酶反应过程调控;创造更好的无菌控制条件;克服影响速度的限制因素。除此以外,一般表示物料平衡、热量平衡、反应动力学以及流动特性等的各种关系式都可以同时应用于反应器的设计。

表示酶反应器性能的参数常有四种:①生产力,它指的是每小时每升反应器所生产的产品质量(g);②产品转化率,它指的是每克底物中有多少克转化成产物;③酶的催化率,它指的是每克酶所能生产的产品质量(g);④产物浓度和底物停留时间,产物浓度是影响产物回收成本的关键因素,降低流速或者增加酶浓度可以提高产物浓度,其次,降低底物在反应器内停留的时间可以提高反应器的生产能力。

5.5.2.2 酶反应器的选择依据

在实际应用中,必须根据具体情况来选择合适的反应器。选择反应器时,可以考虑以下因素。

(1)根据固定化酶的形状来选择 溶液酶由于回收困难,一般只适用于间歇式搅拌罐反应器。带有超滤器的连续流动搅拌罐反应器虽然可以解决反复使用的问题,但是常因超滤膜吸附和浓差极化而造成酶的损失,高流速的超滤还可能因为剪切力大而造成酶的失活。颗粒状和片状的固定化酶对连续流动搅拌罐反应器和填充床反应器都可适用,

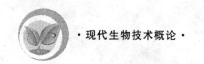

但膜状和纤维状的固定化酶仅适用于填充床反应器。如果固定化酶容易变形、易黏结或颗粒细小，则采用流化床反应器较为适宜。

（2）根据酶反应的动力学特性来选择　选择反应器时，必须考虑酶反应的动力学特性。一般来说，接近平推流特性的填充床反应器在固定化酶反应器中占有主导地位，它适合于产物对酶活性具有抑制作用的反应。填充床反应器和连续流动搅拌罐反应器相比，总效率前者要优于后者，特别是当产物对反应有抑制作用时，填充床反应器的优越性就更加突出。若底物表现出对酶的活性有抑制作用，连续流动搅拌罐反应器所受的影响则要比填充床反应器少一些。

（3）根据底物的物理性质来选择　底物的性质一般存在三种情况：溶解性物质（包括乳浊液）、颗粒状物质与胶状物质。溶解性或浊液性底物对任何类型的反应器都适用；颗粒状和胶状底物往往会堵塞填充床，使用时需要采用高流速搅拌的连续流动搅拌罐反应器、流化床反应器和循环反应器以减少底物颗粒的集结、沉积和堵塞，使底物保持悬浮状态。但是如果搅拌速度过高，又会使固定化酶从载体上被剪切下来，所以搅拌速度不能太高。

（4）根据外界环境对酶的稳定性的影响来选择　在反应器的运转过程中，由于在高速搅拌时受到高速液流的冲击，常常会使固定化酶从载体上脱落下来，或由于磨损引起粒度的减小而影响固定化酶的操作稳定性，其中以连续流动搅拌罐反应器最为严重。为解决这一问题而改进设计的反应器，是把酶直接黏接在搅拌轴上，或者把固定化酶放置在与轴相连的金属网篮内。这些措施均可使酶免遭剪切，减少了外界环境对酶的稳定性的不利影响。

（5）根据操作要求及设备费用来选择　有些酶反应需要不断调整 pH 值，有的需供氧，有的需补充反应物或补充酶。所有这些操作，在连续流动搅拌罐反应器中无须中断而连续进行，但在其他反应器中则比较困难，需要通过特殊设计来解决。

间歇式搅拌罐反应器和连续流动搅拌罐反应器的共同特点是：结构简单、操作方便、适用面广（可用于黏性或不溶性底物的转化加工），在底物表现抑制作用时可获得较高的转化产率，在产物表现出抑制作用时底物的转化率就会降低。间歇式搅拌罐反应器可用于溶液酶的催化反应，它的操作也比连续流动搅拌罐反应器更为简便。

填充床反应器最突出的优越性在于它有较高的转化效率。填充床反应器的缺点是用小颗粒固定化酶时，可能产生压密现象；如果底物是不溶性的或者黏性的，那么这类反应器将不适用。

流化床反应器的优点是物质交换与热交换特性较好，不易引起堵塞，可用于不溶性或黏性底物的转化，压降低。但是它消耗动力大，不易直接模仿放大。

如果从反应器的价格上来选择，连续流动搅拌罐反应器相对比较便宜，它不但结构简单，操作性能好，而且适应性强。此外，还应考虑固定化酶本身的费用以及在各种反应器中的稳定性。

 ## 5.6　生物传感器

生物传感器（biosensor）是对生物物质敏感并将其浓度转换为电信号进行检测的仪

器。它是由固定化的生物敏感材料作识别元件(包括酶、抗体、抗原、微生物、细胞、组织、核酸等生物活性物质)与适当的理化换能结构器(如氧电极、光敏管、场效应管、压电晶体等)及信号放大装置构成的分析工具或系统。生物传感器具有接收器与转换器的功能。

生物传感器是发展生物技术必不可少的一种先进的检测方法与监控方法,也是物质分子水平的快速、微量分析方法。因其具有选择性好、灵敏度高、分析速度快、成本低、在复杂的体系中能进行在线连续监测,特别是高度自动化、微型化与集成化的特点,在近几十年获得蓬勃而迅速的发展。生物传感器的研究开发已成为世界科技发展的新热点,成为 21 世纪新兴的高科技产业的重要组成部分,具有重要的战略意义。

5.6.1 生物传感器的原理及结构

生物传感器是用生物活性物质作敏感器件,配以适当的换能器所构成的分析工具(或分析系统)。它的工作原理如图 5-9 表示,待测物质经扩散作用进入固定化生物敏感膜层,经分子识别,发生生物化学反应,产生的信息继而被相应的化学或物理换能器转化为可定量和可处理的电信号,再经仪表的放大和输出,便可知道待测物的浓度。

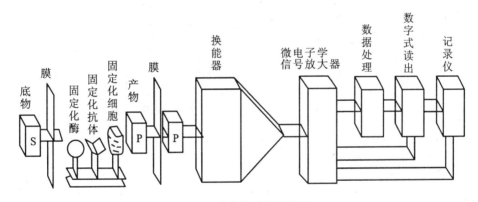

图 5-9 生物传感器原理图

生物敏感膜又称分子识别元件,是生物传感器的关键元件。它是由对待测物质(底物)具有高选择性分子识别能力的膜构成的,因此直接决定了传感器的功能和质量。例如葡萄糖氧化酶可作为生物敏感膜的材料。生物敏感膜根据所选的材料不同,可以是酶膜、免疫功能膜、全细胞膜、细胞器膜和组织膜等,各种膜所对应的生物活性材料见表 5-7。

表 5-7 生物传感器的分子识别元件

分子识别元件	生物活性材料
酶膜	各种酶类
全细胞膜	细菌、真菌、动植物细胞
组织膜	动植物组织切片
细胞器膜	线粒体、叶绿体等细胞器
免疫功能膜	抗体、抗原,酶标抗原、抗体等

在生物传感器内,生物活性材料是固定在换能器上的,为了将分子或器官固定化,已经发展出各种技术。常用的方法有六种:夹心法、包埋法、吸附法、共价结合法、交联法和微胶囊法。但无论使用何种方法,都应尽可能不破坏生物材料的活性维持3～4周或50～200次测定;以化学方式结合的酶,其活性能提高到1 000次测定。

生物化学反应过程中产生的信息是多元化的,它可以是化学物质的消耗或产生,也可以是光和热的产生,因而对应的换能器的种类也是多样的(表5-8)。目前生物传感器中研究得最多的是电化学生物传感器,在这类传感器中,换能器主要有电流型和电位型两类。例如尿素传感器属电位型传感器,它的分子识别元件是含有尿素酶的膜,而换能器是电位型平面pH电极。酶膜是紧贴在电极表面的氨透膜上的,当尿素在感应器内遇到尿素酶时,尿素立即被分解成氨。这种新生成的氨透过氨透膜至达pH电极的表面,使pH值上升,从pH值上升的程度可以求出尿素的浓度。

表5-8 生物化学反应信息和换能器的选择

生物化学反应信息	换能器的选择
离子变化	电流型或电位型的离子选择电极、阻抗计
质子变化	离子选择电极、场效应晶体管
气体分压变化	气敏电极、场效应晶体管
热效应	热敏元件
光效应	光纤、光敏管、荧光计
色效应	光纤、光敏管
质量变化	压电效应
电荷密度变化	阻抗计、导纳、场效应晶体管
溶液密度变化	表面离子共振

5.6.2 生物传感器的特点

生物传感器具有以下特点:

(1)采用固定化生物活性物质作催化剂,价值昂贵的试剂可以多次重复使用,克服了过去酶法分析试剂费用高和化学分析烦琐复杂的缺点;

(2)专一性强,只对特定的底物起反应,而且不受颜色、浊度的影响;

(3)分析速度快,可以在短时间内得到结果;

(4)准确度高,相对误差小;

(5)操作系统比较简单,容易实现自动化分析;

(6)成本低,尤其在连续使用时;

(7)有的生物传感器能够可靠地指示微生物培养系统内的供氧状况和副产物的产生。

5.6.3 生物传感器的分类

生物传感器主要有三种分类方式。

（1）根据生物传感器中分子识别元件即敏感元件可分为五类：酶传感器、微生物传感器、细胞传感器、组织传感器和免疫传感器。显而易见，所应用的敏感材料依次为酶、微生物个体、细胞器、动植物组织、抗原和抗体。

（2）根据生物传感器的换能器即信号转换器，可分为生物电极传感器、半导体生物传感器、光生物传感器、热生物传感器和压电晶体生物传感器等，换能器依次为电化学电极、半导体、光电转换器、热敏电阻、压电晶体等。

（3）按照生物敏感物质相互作用的类型，可分为生物亲和型传感器和代谢型传感器两种。

5.6.4 几种常见的生物传感器及其特点

1. 酶传感器

酶传感器是利用酶的催化作用，在常温下将糖类、醇类、有机酸、氨基酸等生物分子氧化或分解，然后通过换能器将反应过程中化学物质的变化转变为电信号记录下来，进而推导出相应的生物分子的浓度。因此，酶传感器是间接型传感器，它不是直接测定物质，而是通过对反应有关物质的浓度测定来推断底物的浓度。目前国际上已研制成功的酶传感器有 20 余种，其中最为成熟的传感器是葡萄糖氧化酶传感器。

2. 微生物传感器

微生物传感器是应用细胞固定化技术，将各种微生物固定在膜上的生物传感器。它主要可分为两大类：一类是利用微生物的呼吸作用，另一类是利用微生物内所含的酶。已研制出可以测定葡萄糖、乙醇、氨、谷氨酸、生化耗氧量等的微生物传感器。

3. 组织传感器

组织传感器是利用动植物组织中多酶系统的催化作用来识别分子的。由于所用的酶存在于天然组织内，无须进行人工提取纯化，因而较为稳定，制备成的传感器寿命较长。例如可将猪肾组织切片覆盖在氨敏电极上制成可测定谷氨酰胺酶的传感器。至今已研制出利用猪肝、兔肝、鼠脑、鼠肠、鸡肾、鱼肝、大豆、土豆、生姜等动植物组织的各类传感器。

4. 免疫传感器

免疫传感器是利用抗体与抗原之间的高特异性而研制的。目前已有几种免疫传感器获得了初步的成功。绒毛促性腺激素（HCG）传感器便是其中的一种，HCG 是鉴定怀孕与否的主要化合物。其传感器的制备是将 HCG 抗体固定在二氧化钛电极的表面制成工作电极，通过它与固定尿素的参比电极之间形成一定的电位差，当电解液中加入 HCG 时，工作电极的电位立即发生变化，从电位变化即可求出 HCG 浓度。

5. 场效应晶体管（FET）生物传感器

场效应晶体管生物传感器是将生物技术与晶体管工艺相结合的第三代生物传感器。它具有所需酶或抗体量小的优点，但由于器体的成品率很低，目前实际应用不多。现以青霉素传感器为例来说明其工作原理。将青霉素酶固定在场效应管的栅极上，当遇到青霉素时,产生水解反应生成青霉素噻唑酸,这是一种比较强的酸,因此 pH 值下降,并在仪表上显示出来,从而可以求出青霉素的浓度。

5.6.5 生物传感器在各领域的应用

1. 食品工业

生物传感器在食品分析中的应用包括食品成分、食品添加剂、有害毒物及食品鲜度等的测定分析。

(1) 食品成分的分析 已开发的酶电极型生物传感器可用来分析白酒、苹果汁、果酱和蜂蜜中的葡萄糖。其他糖类,如果糖、啤酒、麦芽汁中的麦芽糖,也有成熟的测定传感器。

(2) 食品添加剂的分析 亚硫酸盐通常用作食品工业的漂白剂和防腐剂,采用亚硫酸盐氧化酶为敏感材料制成的电流型二氧化硫酶电极可用于测定食品中的亚硫酸盐含量。又如饮料、布丁等食品中的甜味素,Guibault 等采用天冬氨酶结合氨电极测定。

(3) 农药残留量的分析 Yamazaki 等人发明了一种使用人造酶测定有机磷杀虫剂的电流式生物传感器。Albareda 等用戊二醛交联法将乙酰胆碱酯酶固定在铜丝碳糊电极表面,制成一种可检测对氧磷和克百威的生物传感器,可用于直接检测自来水和果汁样品中两种农药的残留。

(4) 微生物和毒素的检验 Kramerr 等人研究的光纤生物传感器可以检测出食物中的病原体(如大肠杆菌 0157. H7.)。还有一种快速灵敏的免疫生物传感器,可以用于测量牛奶中双氢除虫菌素的残余物。

2. 环境监测

目前,已有相当部分的生物传感器应用于环境监测中。

(1) 水环境监测 生化需氧量(BOD)是一种广泛采用的表示有机污染程度的综合性指标。SiyaWakin 等人利用毛孢子菌(*Trichosporon cutaneum*)和芽孢杆菌(*Bacillus licheniformis*)制作微生物 BOD 传感器。该 BOD 生物传感器能同时精确测量葡萄糖和谷氨酸的浓度。此外,据报道,Han 等人将假单胞菌固定在离子电极上,实时监测工业废水中三氯乙烯。

(2) 大气环境监测 二氧化硫(SO_2)是酸雨、酸雾形成的主要原因。Martyr 等人将亚细胞类脂类(含亚硫酸盐氧化酶的肝微粒体)固定在醋酸纤维膜上,和氧电极制成电流式生物传感器,对 SO_2 形成的酸雨、酸雾样品溶液进行检测,10 min 即可以得到稳定的测试结果。

3. 发酵工业

(1) 原材料及代谢产物的测定 微生物传感器可用于测量发酵工业中的原材料(如糖蜜、乙酸等)和代谢产物(如头孢霉素、谷氨酸、甲酸、醇类、乳酸等)。

(2) 微生物细胞数目的测定 在阳极表面上,菌体可以直接被氧化并产生电流。这种电化学系统可以应用于细胞数目的测定。测定结果与常规的细胞计数法测定的数值相近。利用这种电化学微生物细胞数传感器可以实现菌体浓度连续、在线的测定。

4. 医学

1) 临床医学

在临床医学中,酶电极是最早研制且应用最多的一种传感器,利用具有不同生物特性的微生物代替酶,可制成微生物传感器,在临床中应用的微生物传感器有葡萄糖、乙醇、胆固醇等传感器。若选择适宜的含某种酶较多的组织来代替相应的酶制成传感器,称为生物电极传感器。如用猪肾、兔肝、牛肝、甜菜、南瓜和黄瓜叶制成的传感器,可分别用于检测谷酰胺、鸟嘌呤、过氧化氢、酪氨酸、维生素 C 和胱氨酸等。

DNA 传感器是目前生物传感器中报道最多的一种,用于临床疾病诊断是 DNA 传感器的最大优势,它可以帮助医生从 DNA、RNA、蛋白质及其相互作用的层次上了解疾病的发生、发展过程,有助于对疾病的及时诊断和治疗。此外,进行药物检测也是 DNA 传感器的一大亮点。Brabec 等人利用 DNA 传感器研究了常用铂类抗癌药物的作用机理,并测定了血液中该类药物的浓度。

2) 军事医学

军事医学中,对生物毒素的及时快速检测是防御生物武器的有效措施。生物传感器已应用于监测多种细菌、病毒及其毒素,如炭疽芽孢杆菌、鼠疫耶尔森菌、埃博拉出血热病毒、肉毒杆菌类毒素等。

2000 年,美军报道已研制出可检测葡萄球菌肠毒素 B、蓖麻素、土拉弗氏菌和肉毒杆菌四种生物战剂的免疫传感器。Song 等人制成了检测霍乱病毒的生物传感器。该生物传感器能在 30 min 内检测出低于 1×10^{-5} mol/L 的霍乱毒素,而且有较高的敏感性和选择性,操作简单。该方法能够用于具有多个信号识别位点的蛋白质毒素和病原体的检测。

此外,在法医学中,生物传感器还可用作 DNA 鉴定和亲子认证等。

5.6.6 生物传感器的发展前景

近年来,随着生物科学、信息科学和材料科学发展成果的推动,生物传感器技术飞速发展。但是,目前生物传感器的广泛应用仍面临着一些困难。今后一段时间里,生物传感器的研究工作将主要针对以下方面进行:选择活性强、选择性高的生物传感元件;提高信号检测器的使用寿命;提高信号转换器的使用寿命;增强生物响应的稳定性,实现生物传感器的微型化、便携式等。可以预见,未来的生物传感器将具有以下特点。

1. 功能多样化

未来的生物传感器将进一步涉及医疗保健、疾病诊断、食品检测、环境监测、发酵工业等领域。目前,生物传感器研究中的重要内容之一就是研究能代替生物视觉、嗅觉、味觉、听觉和触觉等感觉器官的生物传感器,这就是仿生传感器,也称为以生物系统为模型的生物传感器。

2. 微型化

随着微加工技术和纳米技术的进步,生物传感器将不断微型化,各种便携式生物传感器的出现使人们在家中进行疾病诊断,在市场上直接检测食品成为可能。

3. 智能化与集成化

未来的生物传感器必定与计算机紧密结合,自动采集数据、处理数据,更科学、更准确地提供结果,实现采样、进样、结果"一条龙",形成检测的自动化系统。同时,芯片技术将进入传感器,实现检测系统的集成化、一体化。

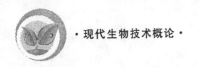
4. 低成本、高灵敏度、高稳定性、高寿命

生物传感器技术的不断进步，必然要求不断降低产品成本，提高灵敏度、稳定性和寿命。这些特性的改善也会加速生物传感器市场化、商品化的进程。在不久的将来，生物传感器会给人们的生活带来巨大的变化，因它具有广阔的应用前景，必将在市场上大放异彩。

 ## 5.7 酶的应用

5.7.1 酶在食品工业中的应用

1. 改进啤酒工艺，提高啤酒质量

(1) 固定化酶用于啤酒澄清　啤酒中含有多肽和多酚物质，在长期放置过程中，会发生聚合反应，使啤酒变混浊。在啤酒中添加木瓜蛋白酶等蛋白酶，可以水解其中的蛋白质和多肽，防止出现混浊。但是，如果水解作用过度，会影响啤酒泡沫的保持性。研究用固定化木瓜蛋白酶来处理啤酒，既可克服蛋白酶的这一缺陷，又可防止啤酒的混浊。经处理后的啤酒在风味上与传统啤酒无明显差异。

(2) β-葡聚糖酶提高啤酒的泡持性　啤酒原料大麦中含有一种被称为β-葡聚糖的黏性多糖，适量的β-葡聚糖是构成啤酒酒体和泡沫的重要成分，但过多的β-葡聚糖会使麦芽汁难以过滤，延长过滤时间，降低出汁率，易使麦芽汁混浊。在发酵阶段，过量的β-葡聚糖影响发酵的正常进行。如果成品啤酒中β-葡聚糖含量超标，容易形成雾状或凝胶沉淀，严重影响产品质量。在生产中添加β-葡聚糖酶来降低β-葡聚糖含量，保障糖化和发酵的正常进行，提高啤酒的泡持性和稳定性。

2. 改进果汁生产工艺

(1) 用于果汁提取　苹果因果肉柔软难以压出果汁，但添加果胶裂解酶(PL)能大大促进果汁的提取。也可以与不溶性聚乙烯吡咯烷酮配合使用，酶处理温度可降低到40℃，可多产果汁12%～28%。还可以把纤维素酶与果胶酶结合使用，使果肉全部液化，用于生产苹果汁、胡萝卜汁和杏仁乳，产率高达85%，而且简化了生产工艺，节省了昂贵的果肉压榨设备，使生产效率大大提高。

(2) 用于果汁澄清　新压榨出来的果汁不仅黏度大，而且混浊。加果胶酶澄清处理后，黏度迅速下降，混浊颗粒迅速凝聚，使果汁得以快速澄清、易于过滤。但对于橘汁，由于要使之保持雾状混浊，所以应使用不含果胶酶的内切多聚半乳糖醛酸酶制剂进行澄清处理。

3. 提高食品保鲜效果

(1) 利用葡萄糖氧化酶保鲜　在食品运输、储存过程中，氧的存在容易引发色、香、味的改变。葡萄糖氧化酶可有效防止氧化的发生，对于已经部分氧化变质的食品也可阻止其进一步氧化。葡萄糖氧化酶可直接加入啤酒及果汁、果酒和水果罐头中，不仅起到防止食品氧化变质的作用，还可有效防止罐装容器的氧化腐蚀。含有葡萄糖氧化酶的吸氧保鲜袋也已在生产中得到了广泛应用。

(2) 利用溶菌酶保鲜　用一定浓度的溶菌酶溶液进行喷洒，即可对水产品起到防腐保鲜的效果。在干酪、鲜奶或奶粉中，加入一定量的溶菌酶，可防止微生物污染，保证产品质量,延长储藏时间。溶菌酶可替代水杨酸防止清酒等低浓度酒中各种菌的生长,起到良好的防腐效果。在香肠、奶油、生面条等其他食品中,加入溶菌酶也可起到良好的保鲜作用。

4. 用于肉类加工

转谷酰胺酶可催化蛋白质分子中谷氨酸残基上 γ-酰胺基和各种伯胺间的转酰基反应,当蛋白质中赖氨酸残基的 ε-氨基作为酰基受体时,可在分子间形成 ε-(γ-Gln)Lys 共价键而交联,从而增加蛋白质之凝胶强度,改善蛋白质结构和功能性质,利用此作用,可将低值碎肉重组,改善鱼、肉制品外观和口感,减少损耗,从而提高经济效益。还可将 Lys 等必需氨基酸导入缺乏此氨基酸的蛋白质而改善其营养价值。

5. 用于功能性食品研发

1990 年以来,以双歧杆菌、乳酸菌为主的益生菌和以低聚果糖、异麦芽糖、低聚半乳糖为首的益生原作为新一代保健食品在世界各国广泛流行。功能性低聚糖是指那些人体不消化或难消化吸收的低聚糖,摄取后进入大肠,选择性地被人体自身的有益菌(双歧杆菌等)所优先利用,使体内双歧杆菌成倍地增殖而促进宿主的健康,故也称为双歧因子。这些低聚糖也不能被龋齿病原菌(突变链球菌)所利用,食之不会引起蛀牙。每天摄取 3～10 g 功能性低聚糖,可改善胃肠功能,防止便秘和轻度腹泻,减少肠内毒素生成和吸收,提高机体免疫功能。

又有研究发现蛋白酶水解蛋白质生成的肽类,其吸收性比蛋白质或氨基酸更好,因此可作为输液用液、运动员食品、保健食品等。

5.7.2 在制药工业中的应用

目前,酶工程技术已成为新药开发和改造传统制药工艺的主要手段,利用酶工程转化生产的药物已近百种。酶工程技术在制药工业中的应用主要体现在抗生素类、氨基酸类、有机酸类、维生素类、甾体类、核苷酸类药物的生产中,其应用主要有以下几个方面。

1. 在抗生素类药物生产中的应用

在抗生素类药物生产中,酶工程可以生产 6-氨基青霉烷酸(6-APA)(青霉素酰化酶)、7-烷基头孢烷酸(7-ACA)(头孢菌素酰化酶)、头孢菌素Ⅳ(头孢菌素酰化酶)、7-氨基脱乙酰氧头孢烷酸(7-ADCA)(青霉素 V 酰化酶)、脱乙酰头孢菌素(头孢菌素乙酸酯酶)等抗生素类药物。近年来,酶工程在抗生素生产上的研究主要有固定化产黄青霉(青霉素合成酶系)细胞生产青霉素和合成青霉素及头孢菌素前体物的最新工艺研究等。

2. 在有机酸类药物生产中的应用

在有机酸类药物生产中,酶工程可以生产 L-苹果酸(延胡索酸酶)、L-(+)-酒石酸(环氧琥珀酸水解酶)、乳酸(乳酸合成酶系或腈水解酶)、葡萄糖酸(葡萄糖氧化酶和过氧化酶)、长链二羧酸(加氧酶和脱氢酶)、衣康酸(复合酶系)等有机酸类药物。

3. 酶工程在氨基酸类药物生产中的应用

酶工程在氨基酸类药物生产中的应用主要体现在可以生产 L-酪氨酸及 L-多巴(β-酪氨酸酶)、L-赖氨酸(二氨基庚二酸脱羧酶)、鸟氨酸(L-组氨酸氨解酶)、L-天冬氨酸(天冬氨酸合成酶)、L-丙氨酸(L 天冬氨酸-β-脱羧酶)、L-苯丙氨酸(L-苯丙氨酸氨解酶或苯丙氨酸转氨酶)、L-谷氨酸(L-谷氨酸合成酶)、L-色氨酸(色氨酸合成酶)、L-丝氨酸(转甲基

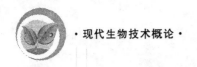

酶)、谷氨酰胺(谷氨酰胺合成酶)、谷胱甘肽(复合酶系)等氨基酸类药物。

4. 在核苷酸类药物生产中的应用

应用酶工程可以生产的核苷酸类药物主要有 5-核苷酸(5′-磷酸二酯酶)、ATP(氨甲酰磷酸激酶)、AMP(激酶加乙酸激酶)、CDP 胆碱(复合酶系)、肌苷酸(腺苷脱氨酶)、NAD(焦磷酸化酶)等。

5. 在维生素类药物生产中的应用

应用酶工程可以生产的维生素类药物主要有 2-酮基-L-古龙糖酸(山梨糖脱氢酶和 L-山梨糖醛氧化酶或 2,5-DKG 还原酶)、CoA(CoA 合成酶系)、肌醇(肌醇合成酶)、L-肉毒碱(胆碱酯酶)等。另外,由葡萄糖和山梨醇生产维生素和丙烯酰胺的方法也采用酶工程技术来进行。

酶工程作为生物工程的重要组成部分,其主要研究成果在制药工业中的应用是有目共睹的,其发挥的作用是世人公认的。随着基因组学和蛋白质组学等相关学科的发展,如何借助 DNA 重组和细胞、噬菌体表面展示技术进行特殊用途的新酶开发,如何采用固定化、分子修饰和非水相催化等技术来充分发挥酶的催化功能、扩大酶的应用范围、提高酶的应用效率,是酶工程制药发展的主要方向。

5.7.3 在疾病治疗方面的应用

酶可以作为药物治疗各种各样的疾病,而且具有疗效显著、副作用小的特点。

(1) 蛋白酶 蛋白酶是催化肽键水解的一类酶,它为临床上使用最早、用途最广的药用酶之一。主要作用为:①消化剂;②消炎剂。

(2) 超氧化物歧化酶(SOD) 它具有抗辐射作用,对红斑狼疮、皮肌炎、结肠炎等疾病有显著疗效。并且不管用什么给药方法,无任何明显的副作用,也不会产生抗原性,是一种多功能、低毒性的药用酶。

(3) 溶菌酶 溶菌酶能够起到一定抗菌、消炎、镇痛的作用,而对人体副作用很小。它与抗生素联合使用,可以显著提高抗生素的治疗效果。

酶除了能用于疾病治疗以外,现在在疾病诊断方面也应用广泛,见表5-9。

表 5-9 酶在疾病诊断方面的应用

酶	疾病与酶活力变化
淀粉酶	患胰脏疾病、肾脏疾病时,活力升高;患肝病时,活力下降
胆碱酯酶	患肝病时,活力下降
酸性磷酸酶	患前列腺病、肝病、红细胞病变时,活力升高
碱性磷酸酶	患佝偻病、软骨化病、甲状旁腺功能亢进症时,活力升高
谷丙转氨酶	患肝炎等肝病、心肌梗死时,活力升高
胃蛋白酶	患胃癌时,活力升高;患十二指肠溃疡时,活力下降
醛缩酶	患癌症、肝病、心肌梗死时,活力升高
碳酸酐酶	患坏血病、贫血时,活力升高
乳酸脱氢酶	患癌症、肝病、心肌梗死时,活力升高

5.7.4 在发酵工业中的应用

在发酵工业中,纤维素酶有很高的应用价值。目前,其应用研究主要在酱油酿造和制酒工业。

(1)酱油酿造 纤维素酶用于酱油酿造,可以改善酱油质量,缩短生产周期,提高产量。如在大豆粉中加入纤维素酶和半纤维素酶进行前处理,再以稀盐酸水解,可减少残余的糖类和提高氮的溶出率,还可提高酱油浓度,从而使酱色用量减少。另外,采用纤维素酶和黄曲菌混合制曲,可提高酱油的氨基酸、全氮、无盐固形物含量和出油率。

(2)制酒工业 纤维素酶可提高酒精和白酒的出酒率,特别是对野生淀粉质原料进行发酵时需要纤维素酶和其他各种酶类,以提高淀粉利用率,并可降低醪液的黏度。

(3)纤维废渣的转化应用 应用纤维素酶或微生物把农副产物和城市废料中的纤维素转化成葡萄糖、乙醇和单细胞蛋白等,这对于开辟食品工业原料来源、提供新能源和变废为宝具有十分重要的意义。

5.7.5 酶在纺织工业中的应用

生丝织物必须脱胶,去除外层丝胶,才能具有柔软的手感和特有的丝鸣现象。用植物蛋白酶如菠萝蛋白酶、木瓜蛋白酶以及黑曲霉酸性蛋白酶等处理羊毛,能使染色在低温下进行。其上色率同老工艺相当或略高,而毛纱强度显著提高。

5.7.6 酶在日用化工和制革工业中的应用

酶也常用于加酶洗涤剂、牙膏和化妆品中。冷霜等化妆品添加蛋白酶,可溶解皮屑,使皮肤柔软,促进新陈代谢,增加皮肤对药物的吸收。毛皮软化是制革中的重要工序,用蛋白酶将皮革纤维间质中的蛋白质和黏多糖溶解掉,可以使皮变得柔软轻松、透气性好。

5.7.7 酶在细胞工程、基因工程领域中的应用

酶在细胞工程、基因工程领域中更是扮演着重要的角色。

在细胞工程领域常用酶法破除细胞壁。例如:用黑曲霉、无根根霉等霉菌产生的果胶酶和木霉等产生的纤维素酶能进行植物细胞壁的破除;用蛋清或微生物产生的溶菌酶能进行细菌细胞壁的破除;用藤黄节杆菌等产生的葡聚糖酶和蛋白酶等可进行酵母细胞壁的破除;用细菌的葡聚糖酶和壳多糖酶可进行曲霉、青霉等霉菌的细胞壁破除;用芽孢杆菌产生的蛋白酶和链霉菌产生的几丁质酶可进行毛霉、根霉等霉菌的细胞壁破除。

在基因工程领域有用于切割 DNA 的限制性核酸内切酶(300 余种)、核酸外切酶、核酸酶,有用于拼接重组 DNA 的 DNA 连接酶。

5.7.8 用作酶传感器

酶传感器是由固定化酶和电化学装置(电极)配合而成,又称酶电极,是 20 世纪 70 年代后期发展起来的一种技术。

酶传感器由两部分组成:一部分是能与某种化合物进行特异反应的酶;另一部分是能

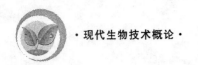

控制化合物电荷变化的电极。例如,把葡萄糖氧化酶固定在能透过过氧化氢的薄膜上,酶与溶液中底物(待测)的葡萄糖接触后,反应所产生的过氧化氢通过薄膜到达铂电极(阴极),过氧化氢分解而转变为电信号,产生电流。此电流与底物浓度成正比,电极应答时间为十几秒,可测定 100~500 mg/L 的浓度。

　　酶传感器可以安装在发酵罐内进行直接、连续、动态的监测,即所谓"在线测量",具有快速、敏感、在线、连续和动态等优点。

 复习思考题

1. 酶在工业中有哪些作用? 举例说明。
2. 什么叫做生物传感器? 生物传感器的工作原理是什么?
3. 酶反应器的基本类型有哪些? 各有何特点?
4. 产酶细胞应该具备什么条件? 常用的产酶微生物有哪些?
5. 简述提高酶产量的方法。
6. 什么叫固定化酶? 固定化酶有哪些优缺点?
7. 酶的固定化方法有哪些?
8. 对酶分子进行修饰的目的是什么? 方法都有哪些?

第 6 章

蛋白质工程

 **学习目标**

　　了解蛋白质的结构和功能、蛋白质工程的应用和蛋白质组学的研究内容和发展情况；基本掌握蛋白质工程的概念、研究内容和方法。

　　蛋白质工程是在生物化学、分子生物学、分子遗传学等学科基础上，融合了蛋白质晶体学、蛋白质动力学、基因工程技术以及计算机辅助技术等手段的新兴研究学科，是以蛋白质结构和功能为基础的，通过基因修饰或基因合成而改造现存蛋白质或组建新型蛋白质的现代生物技术，是基因工程的深化和发展，因此又被称为"第二代基因工程"。随着人类基因组计划的完成和后基因组时代的到来，2001 年国际人类蛋白质组组织宣告成立，并正式提出启动两项重大国际合作项目：一项是由中国科学家领头执行的"人类肝脏蛋白质组计划"；另一项是由美国科学家带头执行的"人类血浆蛋白质组计划"。人类蛋白质组计划的深入研究将推动蛋白质工程的进一步发展。

　　从广义上来说，蛋白质工程是通过物理、化学、生物和基因重组等技术改造蛋白质或者设计合成具有特定功能的新蛋白质。狭义的蛋白质工程是通过对蛋白质已知结构和功能的了解，借助于计算机辅助设计，利用基因定点诱变等技术，特异性地对蛋白质机构基因进行改造，通过重组技术将改造后的基因克隆到特定的载体上，并使之在宿主中表达，从而获得具有特定生物功能的蛋白质，并深入研究这些蛋白质的结构与功能的关系，所以蛋白质工程包括蛋白质分离纯化，蛋白质结构、功能的分析、设计和预测，通过基因重组或其他手段改造或创造蛋白质。

 ## 6.1　蛋白质结构基础

　　蛋白质作为生命现象的主要体现者，一个真核细胞可以有数千种蛋白质，各有特殊的结构和功能。蛋白质结构的研究很早就受到许多科学家的关注，1952 年丹麦生物化学家 Linderstrom-Lang 第一次提出的蛋白质三级结构概念才使蛋白质结构的研究走上正确的道路。

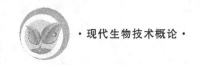

6.1.1　蛋白质的分子组成

蛋白质是一类含氮的有机化合物,元素分析结果证明,蛋白质均含有碳、氢、氧、氮、硫等元素,有些还含有微量的过渡金属元素。

对生物体内蛋白质分析发现,由基因编码的天然蛋白质仅有 20 种氨基酸,除甘氨酸外,蛋白质中的氨基酸均属于 L-α-氨基酸。生物化学中,氨基酸的名称一般使用三字母的简写符号表示,有时也用单字母的符号表示(表 6-1)。

表 6-1　各种氨基酸的简写符号

名　　称	三字母符号	单字母符号	名　　称	三字母符号	单字母符号
丙氨酸	Ala	A	亮氨酸	Leu	L
精氨酸	Arg	R	赖氨酸	Lys	K
天冬酰胺	Asn	N	甲硫氨酸	Met	M
天冬氨酸	Asp	D	苯丙氨酸	Phe	F
半胱氨酸	Cys	C	脯氨酸	Pro	P
谷氨酰胺	Gln	Q	丝氨酸	Ser	S
谷氨酸	Glu	E	苏氨酸	Thr	T
甘氨酸	Gly	G	色氨酸	Trp	W
组氨酸	His	H	酪氨酸	Tyr	Y
异亮氨酸	Ile	I	缬氨酸	Val	V

6.1.2　蛋白质的结构

蛋白质分子是由氨基酸残基首尾相连而成的共价多肽链,但是天然的蛋白质分子并不是随机走向的多肽链,在多肽链卷曲折叠的过程中,会形成不同层次的蛋白质空间结构,最终形成具有生物学功能的稳定构象。

蛋白质的分子结构主要包括以下几个层次:一级结构→二级结构→超二级结构→结构域→三级结构→四级结构。蛋白质一级结构内部不同的氨基酸残基之间可形成氢键等化学键,肽链由此发生卷曲,这就是蛋白质的二级结构。卷曲了的肽链折叠后的立体结构就是三级结构。有一些蛋白质不只一条肽链,这些肽链之间通过氢键、盐键等次级键结合在一起,形成四聚体功能单位,就是四级结构。

6.1.2.1　蛋白质的一级结构

蛋白质的一级结构就是蛋白质多肽链中氨基酸残基的排列顺序,也是蛋白质的最基本结构,是由基因上遗传密码的排列顺序所决定的。一级结构是蛋白质空间构象和特异生物学功能的基础。蛋白质的空间结构和性质是由它的一级结构所决定,即组成它的氨基酸种类和排列顺序是一定的,如果一级结构发生变化,蛋白质的性质也随之变化。

6.1.2.2 蛋白质的二级结构

蛋白质的二级结构是指一级结构内部不同的氨基酸残基间形成的氢键等化学键,使肽链发生卷曲形成的具有周期性结构的构象。

天然蛋白质中主要的二级结构的基本形式有 α-螺旋、β-折叠、β-转角、无规则卷曲等,大多数蛋白质中都包含 α-螺旋、β-折叠两种不同的结构。

1. α-螺旋

α-螺旋是肽链的某段局部盘曲成螺旋形结构,是最常见、最典型、含量最丰富的二级结构元件。典型的 α-螺旋(图 6-1)有如下特征:

(1) 多个肽键平面通过 α-碳原子旋转,相互之间紧密盘曲成稳定的右手螺旋;

(2) 每圈螺旋由 3.6 个氨基酸残基构成,每个残基跨距 0.15 nm,一圈螺旋的螺距为 0.54 nm,残基的侧链伸向外侧,不计侧链在内,螺旋的直径为 0.5 nm;

(3) 从 N 端出发,螺旋上每个氨基酸残基的 C＝O 与后面第 4 个残基中的 N—H 间形成氢键,这是稳定 α-螺旋的主要作用力。

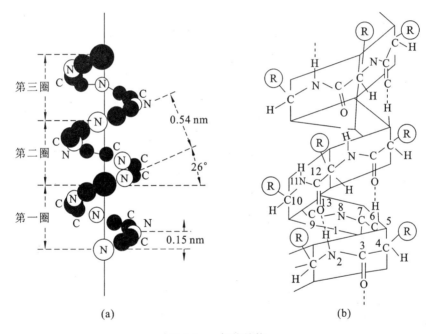

(a)　　　　　　　　　　　(b)

图 6-1　α-螺旋结构

2. β-折叠

两条或多条几乎完全伸展的多肽链(或同一肽链的不同肽段)侧向聚集在一起,相邻肽链主链上的 N—H 和 C＝O 之间形成氢键,这样的多肽构象就是 β-折叠片,分为平行式和反平行式两种类型(图 6-2)。

3. β-转角

β-转角多存在于球状蛋白质内,它指的是多肽链中出现的一种 180° 的转折,通常由 4 个氨基酸残基构成,转角中的第一个残基的 C＝O 与第四个残基的 N—H 氢键键合形成一个紧密的环(图 6-3)。

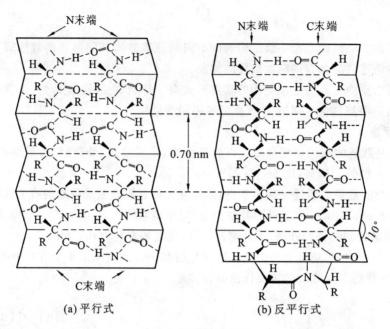

(a) 平行式　　　　(b) 反平行式

图 6-2　β-折叠片结构

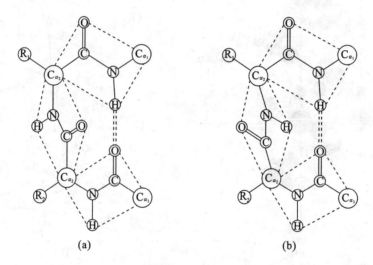

(a)　　　　　　　(b)

图 6-3　β-转角

4. 无规则卷曲

无规则卷曲又称卷曲,是多肽链中除了比较规则的构象外,规则性不强的区段所形成的构象,泛指那些不被归入折叠片层或螺旋的多肽区段。实际上这些区段大多数既不是卷曲,也不是完全无规则,它们也像其他二级结构一样稳定。

6.1.2.3　蛋白质的超二级结构

相邻的二级结构元件(主要是 α-螺旋、β-折叠)组合在一起,彼此相互作用,形成规则的二级结构组合或二级结构串,就是超二级结构,它在多种蛋白质里充当三级结构元件。它有三种基本的结合形式:αα、βαβ、βββ(图 6-4)。

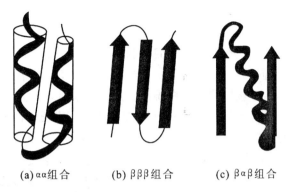

(a)αα组合　　　　(b)βββ组合　　　　(c)βαβ组合

图 6-4　蛋白质的超二级结构示意

6.1.2.4　蛋白质的结构域

结构域是在二级结构或超二级结构基础上形成三级结构的局部折叠区,是蛋白质三级结构的基本单位。结构域大体可分为四类:全平行 α-螺旋结构域、平行或混合型 β-折叠片结构域、反平行 β-折叠片结构域和富含金属或二硫键结构域。

6.1.2.5　蛋白质的三级结构

蛋白质的多肽链在二级结构的基础上再进一步盘绕或折叠形成具有一定规律的三维空间结构,称为蛋白质的三级结构。稳定的三级结构主要是次级键,包括氢键、疏水键、离子键、范德华力等,其次是二硫键。次级键属于非共价键,易受环境中 pH 值、温度、离子强度等的影响。

具有三级结构的蛋白质,其外形有多种,如纤维状蛋白质表现为细长形,球状蛋白质表现为长短轴相差不多的球形。

6.1.2.6　蛋白质的四级结构

具有两条或两条以上独立三级结构的多肽链组成的蛋白质,其多肽链间通过次级键相互组合而形成的空间结构称为蛋白质的四级结构。其中,每个具有独立三级结构的多肽链单位称为亚基。亚基之间不含共价键,亚基间次级键的结合比二、三级结构疏松,因此在一定的条件下,四级结构的蛋白质可分离为亚基,而亚基本身构象仍可不变。构成寡聚蛋白质分子的亚基可以是相同的、相似的或完全不同的。单独亚基无生物活性,完整四级结构的蛋白质才具有生物活性。

两个或两个以上亚基组成的蛋白质统称为寡聚蛋白质、多聚蛋白质或多亚基蛋白质。多聚蛋白质可以是由单一类型的亚基组成,称为同多聚蛋白质;或由几种不同类型亚基组成,称为杂多聚蛋白质。

6.1.3　蛋白质结构和功能的关系

6.1.3.1　蛋白质一级结构与功能的关系

蛋白质的一级结构是空间构象的基础,氨基酸的序列决定蛋白质的空间结构。氨基酸序列的改变包括氨基酸的替换、氨基酸的插入、氨基酸的缺失等,常常会引起蛋白质结构的变化,导致蛋白质生物活性的改变。

1. 一级结构不同,生物功能各异

多肽链中各氨基酸的数量、种类及它们在肽链中的顺序主要从两个方面影响蛋白质功能活性。一级结构不同的蛋白质,它们的构象和功能也不同。若作为蛋白质功能基团的氨基酸残基被置换,会直接影响该蛋白质的功能。如果氨基酸残基在蛋白质构象中处于关键地位,它被置换时会影响蛋白质的构象,从而影响蛋白质活性。

2. 一级结构的改变与分子病

蛋白质分子一级结构的改变有可能引起其生物功能的显著变化,甚至引起疾病,这种现象称为分子病。突出的例子是镰刀型贫血病。这种病是由于病人血红蛋白 β 链 N 端第 6 个氨基酸残基突变为缬氨酸,这个氨基酸位于分子表面,在缺氧时引起血红蛋白线性凝集,使红细胞容易破裂,发生溶血。血红蛋白分子中共有 574 个残基,其中 2 个残基的变化导致严重后果,证明蛋白质结构与功能有密切关系。

苯丙酮尿症是苯丙氨酸羟化酶第 243 位的 R 突变成 Q,使患者体细胞中苯丙氨酸羟化酶功能失常,体内的苯丙氨酸不能按正常的代谢途径转变成酪氨酸,只能按另一条代谢途径转变成苯丙酮酸。苯丙酮酸在体内积累过多,会对婴儿的神经系统造成不同程度的损害。

6.1.3.2 蛋白质空间结构与功能的关系

蛋白质分子空间结构和其性质及生理功能的关系也十分密切。不同的蛋白质,正因为具有不同的空间结构,因此具有不同的理化性质和生理功能。蛋白质变性时,空间结构遭到破坏,致使蛋白质的生物功能丧失,变性蛋白质复性后,构象恢复,活性也能恢复。人体内有很多蛋白质不止一种构象,但只有一种构象能显示出正常的功能活性。因此,常通过调节构象变化来影响蛋白质(或酶)的活性,从而调控物质代谢反应或相应的生理功能。

具有四级结构的蛋白质具有重要的别构效应。别构效应指一些生理小分子物质作用于蛋白质,与其活性中心外别的部位结合,引起蛋白质亚基间一些副键的改变,使蛋白质分子构象发生轻微变化,包括分子变得疏松或紧密,从而使其生物活性发生变化(活性可以从无到有或从有到无,也可以从低到高或从高到低)的现象。

以血红蛋白(Hb)为例说明。血红蛋白(Hb)就是一种最早发现的具有别构效应的蛋白质,它的功能是运输氧和二氧化碳,Hb 运输 O_2 的作用是通过它对 O_2 的结合与脱结合(释放)来实现的。Hb 有两种能够互变的天然构象(图 6-5):一种叫紧密型(T 型),另一种叫松弛型(R 型)。T 型对 O_2 的亲和力低,不易与 O_2 结合;R 型则相反,它与 O_2 的亲和力高,易于结合 O_2。

T 型 Hb 分子的第一个亚基与 O_2 结合后,即引起其构象开始变化,将构象变化的"信息"传递至第二个亚基,使第二、第三和第四个亚基与 O_2 的亲和力依次增高,Hb 分子的构象由 T 型转变成 R 型。Hb 随红细胞在血循环中往返于肺及其他组织之间,随着条件的变化(图 6-6),Hb 的 T 型与 R 型不断互变:在肺部毛细血管内,O_2 分压很高,促使 T 型转变为 R 型,有利于 Hb 饱和地"装载"O_2;在全身组织毛细血管中,O_2 分压较低,R 型 Hb 又转变为 T 型,有利于释放 O_2。Hb 分子两种构象的互变,引起结合 O_2 与释放 O_2 的变

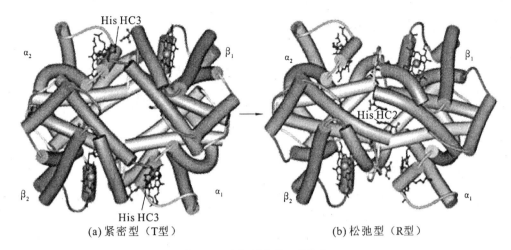

(a) 紧密型（T型）   (b) 松弛型（R型）

图 6-5　血红蛋白的两种构象

化,这就微妙地完成了运输 O_2 的功能。蛋白质构象的细微变化即可导致功能的改变,这充分说明了构象与功能的密切关系。

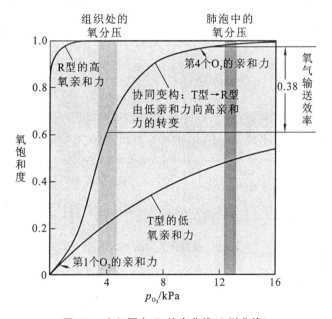

图 6-6　血红蛋白 O_2 结合曲线（S形曲线）

6.1.3.3　蛋白质构象改变与疾病

若蛋白质的折叠发生错误,尽管其一级结构不变,但蛋白质的构象发生变化,仍可影响其功能,严重时可导致疾病发生,此类疾病称为蛋白质构象疾病。蛋白质构象改变导致疾病的机理:有些蛋白质错误折叠后互相聚集,常形成抗蛋白水解酶的淀粉样纤维沉淀,产生毒性而致病,表现为蛋白质淀粉样纤维沉淀的病理改变。这类疾病包括人纹状体脊髓变性病、老年痴呆症、疯牛病。

6.2 蛋白质工程的研究方法

蛋白质工程的内容包括基因操作、蛋白质结构分析、结构与功能关系的研究以及新蛋白质的分子设计,这是紧密相连的几个环节,其目的是以蛋白质分子的结构规律及其生物学功能为基础,通过有控制的基因修饰和基因合成,对现有蛋白质加以改造、设计、构建并最终产生出性能比自然界存在的蛋白质更加优良、更符合人类社会需要的新型蛋白质。

6.2.1 蛋白质工程的研究程序

蛋白质工程的基本任务是研究蛋白质分子规律与生物学功能的关系,对现有蛋白质加以定向修饰改造、设计与剪切,构建生物学功能比天然蛋白质更加优良的新型蛋白质。由此可见,蛋白质工程的基本途径是从预期功能出发,设计期望的结构,合成目的基因且有效克隆表达或通过诱变、定向修饰和改造等一系列工序,合成新型优良蛋白质。图 6-7所示的是蛋白质工程的基本途径及其现有天然蛋白质的生物学功能形成过程的比较。蛋白质工程的主要研究手段是利用反向生物学技术,其基本思路是按期望的结构寻找最合适的氨基酸序列,通过计算机设计,进而模拟特定的氨基酸序列在细胞内或在体内环境中进行多肽折叠而成三维结构的全过程,并预测蛋白质的空间结构和表达出生物学功能的可能性及其高低程度。

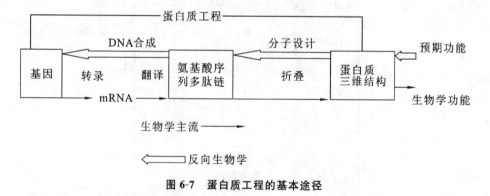

图 6-7 蛋白质工程的基本途径

6.2.2 蛋白质的分离、纯化、鉴定

蛋白质的分离、纯化、鉴定是在蛋白质本身理化性质的基础上发展而来的。这些理化性质有以下几点:①蛋白质的分子大小;②蛋白质的带电特性;③蛋白质的溶解特性;④蛋白质的变性与复性;⑤蛋白质的结晶;⑥蛋白质分子表面特性;⑦蛋白质的分子形状;⑧蛋白质的紫外线吸收;⑨蛋白质的颜色反应。

6.2.2.1 分离纯化的方法

分离纯化的方法可按照大小、形状、带电性质及溶解度等主要因素进行分类。按分子和形态,分为差速离心、超滤、分子筛及透析等方法;按溶解度,分为盐析、溶剂抽提、分配色谱、疏水色谱、逆流离子交换色谱及吸附色谱等;按生物功能专一性,有亲和色谱法等。

另外,还有一些近些年发展起来的新技术,如置换色谱、浊点萃取法、反相高效液相色谱、大空吸附树脂法、分子印迹技术等。

6.2.2.2 分离、纯化与鉴定的一般程序

蛋白质的分离、纯化与鉴定一般包含以下主要步骤:选择实验材料→实验材料预处理→蛋白质的提取→蛋白质的粗分级→蛋白质的细分级→蛋白质的鉴定。

1. 选择实验材料

实验材料的选择通常要定位于目标蛋白质含量高、杂质少、容易获得、成本低的实验材料。对于给定的生物材料,要考虑从该生物体的哪个部分进行纯化,如植物的不同器官(如根、茎、叶、花、果实、种子),或者不同的组织(如植物茎的形成层、种子的胚或胚乳等)。

2. 实验材料预处理

根据实验材料的不同,选择合适的预处理方法。如果是液体材料,通常采用过滤或离心的方法除去杂质获得粗制品;如果是固体材料,则要经过洗涤、材料破碎等处理。根据实验材料大小、形状等的差异,还要选择适当的方法将组织和细胞破碎,使其内容物释放出来。常用的破碎细胞的方法有机械法和非机械法。

3. 蛋白质的提取

通常选择适当的缓冲液把蛋白质提取出来。缓冲液对蛋白质的溶解、活性的保持及部分除杂具有重要意义,它不仅要控制溶液的 pH 值和离子强度,还要根据不同蛋白质的需要,加入氧化还原物质、表面活性剂、防腐剂等。在提取过程中,应注意温度,避免剧烈搅拌等,以防止蛋白质的变性。

4. 蛋白质的粗分级

选用适当的方法将所要的蛋白质与其他杂蛋白分离开来。比较有效的方法是根据蛋白质的溶解度的差异进行分离,常用的方法包括等电点沉淀法、盐析法、有机溶剂沉淀法等。

5. 蛋白质的细分级

采用分子筛层析、离子交换层析、亲和层析等手段结合多种电泳技术,包括聚丙烯酰胺凝胶电泳、等电聚焦电泳等进一步对蛋白质粗制品分离纯化,以获得高纯度的蛋白质样品。

6. 蛋白质的鉴定

包括对蛋白质分子质量、等电点、氨基酸组成及其顺序、免疫特性、结晶特性、生物学功能等进行测定,以确定纯化蛋白质的种类、结构和功能以及用途。

6.2.2.3 蛋白质的提取

大部分蛋白质都可溶于水、稀盐溶液、稀酸或碱溶液,少数与脂类结合的蛋白质溶于乙醇、丙醇、丁醇等有机溶剂。因此,可采用不同的溶剂提取、分离和纯化蛋白质及酶。

1. 水溶液提取法

稀盐溶液和缓冲系统的水溶液对蛋白质稳定性好、溶解度大,是提取蛋白质最常用的溶剂。低浓度可促进蛋白质的溶解,称为盐溶作用。同时稀盐溶液因盐离子与蛋白质部分结合,具有保护蛋白质不易变性的优点,因此在提取液中加入少量 NaCl 等中性盐,浓

度一般以 0.15 mol/L 为宜。另外,因蛋白质具有等电点,提取液的 pH 值选择在偏离等电点的一定 pH 值范围内。一般来说,碱性蛋白质用偏酸性的提取液提取,而酸性蛋白质用偏碱性的提取液提取。

2. 有机溶剂提取法

一些和脂质结合比较牢固或者分子中非极性侧链较多的蛋白质和酶,不溶于水、稀盐溶液、稀酸或者稀碱溶液,可用乙醇、丙醇和丁醇等有机溶剂,它们具有一定的亲水性,还有较强的亲脂性,是理想的提取脂蛋白的提取液,但必须在低温下操作。丁醇提取法对提取一些与脂质结合紧密的蛋白质和酶特别适合,另外,丁醇提取法的 pH 值及温度选择范围较广,也适用于动植物及微生物材料。

3. 表面活性剂的利用

对于某些与脂质结合的蛋白质和酶,也可采用表面活性剂处理。表面活性剂有阴离子型(如脂肪酸盐、烷基苯磺酸盐等)、阳离子型(如氧化苄烷基二甲基铵等)及非离子型(TritonX-100、吐温-60 等)等。非离子型表面活性剂比离子型温和,不易引起酶失活,使用较多。

6.2.2.4 蛋白质的粗分级

蛋白质的粗分级采用的方法有沉淀法、透析法、超滤法等。

1. 沉淀法

1) 盐析沉淀法

当盐浓度继续升高时,蛋白质的溶解度随着盐浓度升高而下降并析出的现象称为盐析。蛋白质在水溶液中的溶解度由蛋白质周围亲水基团与水形成的水化膜程度,以及蛋白质分子带有电荷的情况决定。当中性盐加入蛋白质溶液中,中性盐对水分子的亲和力大于蛋白质,于是蛋白质分子周围的水化膜层变薄乃至消失。同时,中性盐中加入蛋白质溶液后,由于离子强度发生改变,蛋白质表面电荷大量被中和,导致蛋白质溶解度更加降低,使蛋白质分子间聚集而沉淀,其原理可见图 6-8。

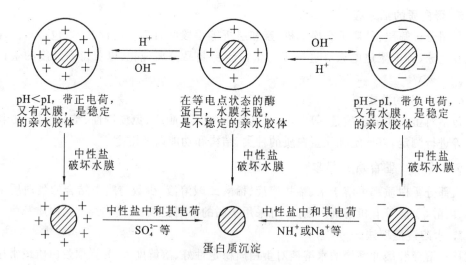

图 6-8　盐析原理示意图

盐析法是根据不同蛋白质在一定浓度盐溶液中溶解度降低程度的不同达到彼此分离目的的方法。盐析时若溶液 pH 值在蛋白质等电点则效果更好。

2）有机溶剂沉淀法

利用蛋白质在一定浓度的有机溶剂中的溶解度差异而分离的方法，称为有机溶剂沉淀法。有机溶剂能降低溶液的解离常数，从而增加蛋白质分子上不同电荷的引力，导致溶解度的降低；另外，有机溶剂与水作用，能破坏蛋白质分子的水化膜，导致蛋白质相互聚集沉淀析出（图 6-9）。

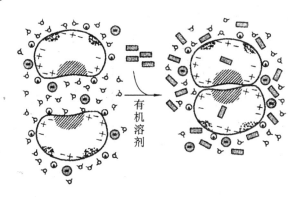

图 6-9　有机溶剂沉淀原理示意图

3）等电点沉淀法

等电点沉淀法是利用具有不同等电点的两性电解质，在达到电中性时溶解度最低，易发生沉淀，从而实现分离的方法。许多蛋白质的等电点十分接近，而且带有水膜的蛋白质等生物大分子仍有一定的溶解度，不能完全沉淀析出。因此，单独使用此法分辨率较低，效果不理想，此法常与盐析法、有机溶剂沉淀法或其他沉淀剂一起配合使用，以提高沉淀能力和分离效果。此法主要用于在分离纯化流程中去除杂蛋白，而不用于沉淀目的物。

4）有机聚合物沉淀法

应用最多的是聚乙二醇（简写为 PEG），它的亲水性强，溶于水和许多有机溶剂，对热稳定，相对分子质量范围较广，在生物大分子制备中，用得较多的是相对分子质量为 6 000～20 000 的 PEG。

2. 透析法

利用半透膜对溶液中不同分子的选择性透过作用，可以将蛋白质与其他小分子物质分开。通常是将半透膜制成袋状，将蛋白质样品溶液置于袋内，将此透析袋浸入水或缓冲液中，样品溶液中的蛋白质分子被截留在袋内，而盐和小分子物质不断扩散到袋外，直到袋内、外两边的浓度达到平衡为止。保留在透析袋内未透析出的样品溶液称为保留液，袋（膜）外的溶液称为渗出液或透析液。

透析的动力是扩散压，扩散压是由横跨膜两边的浓度梯度形成的。透析的速度反比于膜的厚度，正比于欲透析的小分子溶质在膜内、外两边的浓度梯度，还正比于膜的面积和温度，通常是在 4 ℃透析，升高温度可加快透析速度。

透析膜可用动物膜、玻璃纸等，但用得最多的还是用纤维素制成的透析膜，目前常用

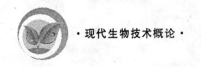

的是美国联合碳化物公司和美国光谱医学公司生产的各种尺寸的透析管。

除小体积样品之外,根据扩散原理进行的透析方法非常耗时,因此蛋白质的浓缩和交换缓冲液常采用超滤法。

3. 超滤法

超滤即超过滤,利用压力或离心力使溶液中的小分子物质通过超滤膜,而大分子则被截留,从而把蛋白质混合物分为大小不同的两个部分。超滤工作原理可参见图 6-10。

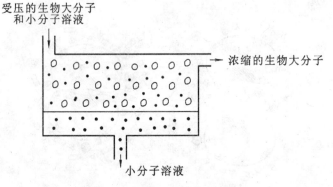

图 6-10　超滤工作原理示意图

超滤膜通常被固定在一个支持物上,制成超滤装置,可以用加压、减压或离心等方法使溶剂分子及小分子物质透过超滤膜,然后用溶剂溶解大分子物质。

6.2.2.5　蛋白质的细分级

根据蛋白质分子大小、分子形状、分子表面特征或分子带电状况进一步纯化,这是蛋白质细分级,常用的实验技术主要有多种层析方法、电泳等。

1. 分子筛层析

分子筛层析又称为凝胶层析或凝胶过滤,它是以多孔性凝胶材料为支持物,当蛋白质溶液流经此支持物时,分子大小不同的蛋白质因所受到的阻滞作用不同而先后流出,从而达到分离纯化的目的。采用的凝胶材料主要有葡聚糖、琼脂糖、聚丙烯酰胺、多孔玻璃珠等,凝胶内部呈网孔状结构,分子量大的蛋白质难以进入凝胶内部,因此主要从凝胶颗粒间隙通过,在凝胶间几乎是垂直地向下运动,而分子量小的蛋白质则进入凝胶孔内进行"绕道"运行,因此大分子蛋白质先流出凝胶,而小分子蛋白质后流出凝胶,从而将分子量大小不同的蛋白质分开。分子筛层析的原理见图 6-11。

2. 亲和层析

亲和层析是利用蛋白质与配体专一性识别并结合的特性而分离蛋白质的一种层析方法。将目标蛋白质专一性结合的配体固定在支持物上,当混合样品流过此支持物时,只有目标蛋白能与配体专一性结合,而其他杂蛋白不能结合。先用起始缓冲液洗脱杂蛋白,然后改变洗脱条件,将目标蛋白洗脱下来。图 6-12 所示为亲和层析的基本过程。

3. 离子交换层析

蛋白质是两性分子,在一定的 pH 值条件下带电荷,不同的蛋白质所带电荷的种类和数量不同,因此它们与带电的凝胶颗粒间的电荷相互作用不同。这样,当蛋白质混合物流

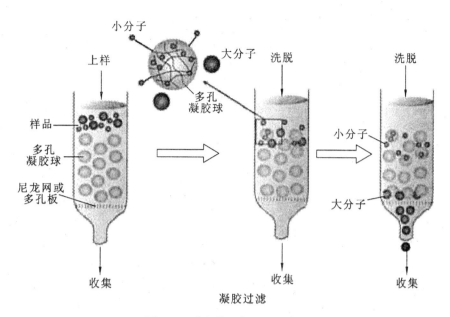

图 6-11　分子筛层析原理示意图

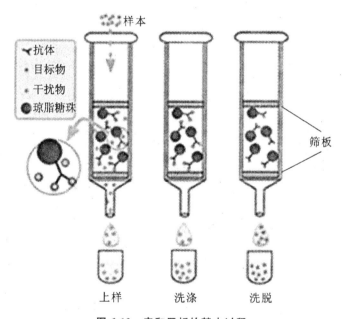

图 6-12　亲和层析的基本过程

经带电凝胶时,电荷吸引作用小的蛋白质先流过,而电荷吸引作用大的蛋白质后流过,从而把不同的蛋白质分开,这种层析方法即为离子交换层析。如果凝胶本身带正电荷,则带负电荷越多的蛋白质与凝胶的电荷相互作用越大,越难以被洗脱,此为阴离子交换层析。相反,如果凝胶本身带负电荷,则带正电荷越多的蛋白质与凝胶的电荷相互作用越大,越难以被洗脱,此为阳离子交换层析。当蛋白质与凝胶以电荷相互作用结合后,可以通过改变溶液的离子强度,通过离子间的竞争作用而把蛋白质洗脱下来,也可以改变溶液的 pH

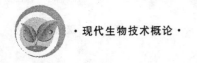

值,从而改变凝胶和蛋白质的带电情况而把蛋白质洗脱下来。与凝胶电荷作用力弱的蛋白质先被洗脱,而作用力强的蛋白质后被洗脱,从而把带电不同的蛋白质分开。图 6-13 为阴离子交换层析原理示意图。

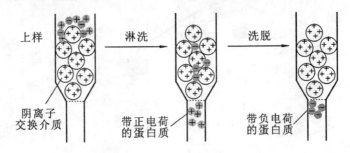

图 6-13　阴离子交换层析原理示意图

4. 电泳

蛋白质是两性蛋白质,在一定 pH 值条件下,蛋白质带有电荷,不同的蛋白质所带电荷和数目不同,因此在电场中移动的速度不同,从而把蛋白质分开,这种实验技术即是电泳。根据电场中是否有固体支持物,分为自由界面电泳和区带电泳;根据固体支持物的不同,分为纸电泳、薄膜电泳、聚丙烯酰胺凝胶电泳、琼脂糖凝胶电泳等;根据电泳装置不同,分为水平板电泳、垂直板电泳、圆盘电泳、毛细管电泳等。

蛋白质分离、纯化和鉴定中应用得比较多的是聚丙烯酰胺凝胶电泳、等电聚焦电泳、双向电泳。下面简要介绍聚丙烯酰胺凝胶电泳。聚丙烯酰胺凝胶电泳简称 PAGE (polyacryl amide gel electrophoresis),是以聚丙烯酰胺凝胶作为支持介质的一种常用电泳技术。聚丙烯酰胺凝胶由单体丙烯酰胺和甲叉双丙烯酰胺聚合而成。蛋白质在聚丙烯酰胺凝胶中电泳时,它的迁移率取决于它所带净电荷以及分子的大小、形状等因素。如果加入一种试剂使电荷因素消除,那电泳迁移率就取决于分子的大小,就可以用电泳技术测定蛋白质的分子量。1967 年,Shapiro 等发现阴离子去污剂十二烷基硫酸钠(SDS)具有这种作用。当向蛋白质溶液中加入足够量 SDS 和巯基乙醇,SDS 可使蛋白质分子中的二硫键还原。十二烷基硫酸根带负电,使各种蛋白质-SDS 复合物都带上相同密度的负电荷,它的量大大超过了蛋白质分子的电荷量,因而掩盖了不同种蛋白质间原有的电荷差别,SDS 与蛋白质结合后,还可引起构象改变,蛋白质-SDS 复合物形成近似雪茄烟形的长椭圆棒状,这样的蛋白质-SDS 复合物在凝胶中的迁移率不再受蛋白质的电荷和形状的影响,而取决于分子量的大小。由于蛋白质-SDS 复合物在单位长度上带有相等的电荷,所以它们以相等的迁移速度从浓缩胶进入分离胶,进入分离胶后,由于聚丙烯酰胺的分子筛作用,小分子的蛋白质容易通过凝胶孔径,阻力小,迁移速度快;大分子蛋白质则受到较大的阻力而被滞后。这样蛋白质在电泳过程中就会根据其各自分子量的大小而被分离。

6.2.3　蛋白质的分子设计

天然蛋白质在人造条件下的应用往往受限,需要对蛋白质进行改造才能使其在特定条件下起到特定的作用,因此就出现了蛋白质分子设计这个领域。

6.2.3.1 蛋白质分子设计的程序

蛋白质分子设计包括根据蛋白质的结构和功能的关系,用计算机建立模型,然后通过分子生物学手段改造蛋白质的基因,并通过生物化学和细胞生物学等手段得到突变的基因,最后对得到的蛋白质突变体进行分析验证。通常,蛋白质分子设计需要几次循环才能达到目的。其设计流程如图 6-14 所示。

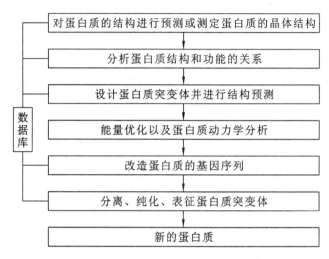

图 6-14 蛋白质分子设计流程图

1. 构建模型,设计蛋白质突变体

构建模型的素材是蛋白质的一级结构、高级结构、功能域,蛋白质的理化性质,蛋白质结构和功能的关系以及其同源蛋白相关信息。这需要查阅大量文献和相关数据库。对于别人已经做了相关工作的蛋白质,这些数据可以直接拿来作为构建模型的依据。但对于未知结构的蛋白质,则要么先解析其晶体结构,要么根据已知的氨基酸序列进行结构预测。

2. 能量优化以及蛋白质动力学分析

利用能量优化以及蛋白质动力学方法预测修饰后的蛋白质的结构,并将预测的结构与原始蛋白质的结构比较,利用蛋白质结构-功能或结构-稳定性相关知识预测新蛋白质可能具有的性质。

3. 获得蛋白质突变体

根据前面的设计,合成蛋白质或改造蛋白质突变体的基因序列,然后分离、纯化得到所要求的蛋白质。

4. 结构和功能分析

对纯化的蛋白质突变体进行结构和功能分析,并与原来的蛋白质比较,判断是否达到所要改造的目的。若得到的蛋白质突变体没有实现预期的功能,则需要重新设计;反之,则作为一种具有特定功能的新蛋白质出现。

6.2.3.2 蛋白质分子设计的分类

在蛋白质的设计实践中,常根据改造的程度将蛋白质分子设计分为三类:①定位突变或化学修饰法,这种设计是对蛋白质的小范围改造,进行一个或几个氨基酸的改变或进行化学修饰,来研究和改善蛋白质的性质和功能,也称"小改";②拼接组装设计,这种方法是对蛋白质结构域进行拼接组装而改变蛋白质的功能,获取具有新特点的蛋白质分子,也称"中改";③全新设计蛋白质,这类设计是从头设计全新的自然界不存在的蛋白质,使之具有特定功能,也称"大改"。

1. 部分氨基酸的突变

部分氨基酸的突变也叫"小改",是基于对已知蛋白质的改造。对蛋白质进行定点突变,其目的是提高蛋白质的热稳定性与酸碱稳定性、增加活性、减少副作用、提高专一性以及研究蛋白质的结果和功能的关系等。要实现此目的,如何恰当选择要突变的残基则是在小改中最关键的问题。这不仅需要分析蛋白质残基的性质,同时需要借助于已有的三维结构或分子模型。现简要介绍两种类型的突变。

(1) 根据结构信息确定碱基突变 对于已经用 X 射线晶体或 NMR 谱高分辨率测定出三级结构的蛋白质,就可以根据氨基酸残基在蛋白质结构上的位置来推测功能。如果已知蛋白质和其配基(包括受体、底物、辅酶和抑制剂)的复合体,那么这种方法很有效。对于那些与配基形成氢键、离子键或疏水键作用的氨基酸残基,可以根据其与配基上受体基团的距离和取向而确定。用定点突变的方式替换这样的残基就可以验证这些确定的残基是否参与结合,并确认每一种作用在要评估的复合体中的结合能的作用。这种方法是理解酶专一性和催化性的基础。

(2) 随机突变 随机突变一般在体外用照射、化学剂诱导,体内利用 *E.coli* 的突变株等方法。但是,通常出现非保守残基的突变或者小的氨基酸残基被大的氨基酸残基替换,这两种类型的突变体都可能破坏蛋白质的构象,并造成功能非特异性丧失。所以在研究中,应对每个位置上的氨基酸残基的几种不同的替换进行分析,以便比较非特异性的替换和特异性的替换对蛋白质功能的影响。

2. 天然蛋白质的裁剪

天然蛋白质的裁剪又称"中改",是指在蛋白质中替换 1 个肽段或者 1 个结构域。蛋白质的立体结构可以看作由结构元件组装而成,因此可以在不同的蛋白质之间成段地替换结构元件,期望能够转移相应的功能。中改在新型抗体的开发中有着广泛的应用。

(1) 抗体剪裁 英国剑桥大学的 Winter 等利用分子剪裁技术成功地在抗体分子上进行了实验。抗体分子由 2 条重链(H 链)、2 条轻链(L 链)组成,两条重链通过二硫键连接起来,呈 Y 形,而两条轻链通过二硫键连接在重链近氨基端的两侧。重链有 4 个结构域,轻链有 2 个结构域;抗原的识别部分位于由轻、重二链的处于分子顶部的各 1 个结构域的高度可变区。抗体分子与抗原分子互补的决定子是由可变区的一些环状肽段组成的。Winter 等将小鼠单抗体分子重链的互补决定子基因操纵办法换到人的抗体分子的相应部位上,使得小鼠单抗体分子所具备的抗原结合专一性转移到人的抗体分子上。这个实验具有重大的医学价值,因为小鼠单抗比人的单抗容易做,而在医学上使用的是人的单抗。采用分子剪裁法可以先制备小鼠的单抗,然后将互补决定子转移到人的抗体上,达到与人单抗分子同样的效果。

(2) 蛋白质关键残基嫁接 两种蛋白质结合时,往往会有少数几个非常关键的残基,对结合起到主要作用。基于这种情况,最近我国科学家来鲁华教授课题组发展了一种"蛋白质关键残基嫁接"的方法,用于将一个蛋白质的关键功能性残基"嫁接"到另一个不同结构的蛋白质上,并将这种方法应用到实际体系研究中。促红细胞生成素(EPO)通过和它的受体(EPOR)相互作用,促进红细胞的分化和成熟。而将 EPO 上的关键功能性残基"嫁接"到一个结构完全不同的 PH 结构域蛋白上后,PH 蛋白便具有了和 EPOR 结合的功能,而这种功能在自然界是不存在的。这种方法有可能得到广泛应用,实现蛋白质功能的自由设计。

3. 全新蛋白质分子设计

全新蛋白质分子设计也称为蛋白质分子从头设计,是指基于对蛋白质折叠规律的认识,从氨基酸的序列出发,设计改造自然界中不存在的全新蛋白质,使之具有特定的空间结构和预期的功能。

1) 全新蛋白质分子设计的程序

全新蛋白质分子设计的一般过程可用图 6-15 表示。确定设计目标后,先根据一定的规则生成初始序列,经过结构预测和构建模型对序列进行初步的修改,然后进行多肽合成或基因表达,经结构检测确定是否与目标相符,并根据检测结构指导进一步的设计。蛋白质设计一般要经过反复多次设计→检测→再设计的过程。

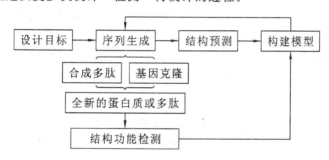

图 6-15 蛋白质全新设计流程

(1)设计目标选择 蛋白质全新设计可分为功能设计和结构设计两个方面,结构设计是目前的重点和难点。结构设计是从最简单的二级结构开始,以摸索蛋白质结构稳定的规律,在超二级结构和三级结构设计中,一般选择天然蛋白质结构中一些比较稳定的模块作为设计目标,如四螺旋束和锌指结构等。在蛋白质功能设计方面主要进行天然蛋白质功能的模拟,如金属结合蛋白、离子通道等。

(2)设计方法 最早的设计方法是序列最简化方法,其特点是尽量使设计序列的复杂性最小,一般仅用很少几种氨基酸,设计的序列往往具有一定的对称性或周期性。这种方法使设计的复杂性减少,并能检验一些蛋白质的折叠规律(如 HP 模型),现在很多设计仍然采用这一方法。1988 年 Mutter 首先提出模板组装合成法,其思路是将各种二级结构片段通过共价键连接到一个刚性的模板分子上,形成一定的三级结构。模板组装合成法绕过了蛋白质三级结构设计的困难,通过改变二级结构中氨基酸残基来研究蛋白质中的长程作用力,是研究蛋白质折叠规律和运行蛋白质全新设计规律探索的有效手段。为提高设计的速度和效率,现在已经发展了很多种自动设计方法,如 Jones 运用的蛋白质反

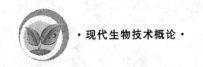

向折叠方法结合遗传算法发展的自动设计方法和来鲁华等运用三位剖面结合遗传算法发展的自动设计方法。

(3) 结构检测　设计的蛋白质序列只有合成并检测结构后才能判断设计是否与预想结构相符合。一般从三个方面来检测：设计的蛋白质是否为多聚体；二级结构含量是否与目标符合；是否具有预定的三级结构。通过测定分子体积大小可以判断分子以几聚体形式存在，同时可以初步判断蛋白质结构是无规则卷曲还是有一定的三级结构。检测蛋白质浓度对圆二色谱（CD）和 NMR 谱的影响也可以判断蛋白质是否以单分子形式存在。CD 是检测设计蛋白质二级结构最常用的方法，根据远紫外 CD 谱可以计算蛋白质中各二级结构的大致含量。三级结构测定目前主要依靠核磁共振技术和荧光分析，也可以使用 X 射线晶体衍射技术分析。

2）蛋白质结构的全新设计

设计一个新奇的蛋白质结构的中心问题是如何设计一段能够形成稳定、独特三维结构的序列，也就是如何克服线性聚合链构象熵的问题。为达到这个目的，可以考虑使相互作用和数目达到最大，并且通过共价交叉连接减少折叠的构象熵。

在对蛋白质折叠的研究和全新设计探索中，形成了一些蛋白质全新设计的原则和经验，如由于半胱氨酸形成二硫键的配对无法预测，一般尽量少用甚至不用，特别是在自动设计方法中。但当序列能够折叠成预定的二级结构后，常常引入二硫键来稳定蛋白质的三级结构。色氨酸的吲哚环具有生色性，且与其所处环境有关。天然态的蛋白质中色氨酸常常埋藏在蛋白质内部，其荧光频率相对失活态发生蓝移，因而在蛋白质全新设计中常引入色氨酸作为荧光探针以及检验设计蛋白质的三级结构。

3）蛋白质功能的全新设计

除了努力达到设计出具有目标结构的蛋白质外，人们更希望设计出具有目标功能的蛋白质。蛋白质功能设计主要涉及键合和催化，为达到这些目的，可以采用两条不同的途径：一是反向实现蛋白质与工程底物的契合，改变功能；二是从头设计功能蛋白质。蛋白质功能的设计离不开蛋白质的结构特点，它是以由特殊结构决定的特定功能的结构域为基础。目前这方面的工作主要是通过一些特定的结构域模拟天然蛋白质。

对于蛋白质分子设计，目前逐步开始走自动化设计，已有很多现成的蛋白质分子设计软件。国外的大型软件包主要有 SYBYL、BIOSYM 等。国内的有北京大学化学系 PEPMODS 蛋白质分子设计系统，以及中国科学院生物物理研究所和中国科学院上海生物化学研究所等设计的 PMODELING 程序包。

4）蛋白质全新设计的现状和前景

蛋白质全新设计不仅使我们有可能得到自然界不存在的具有全新结构和功能的蛋白质，并且已经成为检验蛋白质折叠理论和研究蛋白质折叠规律的重要手段。由于对蛋白质折叠理论的认识还不够，蛋白质全新设计还处于探索阶段。在设计思路上，目前往往偏重考虑某一蛋白质结构稳定因素，而不是平衡考虑各种因素，如在超二级结构和三级结构的设计中，常常力求使各二级结构片段都具有最大的稳定性，这与天然蛋白质中三级结构的形成是二级结构形成和稳定的重要因素刚好相反。从设计的结果看，目前还只能设计较小蛋白质，其水溶性也差，而且大多不具备确定的三级结构；对是否及何时能够从蛋白质的氨基酸序列准确地预测其三级结构也存在不同的看法。但即使无法准确地从蛋白质序列预测蛋白质结构,对蛋白质折叠规律的不断了解及蛋白质设计经验的不断积累也将使蛋白质全新设计的成功率不断提高。另外,组合化学方法应用到蛋白质全新设计中必然大大地缩短设计的周期,并将彻底改变蛋白质全新设计的面貌。

 ## 6.3 蛋白质工程的应用实例

蛋白质工程的出现为研究蛋白质的结构与功能的关系提供了一种新的、有力的工具,目前已经在蛋白质药物、工业酶制剂、农业生物技术、生物代谢途径等领域取得了广泛的应用。

6.3.1 蛋白质工程在工业酶方面的应用

6.3.1.1 枯草杆菌蛋白酶的改造

枯草杆菌蛋白酶是一种在工业上广泛应用的蛋白酶。例如,在用作洗涤剂的添加剂时,抗氧化的蛋白酶可以和增白剂一起使用,耐碱的蛋白酶能省去酶的保护剂,耐热的蛋白酶使洗涤剂能在较热的水中使用,增强去垢能力等。此外,蛋白酶稳定性的提高,还能减少生产、运输和保存过程中酶活力的损耗,从而降低生产成本,提高经济效益。

1. 对热稳定性的改造

热稳定性是蛋白质分子的整体性质,是蛋白质分子内所有共价和非共价结合力的一个复杂的综合效应,一般从以下几个方面进行改造:在分子内或分子表面引入二硫键;构建或增强分子内氢键或(和)离子键等次级键,改进分子内部的相互疏水作用;稳定有利于加强内聚的螺旋结构;引入新的钙离子结合位点等。在可能的情况下,可采用随机诱变目的基因的方法来筛选热稳定性得到改进的突变型蛋白质。这样得到的耐热蛋白质不仅在实际应用方面很有价值,而且通过对它的空间结构的分析,还可为提高蛋白质热稳定性的理论研究提供重要的信息。

2. 对氧化稳定性的改造

对氧化的敏感性常常是造成蛋白质不稳定的因素,尤其是在酶的活性中心或者活性中心的附近存在甲硫氨酸、半胱氨酸或色氨酸等易被氧化的氨基酸残基时。酶在体外的氧化失活会严重影响酶的功能。

在枯草杆菌蛋白酶 BPN 分子上有一个 Met-222 与催化位点 Ser-221 相连,恰好位于一个 α-螺旋的氨基端。从空间位置看,它是处于 Tyr-217、His-64 和 His-67 的侧链以及 217-218 主链原子中间。D. A. Estell 等采用"盒式突变"的方法对 Met-222 进行全面的替换,然后在一定条件下筛选符合要求的突变型蛋白酶。结果表明,改造后的蛋白酶在浓度为 1 mol/L 的双氧水中可保存 1 h 以上,且酶活性没有明显的降低。而野生型酶在 1 mol/L 双氧水中的半衰期仅为 2.5 min。

3. 对最适 pH 值的改造

酶的最适 pH 值范围与酶的应用范围息息相关。它一般是由其活性部位的静电环境

或者总的表面电荷所决定的。因此,可以考虑通过改变静电环境来改变有关催化基团的 pK_a 值,从而改变其催化活性对 pH 值的依赖性。1987 年英国学者 A. Fersht 依据这一原理,以枯草杆菌蛋白酶为模型,对定向改变酶的最适 pH 值问题进行了研究。

枯草杆菌蛋白酶的 BPN 活性中心有一个 His-64,它在酶的催化过程中作为一个广义碱来传递质子,其 pK_a 值接近于 7。在低 pH 值下,它的侧链咪唑环会发生质子化,使酶失去活性。A. Fersht 等人通过将枯草杆菌蛋白酶分子表面的 Asp(99) 和 Glu(156) 改成 Lys,使分子表面的负电荷转为正电荷,从而使得活性中心 His(64) 质子易于丢失。这一改造使突变酶的 pK_a 值从 7 下降到 6,使酶在 pH 值为 6 时的活性提高 10 倍。

6.3.1.2 葡萄糖异构酶的改造

葡萄糖异构酶(glucose isomerase,GI)又称 D-木糖异构酶(D-xylose isomerase),能催化 D-葡萄糖至 D-果糖的异构反应,是工业上从淀粉制备高果糖浆的关键酶,而且可将木聚糖异构化为木酮糖,再经微生物发酵生产乙醇。目前,葡萄糖异构酶是国际公认的研究蛋白质结构与功能关系、建立完整的蛋白质技术最好的模型之一。

1. 对 GI 热稳定性的改造

7 号淀粉酶链霉菌 M_{1033} 菌株所产葡萄糖异构酶 SM33GI 是工业上大规模以淀粉制备高果糖浆的关键酶,但用于工业生产其热稳定性还不够理想。朱国萍等学者通过分子结构模拟,设计将 Gly-138 改为 Pro,以提高 SM33GI 的热稳定性。他们用寡核苷酸定点诱变方法对 SM33GI 的基因进行体外定点突变,将 Gly-138 替换成 Pro,构建了 GI 突变体 G138P。含突变体的重组质粒 pTKD-GIG138 在 *E. coli* K_{38} 菌株中表达获得突变型 GIG138P。实验表明:与野生型 GI 相比,GIG138P 的热失活半衰期约是它的 2 倍;最适反应温度提高了 10~12 ℃;比活性相当。

2. 对 GI 最适 pH 值的改造

大规模由淀粉制备高果糖浆生产中,降低反应 pH 值可增加果糖产率。利用定点诱变技术改造 GI 基因已获得多种突变株,使突变 GI 的最适 pH 值降低。

6.3.2 蛋白质工程在农业方面的应用

目前已发现并分离了多种有用的杀虫蛋白,它们都具有良好的杀虫活性。但天然杀虫蛋白往往具有杀虫活性低、杀虫范围窄,在转基因作物中表达量低、不稳定等问题,造成抗虫效果不理想。因此,通过蛋白质工程对现有杀虫蛋白进行特异性修饰或定向改造,甚至设计新的杀虫蛋白,再通过转基因技术,使这些改造后的杀虫蛋白在农作物中高效表达,从而获得抗虫活性优异、使用安全的农作物新品种,成为现今农业发展的新趋势。

6.3.2.1 杀虫结晶蛋白(Bt 毒蛋白)

Bt 毒蛋白是一种分子结构复杂的蛋白质毒素,在伴孢晶体内以毒素原的形式存在,在昆虫肠道内可被蛋白酶水解而被活化;活化的 Bt 毒蛋白不能被肠道内胰蛋白酶等水解,它可与昆虫肠道上皮细胞表面的特异受体相互作用,诱导细胞膜产生一些特异性小孔,扰乱细胞内的渗透平衡,并引起细胞膨胀甚至破裂,从而导致昆虫停止进食而死亡。人、畜等不能使毒素原活化,因此对人畜没有毒性。

根据杀虫晶体蛋白的大小及基因特点,将其主要分为 Cry 和 Cyt 两类,目前应用最广泛的是 Cry 类 Bt 毒蛋白。未经改造的 Bt 基因在转基因植物中表达水平很低,含量仅是植株内全部可溶性蛋白的 0.001% 以下,不能直接毒杀害虫。因此,必须对 Bt 基因进行修饰改造,以提高其在植株中的表达量及稳定性。

1. 去除非活性区域

Bt 毒蛋白原是由 1 100~1 200 个氨基酸残基组成的多肽,其中有杀毒活性的区域为氨基端 500~600 个氨基酸残基,分子量为 60~70 kD,只需将编码毒性核心片段的基因转入植株,就可以达到抗虫目的。

2. 更换密码子

Bt 基因来源于原核生物,其密码子与真核生物的密码子偏好性有较大差别。在保证氨基酸序列不变的前提下,根据待转基因植物的密码子偏好性对 Bt 基因进行改造,全部更换为植物所喜好的密码子,可以大大提高翻译效率。

3. 消除不稳定元件

Bt 基因中密码子以碱基 A 和 T 结尾的比例较高,而植物基因中密码子以碱基 G 和 C 结尾的比例高,这样有可能导致 Bt 基因转录提前终止及 mRNA 错误切割,因此去除或更换部分富含 AT 的序列,消除基因中的不稳定元件,可以提高其表达量。

经过上述基因改造与修饰后,目前获得的转基因植株中,Bt 毒蛋白的表达量可以达到 0.1% 以上,从而达到较好的杀虫效果。

6.3.2.2 蛋白酶抑制剂

蛋白酶抑制剂(proteinase inhibitors,PI)是抑制蛋白水解酶活性的分子,它最终导致害虫生长发育不正常直至死亡。植物、动物及微生物体内广泛存在的蛋白酶抑制剂多为小肽或小分子蛋白,它可与蛋白酶特定位点的必需基团相互作用,使蛋白酶活性下降或完全被抑制。植物体内的蛋白酶抑制剂不仅具有调节蛋白酶活性和蛋白质代谢等重要生理功能,还具有自身防御作用。

通常情况下,植物体内的蛋白酶抑制剂含量很低,不足以杀死害虫。近年来,利用蛋白质工程手段,将外源蛋白酶抑制剂基因转入植株,使得转基因植株中蛋白酶抑制剂的表达量达到可溶性蛋白的 1.1% 以上,从而达到杀死害虫的效果。

6.3.3 蛋白质工程在医药方面的应用

6.3.3.1 组织血纤维蛋白溶酶原激活因子的改造

组织血纤维蛋白溶酶原激活因子(t-PA)是一种血浆糖蛋白,被用作急性心血管栓塞的溶栓制剂。实验表明,利用蛋白质工程的方法对 t-PA 进行改造可以改善 t-PA 的性质,如溶血活性、血纤维结合和血纤维特异性、与血浆抑制因子的相互作用和半衰期等。

1. 对 t-PA 清除速率的改造

由于 t-PA 在血循环中快速清除,所以在治疗中需要大剂量连续几小时的静脉注射以保持 t-PA 在血中的适当浓度。通过改变 t-PA 在血浆中清除的速率米产生具有更长

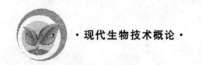

半衰期的治疗药剂,是 t-PA 蛋白质工程的一个方向。

(1) t-PA 结构域缺失的突变体　通过基因上的方法将 t-PA 的一个或多个结构域从其基因序列中切除,来改善 t-PA 的清除速率。研究结果表明,t-PA 主要的清除决定因子位于 F、G、K_1 结构域,去除其中的任何结构域都可引起清除速率的改变。但这种清除速率的减小,伴随着 t-PA 水解血纤维的活性降低。

(2) t-PA 的糖基化突变体　在 Asn-117 位是高甘露糖的结合位点,而在 Asn-184 和 Asn-448 位是复杂糖类的结合位点,t-PA 分子 50% 以上在 Asn-184 位糖基化。在 Asn-184 存在糖基化可以抑制溶纤酶催化的 t-PA 从单链向双链的转化,从而减小清除速率。目前已有很多与糖基化位点相关的突变体被构建,对这些突变体溶纤功能、血纤维亲和性、血纤维特异性等的综合评估,为产生低清除速率而又不影响其功能活性的 t-PA 突变体开辟了一条新的途径。

2. 血纤维特异性

t-PA 对纤维蛋白溶酶原的活性受纤维蛋白原和纤维蛋白等生理辅助因子所调节。在存在纤维蛋白的情况下,t-PA 对纤维蛋白溶酶原的活性要远远超过存在纤维蛋白原时的活性,这就是 t-PA 的纤维蛋白特异性。

非特异性的纤维蛋白溶酶原的激活引起纤维蛋白原降解,在严重的情况下就引起出血。为增加溶栓治疗的安全性,通过 t-PA 特定位点的丙氨酸取代来改进 t-PA 的纤维蛋白特异性成为一种有效手段。从各种突变中得到一个 Lys 296 Ala、His 297 Ala、Arg 298 Ala 和 Arg 299 Ala 的突变体,即将在 P 结构域中相连(296-299)的 4 个碱性氨基酸残基变成丙氨酸。这个突变体与野生型 t-PA 相比,其纤维蛋白的特异性增加。

6.3.3.2　抗体融合蛋白

抗体分子呈 Y 形(图 6-16),由二条重链和二条轻链通过二硫键连接而成。每条链均由可变区(N 端)和恒定区(C 端)组成,抗原的吸附位点在可变区,细胞毒素或其他功能因子的吸附位点在恒定区。每个可变区中有三个部分在氨基酸序列上高度变化,在三维结构上处在 β 折叠端头的松散结构互补决定区(CDR)是抗原的结合位点,其余部分为 CDR 的支持结构。不同种属的 CDR 结构是保守的,这样就可以通过蛋白质工程对抗体进行改造。

将抗体分子片段与其他蛋白融合,可得到具有多种生物学功能的融合蛋白。这些融合蛋白能利用抗体的特异性识别功能导向某些生物活性的特定部位。抗体融合蛋白有多种不同的方式,如将 Fv 或 Fab 段与其他生物活性蛋白融合可将特定的生物学活性导向靶部位;在融合时可根据需要保留某些恒定区使其具备一定的抗体生物学功能;将非 Ig 蛋白与抗体分子的 Fc 段融合,可改善其药物动力学特性;将 Fv 段与其他细胞膜蛋白融合可得到嵌合受体,赋予特定的细胞以抗原结合能力。

1. 免疫导向

将毒素、酶、细胞因子等生物活性物质的基因与抗体融合,可将这些生物活性物质导向特定的靶部位,更有效地发挥其生物学功能。

导向治疗是这类融合蛋白的主要应用领域,尤其是肿瘤治疗。将抗肿瘤相关抗原的抗体与毒性蛋白融合形成的重组毒素或免疫毒素可将细胞杀伤效应引导到肿瘤部位,其

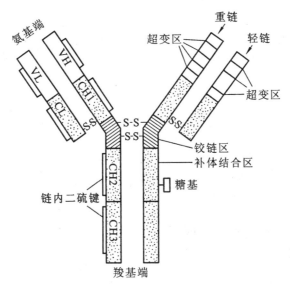

图 6-16　抗体结构图

抗体部分多使用 ScFv,常用抗体融合毒素有绿脓杆菌外毒素、蓖麻毒素及白喉毒素等。抗体与细胞因子融合也可用于肿瘤的导向治疗,常用的细胞因子有干扰素(INF)、白介素 2(IL-2)及肿瘤坏死因子(TNF)等。

免疫导向治疗并不局限于肿瘤,可能对多种疾病起到治疗作用,如将抗纤维蛋白的 ScFv 与纤维蛋白溶酶原激活物基因拼接表达的融合蛋白可促进血栓的溶解。

2. 含 Fc 的抗体融合蛋白

构建抗体融合蛋白时不仅可以利用抗体分子 Fv 段特异性结合抗原的特性,也可利用 Fc 段所特有的生物学效应功能。将某些蛋白分子与抗体 Fc 段融合可产生两种效果:一是通过该蛋白分子与其配体的相互作用将 Fc 的生物学效应引导到特定目标;二是增加该蛋白分子在血液中的半衰期。

6.3.3.3　干扰素 β16 的改造

干扰素 β16 是生产较早的药物蛋白质。在有 154 个氨基酸的干扰素 β 中的残基 17,用半胱氨酸替代丝氨酸,这个替代减小了错误二硫键形成的可能性,同时也去除了一个转录后氧化的可能位点。大肠杆菌中表达的蛋白质活性接近于天然形成的纤维细胞获得的干扰素 β。自 1993 年起该分子已经被许可用于复发的不卧床病人,减少复发的频率和严重程度,减缓多发硬化症。

6.4　蛋白质组学

随着人类基因组计划的完成,科学家们又提出了后基因组计划。蛋白质组学就是在后基因组时代出现的一个新的研究领域。2001 年《科学》杂志已经把蛋白质组学列为六大研究热点之一,蛋白质组学研究已成为 21 世纪生命科学的重要战略前沿。

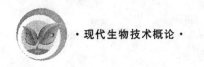

6.4.1　蛋白质组学的概念

蛋白质组(proteome)源于"protein"与"genome"两个词的杂合,指的是由一个细胞、一个组织或一种生物的基因组所表达的全部相应的蛋白质。

蛋白质组学(proteomics)是从整体角度分析细胞内动态变化的蛋白质组成、表达水平与修饰状态,了解蛋白质之间的相互作用与联系,提示蛋白质的功能与细胞的活动规律。目前,蛋白质组学尚无明确的定义,一般认为它是研究蛋白质组或应用大规模蛋白质分离和识别技术研究蛋白质组的一门学科,是对基因组所表达的整套蛋白质的分析。作为一门科学,蛋白质组研究并非从零开始,它是已有20多年历史的蛋白质(多肽)谱和基因产物图谱技术的一种延伸。

6.4.2　蛋白质组学的研究内容

蛋白质组学研究的内容主要有结构蛋白质组学和功能蛋白质组学两方面。

6.4.2.1　结构蛋白质组学

结构蛋白质组学(structural proteomics)主要研究蛋白质的表达模式,包括蛋白质氨基酸序列分析及空间结构的解析。蛋白质表达模式的研究是蛋白质组学研究的基础内容,主要研究特定条件下某一细胞或组织的所有蛋白质的表征问题。常规的方法是提取蛋白质,经双向电泳(2DE,two dimensional electrophoresis)分离形成一个蛋白质组的二维图谱,通过计算机图像分析得到各蛋白质的等电点、分子量、表达量等,再结合以质谱分析为主要手段的蛋白质鉴定,建立起细胞、组织或机体在正常生理条件下的蛋白质图谱和数据库。在此基础上,可以比较分析在变化条件下,蛋白质组所发生的变化,如蛋白质表达量的变化、翻译后的加工修饰、蛋白质在亚细胞水平上的改变等,从而发现和鉴定出特定功能的蛋白质及其基因。结构蛋白质组学所得到的信息可以帮助我们很好地理解细胞的整体结构,并且有助于解释某一特定蛋白质的表达对细胞产生的特定作用。

6.4.2.2　功能蛋白质组学

功能蛋白质组学(functional proteomics)主要研究蛋白质的功能模式,包括蛋白质的功能和蛋白质间的相互作用。蛋白质功能模式的研究是蛋白质组学研究的最终目标,目前主要集中于研究蛋白质相互作用和蛋白质结构与功能的关系,以及基因的结构与蛋白质的结构功能的关系。对蛋白质组成的分析鉴定是蛋白质组学中与基因组学相对应的主要部分,它要求对蛋白质进行表征,即对所有蛋白质进行分离、鉴定及图谱化。蛋白质间的相互作用主要包括以下几类:分子和亚基的聚合、分子杂交、分子识别、分子自组装、多酶复合体。而分析一个蛋白质和已知功能的蛋白质的相互作用是研究其功能的重要方法。功能蛋白质组学的方法可以更好地分析、阐明被选择的蛋白质组分的特征与功能,还可以提供有关蛋白质信号、疾病机制或蛋白质类药物相互作用的重要信息。

目前蛋白质组学又出现了新的研究趋势。

(1)亚细胞蛋白质组学　分离、鉴定不同生理状态下亚细胞蛋白质的表达,这对全面了解细胞功能有重要意义。

（2）定量蛋白质组学　精确定量分析和鉴定一个基因组表达的所有蛋白质已成为当前研究的热点。

（3）磷酸化蛋白质组学　蛋白质磷酸化和去磷酸化调节几乎所有的生命活动过程。蛋白质组学的方法可以从整体上观察细胞或组织中蛋白质磷酸化的状态及其变化。

（4）糖基化蛋白质组学　可用于确定糖蛋白特异性结合位点中多糖所处的不同位置。近年来在蛋白质组学背景下进行的糖生物学研究已取得了可喜的进展。

（5）相互作用蛋白质组学　通过各种先进技术研究蛋白质之间的相互作用，绘制某个体系蛋白质作用的图谱。

6.4.3　蛋白质组学的研究技术

当前国际蛋白质组研究技术主要有以下几个方面。

6.4.3.1　蛋白质的制备技术

蛋白质样品制备是蛋白质组学研究的关键步骤。蛋白质样品制备的一般过程是：对细胞、组织等样品进行破碎、溶解、失活和还原，断开蛋白质之间的连接键，提取全部蛋白质，除去非蛋白质部分。通常可采用细胞或组织中的全蛋白质组分进行蛋白质组分析。也可以进行样品预分级，即采用各种方法将细胞或组织中的蛋白质分成几部分，分别进行蛋白质组学研究。样品预分级的主要方法包括根据蛋白质溶解性和蛋白质在细胞中不同的细胞器定位进行分级，如专门分离出细胞核、线粒体或高尔基体等细胞器的蛋白质成分。样品预分级不仅可以提高低丰度蛋白质的上样量和检测，还可以针对某一细胞器的蛋白质组进行研究。

激光捕获显微切割技术是 20 世纪末期发展起来的新技术。利用激光切割组织，能高效地从复合组织中特异性地分离出单个细胞或单一类型细胞群，显著提高样本的均一性。

6.4.3.2　蛋白质的分离技术

蛋白质分离技术是蛋白质组学研究的核心，它是利用蛋白质的等电点和分子量差异通过双向凝胶电泳的方法将各种蛋白质区分开来的一种很有效的手段，它在蛋白质组分离技术中起到了关键作用。目前的蛋白质分离技术主要有双向凝胶电泳技术、差异凝胶电泳技术、毛细管电泳技术、二维凝胶电泳技术、高效液相色谱技术等。

1. 双向凝胶电泳技术

双向凝胶电泳是依据蛋白质分子对静电荷或等电电子具有不同的敏感度从而将蛋白质分子分离开来。以双向聚丙烯酰胺凝胶电泳（two dimensional polyacrylamide gel electrophoresis，2D-PAGE）为例，第一向为等电聚焦（IEF），是基于等电点不同将蛋白质分离；第二向为 SDS-聚丙烯酰胺凝胶电泳（SDS-PAGE），是基于分子量不同而将蛋白质分离。首先将制备好的样品进行等电聚焦电泳，在这个过程中需要使用固定 pH 梯度的干胶条。当电场作用于胶条上时，存在于胶条内的带电蛋白质便根据其所带电荷的正负而反向移动，在移动中蛋白质的带电量逐渐减小，直到移动到该蛋白质不带电时为止，这时蛋白质便迁移到了它的等电点处。然后将第一向电泳后的胶条经 2 次平衡后转移到第二向电泳（SDS-PAGE），将蛋白质按照分子量的不同而分开。双向凝胶电脉技术

是目前唯一能同时将数千种蛋白质同时分离的技术，且灵敏度高，所需样品量少，一张胶可同时分析3个样品，减少了工作量，且重复性显著提高。目前该技术已得到了广泛应用。

2. 双向荧光差异电泳

双向荧光差异电泳（two-dimensional difference gel electrophoresis，2D-DIGE）分析系统是在传统双向电泳技术的基础上，结合多重荧光分析的方法，在同一块胶上共同分离多个分别由不同荧光标记的样品，并第一次引入了内标的概念，极大地提高了结果的准确性、可靠性。2D-DIGE 的具体操作过程与常规 2DE 的步骤相似，所不同的就是在样品制备时，在每份样品中预先分别加入不同的荧光染料，并且需要制作一个供其他样品比较的内参，另外电泳后的凝胶显色需要在特殊的荧光检测仪中进行。

3. 高效液相色谱技术

高效液相色谱技术（high performance liquid chromatography，HPLC）是对蛋白质进行层析分析的技术，它是基于样品分子在固定相和流动相之间的特殊相互作用而实现分离的。在这种技术分析下，研究样品不需要变性处理就可以自动分析出颜色不同的蛋白质分子。液相色谱技术中的双向高效液相色谱技术（2D-LC）又进一步提高了液相层析的效率。其基本原理是先进行第一向分子筛柱层析，按蛋白质相对分子质量大小分离。从柱上流出的蛋白质自动进入第二向层析进一步分离，第二向层析通常是利用蛋白质表面疏水性质进行反相柱层析。

4. 毛细管电泳技术

毛细管电泳（capillary electrophoresis，CE）技术是在高电场强度作用下，按相对分子质量、电荷、电泳迁移率等差异有效分离毛细管中的待测样品。它包括毛细管区电泳（CZE，依据不同蛋白质的电荷质量比差异进行分离）、毛细管等电聚焦（CIEF，依据蛋白质等电点不同在毛细管内形成 pH 梯度实现分离）和筛板-SDS 毛细管电泳（依据 SDS-蛋白质复合物在网状骨架中迁移速率的不同而实现分离）等技术。

6.4.3.3　蛋白质的定量分析技术

蛋白质组研究中，以 2DE 为基础的蛋白质定量方法大致有考马斯亮蓝染色法、银染法、负染法、荧光染色法和放射性同位素标记法等。其中，考马斯亮蓝染色法和银染法是最常用的定量手段，操作简单易行，而且能很好地与质谱鉴定匹配，但灵敏度较低，检测下限为 0.2～0.5 g，背景值较高。

在所有的染色方法中，最灵敏的是放射性同位素标记法。但此方法易污染，易对人体产生伤害，操作也不方便，一般不采用。

6.4.3.4　蛋白质的鉴定技术

1. 氨基酸组成分析

此法可提供蛋白质一级结构信息，耗资低，但速度较慢，所需蛋白质或肽的量较大，在超微量分析中受到限制，且存在酸性水解不彻底或部分降解而致氨基酸变异的缺点，故应结合蛋白质的其他属性鉴定。

2. C-端或 N-端氨基酸序列分析

常用 Edman 降解法测定蛋白质 N-端氨基酸序列。常用羧肽酶法、化学降解法测定蛋白质 C-端氨基酸序列。目前均可用自动测序仪完成。

3. 质谱

它通过测定蛋白质的质量能清楚地鉴定蛋白质并准确测量肽和蛋白质的相对分子质量、氨基酸序列及翻译后的修饰,因灵敏度高、速度快、易自动化,已成为蛋白质组研究中主要的蛋白质鉴定技术。

目前常用的质谱仪有气相色谱-质谱仪(GC-MS)、液质联用质谱仪(LCMS)、电喷雾电离串联质谱仪(ESI-MS-MS)、液相色谱-电喷雾离子化质谱仪(LC-ESI-MS)、基质辅助的激光解吸飞行时间质谱仪(MALDI-TOF-MS)等。其中 MALDI-TOF-MS 和 ESI-MS-MS 是简单、高效且灵敏的方法,是目前蛋白质组学研究中应用最广泛的生物质谱仪。

(1)肽质量指纹图谱法鉴定蛋白质 在蛋白质数据库中检索实验获得的肽质量指纹图谱,根据肽段匹配率和蛋白质序列覆盖率寻找具有相似肽指纹图谱(PMF)的蛋白质,就可以初步完成蛋白质鉴定。

(2)质谱测肽序列信息鉴定蛋白质 为进一步鉴定蛋白质,可将液相中的肽段经电喷雾电离后进入串联质谱,肽链中的肽键断裂,形成 N-端和 C-端碎片离子系列。根据肽片段的断裂规律综合分析这些碎片离子系列,可得出肽段的氨基酸序列,联合肽片段的相对分子质量和肽段的序列信息,就足以鉴定一个蛋白质。

4. 同位素标记亲和标签技术

同位素标记亲和标签技术(ICAT)是一种采用同位素标记多肽或蛋白质的亲和标签技术,主要用于研究蛋白质组差异。它的优点在于可以对混合样品直接测试;能够快速定性和定量鉴定低丰度蛋白质,尤其是膜蛋白等疏水性蛋白质等;还可以快速找出重要功能蛋白质(疾病相关蛋白质及生物标志分子)。它具有巨大的应用价值。但 ICAT 技术由于其标签试剂本身是种相当大的修饰物,并在整个 MS 分析过程中保留在每个肽段上,这使得数据库搜索的算法复杂化,并且对不含 Gys 的蛋白质无法分析。

5. 蛋白质芯片技术

这是用于分析蛋白质功能及相互作用的生物芯片。待分析样品中的生物分子与蛋白质芯片的探针分子杂交或相互作用或用其他分离方式分离后,用激光共聚焦显微扫描仪检测和分析杂交信号,从而实现高通量检测多肽、蛋白质及其他生物成分的活性、种类和相互作用。此技术快速、操作简便、样品用量少,可平行检测多个样品,可直接检测不经处理的各种体液和分泌物等。在蛋白质组学研究较常规方法中有明显优势。

6.4.3.5 蛋白质之间的相互作用技术

目前主要的研究方法有以下几种。

1. 酵母双杂交系统

酵母双杂交系统(yeast two-hybrid system)是在真核模式生物酵母中进行的,即当靶蛋白和诱饵蛋白特异结合后,诱饵蛋白结合于已知基因的启动子能启动报告基因在酵母细胞内的表达,通过检测该基因表达产物来判别诱饵蛋白和靶蛋白之间是否存在相互作用。这种技术不但可用于体内检验蛋白质之间,蛋白质与小分子肽、DNA、RNA 之间的相互作用,而且能用于发现新的功能蛋白质,研究蛋白质的功能,对于认识蛋白质组特定代谢途径中的蛋白质相互作用关系网络发挥重要作用。酵母双杂交系统提供的蛋白质之

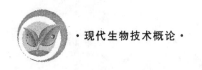

间可能的相互作用信息,还需通过进一步的生物化学实验确定和排除。

2. 噬菌体展示技术

主要是在编码噬菌体外壳蛋白质基因上连接一单克隆抗体基因序列。噬菌体生长时表面会表达出相应单抗,噬菌体过柱时,如柱上含有目的蛋白质,则可特异性地结合相应抗体。该技术具有高通量及简便的特点,与酵母双杂交技术互为补充,弥补了酵母双杂交技术的一些不足。缺陷是噬菌体文库中的编码蛋白质均为融合蛋白质,可能改变天然蛋白质的结构和功能,体外检测的相互作用可能与体内不符。

3. 串联亲和纯化技术

串联亲和纯化技术(tandem affinity purification,TAP)是利用一种经过特殊设计的蛋白质标签,经过两步连续亲和纯化,获得更接近自然状态的特定蛋白质复合物。TAP技术可在低浓度下富集目的蛋白质,得到的产物可用于活性检测及结构分析。因其具有高特异性和选择性,可减小复杂蛋白质组分离的复杂性。

4. 表面等离子共振技术

表面等离子共振技术(surface plasmon resonance technology,SPR)是一种研究蛋白质之间相互作用的全新手段。典型代表是瑞典 BIACORE 的单元蛋白质芯片。SPR 除用于检测蛋白质之间的相互作用外,还可用于检测蛋白质与核酸及其他生物大分子之间的相互作用,并且能实时监测整个反应过程。

6.4.4 蛋白质组学的应用

蛋白质组学研究技术已经应用于生命科学的各个领域,研究对象覆盖了原核生物、真核微生物、动植物等多个范畴,涉及多种重要的生物学现象,并已成为寻找疾病分子标记和发现药物靶标的有效方法之一。此外,在司法鉴定、环境和食品检测等方面,蛋白质组学也有着广泛的应用。

1. 在基础研究中的应用

近年来蛋白质组学研究技术已应用于生命科学基础研究的各个领域,如细胞生物学、神经生物学等。在研究对象上,覆盖了原核生物、真核微生物、动物和植物等范围,涉及各种重要的生物学现象,如细胞分化、信号转导、蛋白质折叠等。这些基础性研究为后续应用性研究奠定了坚实的基础。

目前,信号传导途径、蛋白质相互作用已成为日益重要的研究领域之一。对于细胞内蛋白质的相互作用以及信号传导机制的研究,可使人们逐步从分子水平了解生物体是如何运作的。

2. 在农业中的应用

蛋白质组学的研究虽起步较晚,但进展迅速,在农业科学研究中得到了广泛的应用。如核不育和细胞质雄性研究,病虫害等生物胁迫蛋白质组学研究,缺氧胁迫、热胁迫、损伤胁迫等非生物胁迫研究,各种突变体的研究等。

3. 在疾病研究中的应用

蛋白质组学在疾病研究中的应用主要是发现新的疾病标志物,以鉴定疾病相关蛋白质作为早期临床诊断的工具,以及探索人类疾病的发病机制与治疗途径。对于人类许多疾病如肿瘤、神经系统疾病、心脑血管疾病、感染性疾病等，均已从蛋白质组学角度展开了深入研究，并取得了一定的进展。目前对疾病特别是肿瘤的早期标志蛋白分子的筛选，已经在世界范围内形成热潮。

4. 在药物开发方面的应用

蛋白质组学最大的应用前景是在药物开发领域，不但能证实已有的药物靶点，进一步阐明药物作用的机制，发现新的药物作用位点和受体，还可用来进行药物毒理学分析及药物代谢产物的研究。

小 结

蛋白质的分子结构分为一级、二级、三级和四级。一级结构是蛋白质的基本结构，二级、三级、四级结构称为空间结构或构象。蛋白质的结构与功能密切相关。一级结构是蛋白质空间结构和特异生物学功能的基础，空间结构与蛋白质的各种功能也有着密切的关系。根据对蛋白质改造程度的不同，可以将蛋白质设计分为："小改"，即通过定位突变或化学修饰来实现；"中改"，即对来源于不同蛋白质的结构域进行拼接组装而改变蛋白质的功能特性；"大改"，即完全从头设计全新的具有特定功能的蛋白质。在小改时，首先要确定突变的残基。对已知蛋白质进行中改最经典的例子就是抗体设计和改造。蛋白质全新设计是以对蛋白质结构与功能关系的认识为基础，根据所希望的结构和功能来设计序列。蛋白质分子设计流程包括根据蛋白质的结构和功能的关系，用计算机建立模型，然后通过分子生物学手段改造蛋白质的基因，并通过生物化学和细胞生物学等手段得到突变的蛋白质，最后对得到的蛋白质突变体进行分析验证。蛋白质组学主要是对由一个细胞或一个组织的基因组所表达的全部相应的蛋白质进行研究的一门学科。蛋白质工程汇集了当代分子生物学等学科前沿领域的一些最新成果，它把核酸与蛋白质、蛋白质空间结构与生物功能结合起来研究。蛋白质工程将蛋白质与酶的研究推向崭新的时代，为蛋白质和酶在工业、农业和医药方面的应用开拓了诱人的前景。蛋白质工程开创了按照人类意愿改造、创造符合人类需要的蛋白质的新时期。

 复习思考题

1. 蛋白质工程的应用主要涉及哪些领域？
2. 蛋白质的基本组成单位是什么？
3. 蛋白质的二级结构有几种？
4. 试以血红蛋白为例概述蛋白质空间构象与功能的关系。
5. 蛋白质工程在工业酶的改造上主要包括几个方面？
6. 试述蛋白质组学的概念及主要研究内容。
7. 试述蛋白质组学的研究方法及应用。

第7章

生物技术对经济与科学技术发展的影响

学习目标

通过本章的学习,使学生了解生物技术在生命科学基础研究领域、农业研究领域、医药与人体健康领域、食品生产领域、能源领域和环境保护领域的应用现状。

生物技术被世界各国视为发展最快、潜力最大和影响最深远的一项高新技术。首先,生物技术是解决全球性经济问题的关键技术,在迎接人口、资源、能源、食物和环境等五大危机的挑战中将大显身手。其次,生物技术广泛应用于医药卫生、农林牧渔、轻工、食品、化工和能源等领域,促进传统产业的技术改造和新兴产业的形成,对人类社会生活将产生深远的革命性影响。因此,生物技术是现实生产力,也是具有巨大经济效益的潜在生产力。生物技术将是 21 世纪高新技术革命的核心内容,生物技术产业将是 21 世纪的支柱产业。

7.1 现代生物技术在生命科学基础研究领域的应用

7.1.1 研究基因结构与功能

目前,通过研究自然突变已经知道了许多基因的功能。自然突变会造成人或动物表型的改变,其中包括大部分的不利改变和小部分的有利改变。通过研究自然突变,不仅知道了许多基因的功能,还可通过筛选积累有利突变,去除有害突变。研究基因的功能和基因间的相互作用最有效的手段是基因敲除技术和基因定点整合技术。

基因敲除技术(gene knock out)是研究基因结构和功能最为常用的方法之一。功能基因组学的研究进展使基因敲除技术显得尤为重要。当转入基因插入染色体后,可能由于插入某一基因而破坏这一基因的功能,进而形成某一基因缺陷的转基因动物。研究人员恰恰就是利用外源 DNA 在特定位点定向插入某一基因,从而造成某一基因功能破坏的方法来研究基因在发育过程中的功能。例如,cyclinD 的主要功能是促使细胞通过 G1 期,cyclinD 激活 CDK4、CDK6,接着将 RB 磷酸化,使细胞通过 G1 期进入 S 期。Meyer

利用基因敲除技术,发现了 cyclinD-CDK4 的新功能:cyclinD-CDK4 复合物不仅是通过 G1 期所必需的,还有一项新的功能,即促进细胞生长、增大细胞体积。这项研究在模式动物果蝇中进行,果蝇仅有一种 cyclinD、一种 CDK4 及两种 RB 家族成员(Rbf、Rbf2)。Meyer 等敲除了 Cdk4 基因得到了一个突变体,按照先前具有的理论,没有了 CDK 活性,果蝇死定了,但是得到了个头小一点的果蝇,因为它们的细胞体积小而且生长慢。研究者将 CycD 与 CDK4 融合 GFP 在果蝇的不同细胞中过表达。在发育中的翅原基的繁殖细胞中,CycD 与 CDK4 过表达对细胞周期无影响,而过表达 CycE 会缩短 G1 期,从而造成细胞体积的缩小。但对 CycD-CDK4 过表达细胞的深入研究发现,虽然细胞倍增时间延长,但体积不比野生型的小,这说明 CycD-CDK4 可促进细胞生长。

研究人员还利用 ES 细胞法将转入基因定点整合到鼠基因的某一特定位置,可以得到某一基因已被敲除的转基因小鼠,这就为对该基因进行更为深入的研究奠定了基础。例如,Ⅰ 型组织相容性抗原(MHC Ⅰ)具有很多的免疫学功能,主要分布在有核细胞表面,β2 微球蛋白是其重要的组成部分。为了研究 MHC Ⅰ 功能,研究人员构建了含有 10 kb β2 微球蛋白基因序列的载体(包括前 3 个内含子),并将 neo^r 基因插入第二个内含子内;这一载体可与 β2 微球蛋白基因进行同源重组。利用正-负筛选法筛选到的目标基因定位,插入外源基因,进而获得转基因小鼠。由于转入基因破坏了小鼠内源性 β2 微球蛋白基因,缺失 β2 微球蛋白的 MHC Ⅰ 不能行使正常的功能。经过杂交得到的纯合转基因小鼠后,转基因小鼠虽然完全失去了 MHC Ⅰ,但这些小鼠的发育与正常小鼠毫无区别,由此可以证明 MHC Ⅰ 对小鼠的发育完全没有作用。但由于纯合小鼠缺乏 CD4 －/8 ＋细胞毒淋巴细胞,所以对病毒感染的抵抗力非常低下。这种方法可以用来研究非必需基因,而研究必需基因就不能用这种方法。

为了研究必需的持家基因(house keeping gene)在动物发育过程中和正常生活中的功能,研究人员设计了另一种被称为"bit and run"的方法来产生一些较小的突变。用这种方法产生的蛋白质由于发生了一些微小的突变,既不会使动物致死,也不能保持蛋白质正常的生物学功能。由于转入的基因插入,同一染色体上存在另一个相同的基因;经过染色体同源重组后,细胞中的内源性基因在重组过程中丢失,结果原有的基因被人工设计的突变基因所取代。因而可以用转入基因作为探针,把这种在发育过程中起重要作用的基因克隆出来进行深入研究。这种在染色体上精确地引入某种细微突变的方法,对研究复杂的遗传系统具有非常重要的意义。

基因定点整合技术只能在细胞内完成,还需要一种技术将一个细胞变成一个动物个体,只有在活的动物体内才能检测和观察基因功能。自从 1981 年 Evans、Kaufman 和 Martin 等建立小鼠胚胎干细胞系(ES)以来,修饰小鼠基因已成为一项常规工作。20 世纪 80 年代中期后的十几年中,基因定点整合只能在小鼠身上进行,因为只有小鼠身上分离出了可以发育成动物的 ES 细胞;至 1999 年年底,800 多个小鼠基因被人为地修饰过。在此期间,虽然有许多研究人员致力于分离其他哺乳动物的 ES 细胞,但至今仍未成功。体细胞克隆技术的出现解决了全部问题,因为动物体内多种类型的细胞都可通过体细胞克隆技术变成动物个体,且体细胞的培养要比胚胎干细胞简单得多。在人类基因组计划完成前出现了体细胞核移植技术,使得对基因结构、功能和表达调控的研究有了飞速发展

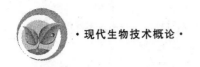

的条件。否则,人类仍然只能依靠研究自然突变来研究基因的确切功能。McCreath 等于 2000 年报道,用胎儿成纤维细胞进行基因定点整合试验,成功地将标记基因和抗胰蛋白酶基因定向整合到绵羊胶原蛋白基因座上,并用体细胞克隆法得到两只绵羊。他们的研究结果标志着已经有一种比制作基因定向整合小鼠更为直接的方法来实现基因的定点整合。用同源重组的方法准确改变某一个内源性基因,是研究基因功能的最高水平,特别是将基因定位整合方法与 Cre 系统等位点特异性基因重组方法以及常规遗传方法结合使用时,不仅可以研究基因功能,还可研究许多其他生物学问题。

7.1.2 研究细胞功能

如果将转入基因置入合适的启动子控制之下,就可使转入基因仅在特定的细胞中表达。因此,研究人员设计将毒素基因置入细胞,在类型特异性启动之前杀死某一类特殊类型的细胞,以确定这类细胞的转基因动物在发育过程中是否有异常表现,从而确定该类型细胞在发育过程中的作用。例如,弹性蛋白酶 I 只在胰腺的外分泌部表达,因此可以利用弹性蛋白酶 I 基因启动子引导毒素蛋白仅在外分泌部表达;晶状蛋白只在晶状体中表达,其启动子可引导毒素蛋白基因在特异的细胞中表达。但是,这种设想有一个很大的缺陷,也就是组成型蛋白表达的毒素一旦整合到特异性细胞基因组后,就可能立即表达,并在短时间杀死细胞,而有些类型的细胞在早期发育过程中是必不可少的,从而不可避免地造成动物死亡,也就不能进一步研究这类细胞在今后发育过程中的作用了。为了克服这一不足,研究人员设计了一种诱导表达系统,使细胞在人们所希望的时间内被杀死。这一系统就是将 I 型 HSV 的 *tk* 基因连锁在特异性启动子之后,构成转入基因。这样所获得的转基因动物只有在加入特定的核苷酸,细胞分裂时该核苷酸在胸苷激酶(TK)作用下转变成有毒物质后,才会杀死细胞。例如,利用诱导表达系统,研究人员确定了催乳素(prolactin)合成基因与生长素合成细胞之间的关系。研究人员将生长素合成细胞特异性启动子-*tk* 基因和催乳素合成细胞特异性启动子-*tk* 基因分别转入两只小鼠,给两只小鼠注射核苷酸后,发现转入前者的转基因小鼠生长素合成细胞死亡,经过一段时间催乳素合成细胞完全消失,而转入后者的转基因小鼠所有细胞功能正常。这一研究结果表明,催乳素细胞在体内不会分裂,因而不会在细胞分裂时产生有毒物质造成该类细胞死亡。另外还提示,生长素合成细胞在发育过程中可进一步转化成催乳素合成细胞,因此在杀死生长素合成细胞一段时间后,催乳素合成细胞数量也大为减少。这样利用转基因小鼠杀死某种特异性细胞的方法,证明了生长素合成细胞与催乳素合成细胞在发育过程中的联系。

7.2 生物技术在农业研究领域的应用

7.2.1 植物生物技术的农业应用

植物生物技术在植物品质改良,抗病虫转基因,抗旱、抗盐育种,名贵花卉组培快繁,无性繁殖中脱毒等方面显示出了巨大优势。

1. 植物基因工程的农业应用

植物基因工程(plant genetic engineering)指利用 DNA 重组技术,用人工的方法将目的基因进行体外切割、拼接和重组,然后导入受体植物细胞的基因组中,并使其进行复制和表达,从而改变受体植物的遗传特性,培育出高产、优质、多抗的新品种。

1)产量改良基因工程

产量改良基因工程主要是从资源中发掘与高产相关基因,通过基因工程、细胞工程等生物技术转移高产基因,培育出高产农作物新品种的技术。2002 年,日本科学家发现水稻高产基因 $SD1$ 能控制赤霉素的合成,使得水稻植株变矮,抗倒伏,茎粗叶大,稻粒增多,产量大幅度提高。2005 年,复旦大学杨金水教授发现 $LRK1\sim LRK8$ 等 8 个基因组成的"基因家族"对水稻产量有很大影响,其中 $LRK1$、$LRK4$、$LRK6$ 基因作用尤为关键。2010年,中国科学院李家洋院士等成功克隆出的水稻 $IPA1$ 基因能使水稻增产 10% 以上。

2)品质改良基因工程

植物品质改良主要涉及蛋白质、淀粉、脂类和氨基酸等方面。利用基因工程技术转化这些物质代谢合成相关的基因,就会改善植物的品质。在蛋白质改良方面,主要集中于改变植物中蛋白质含量或必需氨基酸的成分。如美国科学家将大豆蛋白合成基因导入马铃薯,成功培育出高蛋白马铃薯品种,大大提高了马铃薯的营养价值。

腺嘌呤葡萄糖焦磷酸化酶、淀粉合成酶、淀粉分支酶和淀粉去分支酶是淀粉合成的四种关键酶。水稻、玉米、大麦等作物通过基因工程改变调控淀粉合成的任一酶类基因,都可导致淀粉结构发生改变,获得不同功能的淀粉。美国科学家利用淀粉合成酶修饰基因结合轮回选择法培育出了高直链淀粉含量(70%～80%)的新品种杂交玉米。

科学家还转化 β-胡萝卜素、γ-氨基丁酸、钙、铁、硒等调控基因,培育出的"富铁大米"、"富硒大米"、"高钙米"等功能性农产品,调节了人体生理性结构、增强免疫力,还能满足一些特殊消费者群体,如贫血患者食用"富铁大米"可增加机体的铁含量。

3)抗虫基因工程

全球每年因虫害造成的农业损失高达 20%～30%。利用基因工程技术,将抗虫基因导入农作物,使农作物自身具有抗虫能力,具有如下优点:①保护作用具有连续性;②抗虫基因资源具有丰富性;③害虫毒性具有专一性;④不受时间和空间的限制;⑤对环境无污染;⑥缩短育种周期。

苏云金杆菌(*Bacillus thuringiensis*,Bt)毒蛋白基因是迄今研究利用最多的抗虫基因,广泛用于农业、林业害虫的防治。Bt 基因的抗虫机理:转 Bt 基因植物被鳞翅目类昆虫取食后,在昆虫消化管的碱性条件下,被降解为有毒的活性多肽分子,导致昆虫的消化管膜细胞渗透平衡遭到破坏,造成细胞裂解,杀死害虫;而对鱼类、鸟类、哺乳类动物及人无毒害作用。转 Bt 抗虫基因在棉花、水稻、玉米、烟草、番茄等植物中有大量应用。

蛋白酶抑制剂基因也是一种抗虫基因,具有抗虫谱广、对人无副作用以及害虫不易产生耐受性等优点。目前已从豇豆、大豆、番茄、马铃薯和大麦等植物中分离纯化出多种丝氨酸蛋白酶抑制剂基因。

目前研究较多的抗虫基因还有外源凝集素基因、淀粉酶抑制剂基因、昆虫神经毒素基因、几丁质酶基因和胆固醇氧化酶基因等,其抗虫机理见表 7-1。

表 7-1　主要植物抗虫基因及其作用机理

植物抗虫基因	抗虫机理	研究对象
苏云金杆菌基因	在消化管的碱性条件下,被降解成有毒的活性多肽分子,导致昆虫消化管膜细胞渗透平衡遭到破坏,造成细胞裂解,杀死害虫	棉花、水稻、玉米、烟草、番茄、马铃薯等
蛋白酶抑制剂基因	昆虫取食后消化道不能产生消化的蛋白酶,导致不能消化吸收营养物质而饿死	豇豆、大豆、番茄、马铃薯、大麦等
淀粉酶抑制剂基因	抑制昆虫消化道内淀粉酶的活性,昆虫摄入的淀粉不能消化水解,阻断了能量来源。	菜豆、烟草
外源凝集素基因	与昆虫肠道周围细胞壁膜糖蛋白结合,降低膜的通透性,影响营养物质的消化吸收	豌豆、棉花、马铃薯等
昆虫神经毒素基因	蝎和蜘蛛等神经毒素能影响昆虫的生长、变态、生殖和代谢等	烟草、棉花、大豆
几丁质酶基因	作用于昆虫消化管膜细胞,影响昆虫的正常消化吸收	—
胆固醇氧化酶基因	昆虫摄取后肠道表皮细胞出现胞溶现象,细胞裂解和死亡	棉花、马铃薯

4) 抗病基因工程

植物病毒有"植物癌症"之称,全球每年农作物病毒害造成的损失高达 200 亿美元。1986 年,Powell-Abel 等将烟草花叶病毒(tobacco mosaic virus,TMV)外壳蛋白基因转化于烟草植株获得首例抗病毒烟草植株。迄今植物抗病毒基因工程在烟草、马铃薯、番木瓜、西葫芦、辣椒等植物上开展了广泛的研究。植物抗病毒基因工程策略主要有:①利用病毒本身的基因导入受体植物以获得抗性植株;②利用植物的抗性基因或植物、微生物的核糖体失活蛋白基因以及多基因策略获得抗病毒植物。表 7-2 列出了相关植物抗病毒基因及其抗病毒机理。

表 7-2　主要植物抗病毒基因及其作用机理

植物抗病毒基因	抗病毒机理	研究成果
外壳蛋白基因	病毒外壳蛋白基因体外克隆、重组及构建表达盒,转化到植物细胞内表达,使转基因植物获得抗病毒能力	马铃薯 X 病毒(PVX)、马铃薯 Y 病毒（PVY）、烟草花叶病毒(TMV)、黄瓜花叶病毒(CMV)等
病毒复制酶基因	干扰入侵病毒穿越受侵植物细胞的输导系统	豌豆早期棕色病毒(PEBV)

续表

植物抗病毒基因	抗病毒机理	研究成果
病毒卫星 RNA	利用病毒卫星 RNA 改变相伴病毒的致病力	番茄不孕病毒(TAV)
病毒反义 RNA	植物细胞中表达的反义 RNA 与病毒 RNA 互补,抑制病毒的翻译	马铃薯 X 病毒(PVX)
缺陷型运动蛋白基因	用缺陷型病毒运动蛋白占据胞间连丝阻断病毒运动蛋白的功能,使转移一种基因而抗多种病毒成为可能	缺陷型烟草花叶病毒(TMV)
核糖体失活蛋白基因	核糖体失活蛋白具有酶的功能,能专一性水解真核生物核糖体,抑制病毒蛋白质的合成	美洲商陆抗病毒蛋白(PAP)、天花粉蛋白(TCS)
聚合多基因	利用多个抗性基因共同作用或相互作用,多条途径来破坏病毒基因组的功能表达,达到防治病毒的目的	马铃薯 PVX 和 PVY 外壳蛋白基因
病程相关蛋白基因	通过转调控相关蛋白基因(水解、过氧化物、木质化酶类)提高抗性	研究中
潜在自杀基因	将植物源的毒素蛋白基因克隆、重组及反义转化,使得病毒侵染的细胞死亡而邻近的细胞不受影响	研究中
抗体基因	将病毒的抗体基因转入植物体内表达,从而抵御病毒的入侵	研究中

5) 抗除草剂基因工程

杂草危害也是造成农作物减产的主要原因之一。施用化学除草剂是防除杂草的主要方法,但除草剂除草范围有限,会产生抗药性、农药残留及污染环境等问题。通过对除草剂作用机理和生物对除草剂抗性机理的研究,应用基因工程技术培育抗除草剂新品种取得了一定的成绩。抗除草剂基因工程原理主要包括:①产生靶标酶或靶标蛋白质,使作物吸收除草剂;②产生除草剂原靶标的异构酶或异构蛋白,使其对除草剂不敏感;③产生能修饰除草剂的酶或酶系统,在除草剂发生作用前将其降解或解毒。表 7-3 列出了目前主要抗除草剂基因。

表 7-3 获得并已利用的主要抗除草剂基因

基 因	名 称	抗除草剂名称
bar(PAT)	PPT 乙酰转移酶基因	草丁膦、双丙氨酰膦
gox	草甘膦氧化-还原酶基因	草甘膦
aroA	鼠伤寒沙门氏菌 EPSP 突变基因	草甘膦

基　　因	名　　称	抗除草剂名称
SURB-Hra	烟草 ALS 突变基因	磺酰脲类(绿黄隆等)
SURB-C3	烟草 ALS 突变基因	磺酰脲类(绿黄隆等)
csr1	拟南芥 ALS 突变基因	磺酰脲类(绿黄隆等)
PsbA	光系统Ⅱ QB 蛋白突变基因	三氮苯类(阿特拉津等)
tfDA	2,4-D 单氧化酶	2,4-D
BXn	腈水解酶基因	溴苯腈

注:引自梁雪莲等. 作物抗除草剂转基因研究进展. 生物技术通报,2001,2:17~21.

6) 抗逆基因工程

植物非生物逆境包括干旱、盐渍、冷害、冻害、高温、重金属胁迫等。非生物逆境会导致植物体发生一系列生理生化和分子水平的变化,从而影响其生长或存活。通过对植物非生物逆境作用机制研究,弄清楚非生物逆境信号转导分子的机制,运用克隆、转基因等技术导入调控非生物逆境信号相关基因,进而提高植物的非生物逆境抗逆能力。王艳等将准噶尔小胸鳖甲抗冻蛋白基因 MPAFP149 转入烟草基因组,提高了烟草的抗寒能力。张富丽等通过转甜菜碱醛脱氢酶基因提高了烟草的耐盐性。

7) 分子标记辅助选择

分子标记辅助选择(marker-assisted selection,MAS)指利用与目标基因紧密连锁或供分离的分子标记对选择个体进行目标及全基因组筛选,从而减少连锁累赘,获得期望的个体,提高植物育种的效率。MAS 目前在水稻、玉米、棉花等产量、品质、抗性育种中有大量应用,缩短了育种的年限,提高了育种效率。

2. 植物细胞工程的农业应用

植物细胞工程(plant cell engineering)指以植物细胞为功能单位,在离体条件下培养、繁殖或进行人工操作,改变细胞的某些生物学特性,从而改良或创新物种,或快繁、脱毒无性系,或利用细胞产生有用物质的技术。目前主要涉及快繁、脱毒、花药培养、原生质培养、细胞融合和人工种子等方面。

(1)组培快繁与脱毒技术　植物组培快繁技术可加快高附加值经济植物、珍稀濒危植物的繁殖速度,避免珍稀物种的灭绝。通过茎尖培养可获得脱毒苗,减轻了无性繁殖引起的病毒危害。我国20世纪70年代开始植物脱毒研究,涉及果树、蔬菜、花卉、林木、药用植物等,其中以脱毒马铃薯、兰花、甘蔗等的规模较大。

(2)加倍单倍体技术　加倍单倍体技术指利用植物组织培养技术将花药、花粉、未受精的子房和胚珠等单倍体材料进行离体培养获得单倍体植株,然后加倍处理(如秋水仙素)获得双倍体植株的技术。花药和花粉培养易于产生纯系品种,大大缩短了育种的年限,提高了育种的效率。我国应用该技术成功育成了"中花"系列水稻、"京花"系列小麦、"华油一号"油菜等新品种作物。

(3)原生质体培养和体细胞杂交　原生质体培养和体细胞杂交是植物细胞工程的核

心技术之一,为克服远缘杂交不亲和性、创新种质资源、植物遗传转化和细胞学基础研究提供了技术支撑。1971 年日本科学家 I. Takebe 和 T. Nagata 首次利用烟草叶肉原生质体获得再生植株。目前,利用体细胞杂交技术实现了植物种属间的体细胞杂交,如番茄与马铃薯、甘薯栽培种与野生种、甘蓝与白菜、拟南芥与甘蓝型油菜等,克服了远缘杂交的不亲性。

(4)人工种子 人工种子指通过组织培养技术,将植物体细胞诱导成体细胞胚,然后包埋于具有一定的营养成分和保护功能的介质中,组成便于播种的类似种子的单位。人工种子由人工种皮、人工胚乳和胚状体构成。优点如下:①生产繁殖速度快;②较试管苗繁殖成本低;③遗传稳定;④可加入农药、菌肥、有益微生物和激素;⑤为植物基因、遗传工程研究提供材料;⑥可用于脱毒苗的快繁。

(5)细胞工程生产植物源物质 运用细胞工程技术如细胞悬浮培养、固定化细胞培养和毛状根培养可以规模化生产植物源物质。应用范围涉及天然药物(紫杉醇、人参皂苷、长春碱、紫草宁)、食品添加剂(花青素、胡萝卜素、甜菊苷)、生物农药(除虫菊酯、印楝素、鱼藤碱)和酶制剂(超氧化物歧化酶 SOD、木瓜蛋白酶)等方面。目前,韩国、日本和德国等在名贵药物紫草宁和紫杉醇中已实现了细胞工程的商业化应用。

7.2.2 动物生物技术的农业应用

现代动物生物技术的迅速发展,使得传统的农业、医药、食品等领域发生了翻天覆地的变化。

1. 动物生物技术育种

(1)提高动物的生产能力 动物的生产能力包括生长速度、产肉率、产奶量、产蛋量和瘦肉率等。传统动物育种技术主要通过对生产性状的表型选择或淘汰来改良这些生产性能,耗费时间长,受育种群体大小和遗传稳定性的影响。现代生物技术的运用能克服这些缺点,如 1982 年美国科学家将大鼠的生长激素基因显微注射到小鼠受精卵中,获得了比普通小鼠体积大 2 倍的“超级小鼠”。1985 年,R. E. Hammer 成功将人类生长激素基因导入猪受精卵,获得的转基因猪生长速度和饲料利用率明显提高。同年我国朱作言院士等培育出了世界首例转基因鱼,将草鱼生长激素基因导入河鲤夏花,转基因鱼 4 个月生长后平均体重比对照鱼提高 30%。

(2)提高动物的品质 随着生活水平的提高,人们越来越关注动物制品的品质,如瘦肉率、蛋白质含量、氨基酸组分等指标。2004 年,科学家将大鼠硬脂酰辅酶 A 去饱和酶基因导入山羊体内,发现转基因山羊奶中单不饱和脂肪酸和共轭亚油酸含量明显提高。2006 年,美国科学家培育出的转基因山羊产奶中具有溶菌酶,可用于预防婴幼儿腹泻等疾病。

产毛率和产毛质量是动物产品品质的另一方面。1998 年,Bawden 等通过转基因手段使毛角蛋白基因过量表达,使得转基因羊的毛更富光泽,毛脂的含量明显提高。目前,新西兰、澳大利亚和英国等羊毛主产国正致力于开发生产彩色羊毛的转基因羊的研究。

(3)提高动物的抗病能力 转基因动物对细菌、病毒及寄生虫等疾病具有免疫特性。1994年,Clements等通过转绵羊病毒性脑膜炎病毒的衣壳蛋白基因明显提高了绵羊的抗病能力。2001年Denning等在核移植时敲除朊病毒基因,提高了羊羔抗朊病毒的能力。目前,科学家们正在寻找抗疯牛病和禽流感基因,以提高畜禽抗病能力,减少经济损失。

(4) 提高动物的抗寒能力　鱼类抗寒转基因研究对促进南鱼北养、深海鱼浅水养殖等扩大鱼种养殖范围具有重要的意义。抗寒(耐寒)转基因主要是指将冷水鱼类的抗冻蛋白基因转移到其他鱼类体内,从而提高其抗寒能力。如Gong和Hew将美洲黄盖鲽抗冻蛋白导入虹鳟,显著提高了其抗冻能力。

2. 动物遗传资源保护

保存和传播动物资源是动物生物技术的应用之一。因此,利用生物技术开展畜禽品种起源、进化及比较基因组学研究,畜禽品种优良基因的发掘与定位,畜禽资源的遗传多样性研究,动物遗传资源保存等方面工作显得尤为重要。日本、澳大利亚和中国已经开始对大熊猫、华南虎、金丝猴及名贵宠物的克隆繁殖进行研究。

3. 动物生物反应器

动物生物反应器是指将人体相关基因导入动物胚胎细胞,培育成转基因活体动物,使导入基因高效表达,生产某种天然药用蛋白质或人体所需物质的技术体系。通过转基因技术,可以生产不同特性的羊奶、牛奶,满足不同的消费群体。如目前研制的乳清蛋白、人乳铁蛋白和藻糖转移酶基因奶牛是动物生物反应器应用成果之一。

7.2.3 微生物生物技术的农业应用

微生物生物技术应用涉及微生物农药、微生物化肥、微生物饲料、微生物食品和微生物能源等方面,具有重要的经济、生态效益。

1. 微生物农药

1) 微生物农药概念

微生物农药是指以细菌、真菌、病毒和原生动物或基因修饰的微生物等活体为有效成分,具有防治病、虫、草、鼠等有害生物作用的农药。

2) 微生物农药的分类及应用

按照用途可将微生物农药分为微生物杀虫剂、微生物杀菌剂、微生物除草剂和微生物植物生长调节剂等。

(1) 微生物杀虫剂　微生物杀虫剂指利用对某些害虫具有致病或致死作用的细菌、真菌、微孢子、线虫或昆虫病毒等制成的,用于防治和杀死目标害虫的一类生物杀虫剂。如苏云金杆菌(Bt)杀虫剂是一类应用广泛的细菌杀虫剂,我国1990年产量为1 500 t,目前约为35 000 t,Bt细菌杀虫剂成为我国无公害生产的首选杀虫剂。

(2) 微生物杀菌剂　微生物杀菌剂是一类抑制植物病原菌能量产生、干扰生物合成和破坏细胞结构的制剂,主要有农用抗生素、细菌杀菌剂、真菌杀菌剂和病毒杀菌剂等。目前,生产上应用的微生物杀菌剂有井冈霉素、公主岭霉素、赤霉素、春雷霉素、"农抗120"、"农抗5102"和浏阳霉素等。

(3) 微生物除草剂　微生物除草剂指利用活体生物或其代谢产物杀灭杂草的除草

剂。目前,微生物除草剂产业化生产的不多,比较有名是日本开发的双丙胺磷。我国1963 年开始利用炭疽病"鲁保一号"防治大豆菟丝子,防治率达 80% 以上。

(4) 微生物植物生长调节剂 植物生长调节剂包括细胞分裂素、赤霉素、脱落酸、激动素、玉米素和多聚寡糖等。我国 20 世纪 50 年代开始植物生长调节剂的研究,目前植物生长调节剂发酵罐单罐生产量最大为 50 t,最小为 20 t,但真正实现产业化生产的只有赤霉素。

2. 微生物肥料

1) 微生物肥料概念

微生物肥料是一类以微生物生命活动及其代谢产物使农作物得到特定肥料效应的微生物制剂,又称生物肥料、菌肥、接种剂。

2) 微生物肥料的分类

(1) 传统微生物肥料类型。

根据微生物肥料的特性和作用机理,传统微生物肥料可大致分为五类:

① 能将空气中惰性氮素转化成离子态氮素的微生物制品,如根瘤菌肥、固氮菌肥和固氮蓝藻等;

② 能分解土壤有机质释放出营养物质的微生物制品;

③ 能分解土壤矿物释放出各种矿质元素的微生物制品,如硅酸盐细菌肥和磷细菌肥;

④ 对某些植物病原菌具有拮抗作用的微生物制品,如抗生菌肥;

⑤ 菌根菌肥。

(2) 现代微生物肥料类型。

① 单一菌种肥料:指由根瘤菌、固氮菌、解磷解钾菌等单一菌种制成的微生物肥料。

② 复合菌种肥料:指将由两种或两种以上微生物构成,或将无机物、微量元素与微生物复合制成的微生物制品,如微生物-微量元素复合生物肥料、联合固氮菌复合生物肥料、有机无机生物复合肥料和固氮菌、根瘤菌、磷细菌和钾细菌复合生物肥料等。

3) 微生物肥料的应用

根瘤菌与豆科植物共生形成根瘤,能将空气中的氮还原成氨供植物营养吸收。美、德、意大利等国将固氮菌接种到禾本科作物上,减少了氮肥的使用量,使玉米增产 10%～20%。我国河南省使用根瘤菌、固氮菌使大豆和花生增产 10%。磷细菌繁殖过程中产生的有机酸和酶能将土壤中无机磷酸盐溶解、有机磷酸盐矿化供农作物吸收利用。钾细菌肥料又称生物钾肥、硅酸盐剂,它能分解硅酸盐岩石释放磷、钾、硅等元素供给植物利用。实验证明钾细菌能在种子或作物根系周围迅速增殖形成群体优势,并分解硅酸盐类矿物释放出钾等元素供植物利用,同时还具有固氮和解磷功能。

我国科学家将由水稻、玉米等植物根系分离出的联合固氮细菌制成微生物肥料,由于具有固氮、解磷、激活土壤微生物和分泌植物激素等作用,它促进了作物生长发育,提高了小麦单产面积,全国推广面积达 330 多万公顷。日本研制成的 EM 生物肥料更是含有光合细菌、乳酸菌、酵母菌和放线菌等 80 多种微生物,大大促进了作物的生长发育。

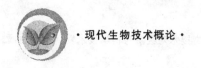

 ## 7.3 生物技术在医药、人体健康领域的应用

医药卫生领域是应用现代生物技术最活跃的领域,几十年来,生物技术在医药领域的许多方面取得了巨大的成就。

7.3.1 发酵工程技术在医药及人体健康领域的应用

1. 抗生素的微生物合成

自 1929 年英国人发现青霉菌分泌青霉素能抑制葡萄球菌生长以后,相继发现了链霉素、氯霉素、金霉素、土霉素、四环素、新霉素和红霉素等抗生素。在近几十年内,已找到的抗生素有数千种,其中具有临床效果并已利用发酵法大量生产和广泛应用的多达百余种。现在以抗肿瘤、抗病毒、抗真菌、抗原虫、广谱和抗耐药菌的抗生素为主要研究方向,已成功地建立了用于治疗艾滋病、抗老年痴呆症、消除肥胖症、控制糖尿病并发白内障、抑制前列腺肿大的抗生素的筛选模型。因此,现在利用发酵技术生产的"抗生素"可以把微生物代谢产生的对人类疾病的预防和治疗有用的物质都包括进去。

2. 维生素类药物的微生物生产

维生素作为六大生命要素之一,为整个生命活动所必需。维生素 A 的前体 β-胡萝卜素及维生素 C 和维生素 E 均为抗氧化剂,能保护人体组织的过氧化损伤并提高机体免疫力,有抗癌、抗心血管疾病和预防白内障等功能。国内用真菌三孢布拉霉生产 β-胡萝卜素的产量达 2.0 g/L,国外已达到 3～3.5 g/L。粘红酵母、布拉克须霉、丛霉等真菌也具有生产 β-胡萝卜素的能力。除真菌外,球型红杆菌、瑞士乳杆菌等某些细菌也具有发酵生产类胡萝卜素的能力。维生素 C 的微生物发酵法早已取得重要突破,利用"大小菌落"菌株混合培养生产维生素 C 的工艺已经成熟,进入产业化。目前利用氧化葡萄糖杆菌与一种蜡状芽孢杆菌混合菌共固定化发酵技术,可将维生素 C 的收率提高到 80% 以上,生产周期比传统工艺缩短 1/3。日本研究人员发现的一种纤细裸藻能同时生产维生素 C、维生素 E 和 β-胡萝卜素,藻体生物量产量可达每升培养液 20 g,从中提取维生素 C 和维生素 E 的量为 60 mg/L,β-胡萝卜素为 40 mg/L;生产效率比原有培养方法提高 1 倍以上,生产能力优于绿藻。维生素 D 的前体麦角固醇有可能利用酵母菌来发酵生产,莫斯科大学的研究者采用杂交方法选育到麦角固醇含量高达 2.7% 的酵母高产菌。

3. 多烯脂肪酸的微生物生产

γ-亚麻酸(GLA)是人体不能合成而又必需的多烯脂肪酸,缺乏时会导致机体代谢的紊乱而引起多种疾病,如高血压、糖尿病、癌症、病毒感染以及皮肤老化等。因此,体内补充 GLA 已成为治疗疾病和抗衰老的重要手段。GLA 在体内转化为二高 γ-亚麻酸(DGLA)和花生四烯酸(AA),两者再分别合成前列腺素类物质而发挥对人体生理功能的重要调节作用。深黄被孢霉可合成 GLA,李明春等采用紫外线照射法对原生质进行诱变处理,大大提高了 GLA 的产量。二十碳五烯酸(EPA)和二十二碳六烯酸(DHA)在海洋冷水鱼中含量颇丰,是很有价值的医药保健产品,有"智能食品"之称。日本在冷海水域找到的细小球藻中 EPA 含量高达总油量的 99%,而等鞭藻的 DHA 含量为 5.4 mg/g。台湾省的陈俊兴等也获得类似结果,DHA 产量为 6.95 mg/L,若进行低温和暗处理,藻体内 DHA 的含量可增加 1 倍。除海洋微细藻外,海洋中还有一种繁殖力很强的网粘菌 SR21,其干菌体生物量含脂质达 70%,其中 DHA 含量为 30%～40%,可通过发酵生产 DHA,每升培养液产量为 4.5 g,该菌 DHA 含量与海产金鲹鱼或鲣鱼眼窝脂肪相近。

4. 医用酶制剂的发酵生产

近年来,除链激酶、链道酶、尿激酶、葡萄糖激酶、金葡激酶、组织型纤溶酶激活剂等之外,蚓激酶也得到开发。它们都是溶血栓的有效药物,已进入临床实用。天津科技大学研究人员已开展新的溶血栓酶研究。他们从酒药中分离出一种根霉,能生产血栓溶解酶,溶血栓活性高,且专一性强,对血细胞无分解作用,而且低毒、价廉。此外,日本从食品中分离到天酱激酶和纳豆激酶,能在血液中停留 10 h,显示出对血纤溶蛋白的强烈分解活性,且无任何副作用。

5. 紫杉醇的微生物合成

紫杉醇对人体抗药性卵巢癌、乳腺癌及黑素瘤等有突出疗效,是近 15 年来发现的最重要的抗癌药物。临床上用的紫杉醇至今仍来自天然红豆杉树皮,其含量占树皮干重的万分之二,现在红豆杉树资源严重缺乏,微生物发酵就是开辟紫杉醇新来源的途径之一。1993 年 Stierle 等首次报道了真菌安德烈紫杉菌通过发酵也能产生紫杉醇,我国北京大学研究人员也获得类似的研究成果。美国华盛顿大学研究人员运用现代生物技术,将紫杉醇合成酶基因转入紫杉醇产生菌中,有可能建构高产紫杉醇的"工程菌",预计此"工程菌"紫杉醇的产量比天然真菌提高几千倍。澳大利亚研究人员从红松类松树皮中发现一种丝状菌体"树木菌",产生的化合物具有类似于紫杉醇的抗癌特效。

7.3.2 细胞工程技术在医药及人体健康领域的应用

1. 动物细胞培养在制药中的实际应用

动物细胞培养主要用于生产激素、疫苗、单克隆抗体、酶、多肽等功能性蛋白质,以及皮肤、血管、心脏、大脑、肝、肾、肠等组织器官。它在医药工业和医学工程的发展中占有重要地位。大规模动物细胞培养生产药物产品将是生物制药领域的一个很重要的方面,具有重大的经济效益和社会效益。今后几十年内将有更多的蛋白质、抗体、多肽类药物由动物细胞培养来生产。

2. 植物细胞培养在制药中的实际应用

利用植物细胞培养进行药用物质的生产,不受环境生态和气候条件的限制,且增殖速度比整个植物体栽培快得多。据报道,迷迭香酸可从鞘蕊花属细胞培养得到,以细胞干重计含量高达 27%,是整株培养的 9 倍。利用植物细胞培养可生产抗癌药物紫杉醇、紫草宁、人参皂苷、阿吗碱等中药活性成分。此外,通过转基因植物生产目标生物药物的技术不断地成熟,植物生物反应器已成功表达单克隆抗体、疫苗和动物蛋白等药物,此项技术正处于研制和发展阶段。

3. 遗传转化器官的培养与药物生产

由农杆菌感染植物组织形成的畸形芽和毛状根是继细胞培养后又一重要培养系统。毛状根具有稳定的次生代谢物合成能力,毛状根培养系统对根类中药材中有效成分的生产较为重要。目前已在长春花、青蒿、烟草、人参、丹参、紫草、黄芪、甘草、曼陀罗和颠茄等40多种植物建立了毛状根培养系统,同时还建立了烟草、薄荷、澳洲茄、颠茄和马铃薯等植物的畸形芽培养系统,其生长速度有的可以超过毛状根。上海中医药大学对黄芪毛状根的大规模培养技术和化学成分与药理活性进行了深入研究,在3 L、5 L、10 L培养器中经21天培养,有效成分产量可达10 g/L(干重),而且黄芪毛状根中皂苷、黄酮、多糖、氨基酸等含量近似于药用黄芪,其作用效价也与药用黄芪基本一致。青蒿素是抗疟有效单体,对脑型和抗氯喹性疟疾有特效,成为WHO推荐产品。刘春朝等利用Ri1601质粒转化青蒿叶片筛选的高产系,进行了青蒿毛状根合成青蒿素的培养工艺条件研究,取得较好结果:在优化条件下,经25天培养,青蒿素产量达223.3 mg/L。目前毛状根培养系统的中试装置已达500 L的规模,利用20 t发酵罐生产的人参毛状根已开发成商品投入市场。

7.3.3　酶工程技术在医药及人体健康领域的应用

1. 氨基酸

化学合成的氨基酸均为D、L混旋型产物,药效差。1969年日本田边制药会社成功地利用固定化酶催化技术连续拆分D,L-氨基酸,生产L-氨基酸和乙酰-D-氨基酸,乙酰-D-氨基酸用化学消旋后再在固定化酶柱上拆分,大量生产L-苯丙氨酸、缬氨酸、甲硫氨酸、色氨酸和丙氨酸。日本左右田等开发了D-氨基酸的合成工艺;南京化工大学国家生化技术工程中心则成功地催化生产L-苯丙氨酸并联产副产物丙酮酸;Kula等开发了可自动化控制及扩大规模生产L-氨基酸的工艺。南京化工大学国家生化工程研究中心成功地利用多酶系统从D-对羟苯海因转化合成D-对羟苯甘氨酸,他们还开发了酶法与原位结晶分离耦合技术生产L-丙氨酸的新工艺,并已成功进行了工业化生产。

2. 有机酸

酶催化已用于柠檬酸、L-苹果酸、L-酒石酸、L-乳酸等多种具有光学活性有机酸的生产。胡永红等将酶催化与原位结晶分离耦合技术生产L-苹果酸,底物的转化率接近100%,大大降低了生产成本。

3. 抗生素

多种青霉素酰化酶(如6-氨基青霉烷酸、氨苄青霉素和羟氨青霉素)、头孢菌素酰化酶(如7-烷基头孢烷酸)、链霉素等都是酶催化技术应用于抗生素工业生产的实例。

4. 肽类药物

酶催化肽键合成可用来生产多种多肽药物,如胰岛素、环孢菌A等。酶催化合成甜味二肽是最为成功的例子。

7.3.4　蛋白质工程技术在医药及人体健康领域的应用

1. 多肽类药物的分类

多肽(polypeptide)类药物主要包括激素类和细胞生长调节因子类等。

(1)多肽类激素　多肽类药物通常指多肽类激素。在生物体内已发现了分泌的多种激素、活性多肽等,仅脑中就存在近40种。多肽在生物体内的浓度很低,但生理活性很强,在调节生理功能时起着重要的作用。

（2）多肽类细胞生长调节因子　包括表皮生长因子（EGF）、转移因子（TF）、心钠素（ANP）等。

（3）含有多肽成分的其他生化药物　包括骨宁、眼生素、血活素、氨肽素、蜂毒、蛇毒、神经营养素、胎盘提取物、花粉提取物、脾水解物、肝水解物、心脏激素等。

2. 蛋白质类药物的分类

蛋白质类药物主要分为以下几种。

（1）蛋白质激素。①垂体蛋白质：激素生长素（GH）、催乳激素（PRL）、促甲状腺素（TSH）、促黄体生成激素（LH）、促卵泡激素（FSH）。②促性腺激素：人绒毛膜促性腺激素（HCG）、绝经尿促性腺激素（HMG）、血清促性腺激素（SGH）。③胰岛素及其他蛋白质激素：胰岛素、胰抗脂肝素、松弛素、尿抑胃素。

（2）血浆蛋白质：白蛋白、纤维蛋白溶酶原、血浆纤维结合蛋白（FN）、免疫丙种球蛋白、抗淋巴细胞免疫球蛋白、Veil's 病免疫球蛋白、抗-D 免疫球蛋白、抗-HBs 免疫球蛋白、抗血友病球蛋白、纤维蛋白原、抗凝血酶Ⅲ、凝血因子Ⅶ、凝血因子Ⅸ。

（3）蛋白质类细胞生长调节因子：干扰素（IFN）、白细胞介素类（IL）、神经生长因子（NGF）、肝细胞生长因子（HGF）、血小板衍生的生长因子（PDGF）、肿瘤坏死因子（TNF）、集落刺激因子（CSF）、组织纤溶酶原激活因子（t-PA）、促红细胞生成素（EPO）、骨发生蛋白（BMP）。

（4）黏蛋白：胃膜素、硫酸糖肽、内在因子、血型物质 A 和 B 等。

（5）胶原蛋白：明胶、氧化聚合明胶、阿胶、新阿胶、冻干猪皮等。

（6）碱性蛋白质：硫酸鱼精蛋白等。

（7）蛋白酶抑制剂：胰蛋白酶抑制剂、大豆蛋白酶抑制剂等。

（8）植物凝集素：PHA、ConA。

3. 作用

多肽类激素和活性肽都是细胞产生的，能调节生理和代谢效能。某些多肽类激素有前体（激素原）存在，这种前体在机体内以中间体形式存在，不表现激素的生物活性，需要时通过专一酶的作用，生成具有活性的多肽类激素，然后通过血液到达靶细胞发挥作用。目前认为多肽类激素的分子较大，不直接进入靶细胞，而是与分布在细胞表面的特异性受体结合，这样激化了与受体相连接的效应器。受体和效应器都在细胞表面的质膜上，通过某种方式相连接。有一些激素的受体，其效应器是腺苷酸环化酶；另一些激素受体的效应器不是腺苷酸环化酶，其机理目前尚不清楚。活化的效应器起作用后产生"第二信使"传递激素信息，在细胞内激化一些酶系，从而促进中间代谢，或改善膜的通透性，或通过控制 DNA 转录或翻译而影响特异的蛋白质合成，最终导致特定的生理效应或发挥其药理作用。

7.3.5　基因工程技术在医药及人体健康领域的应用

基因工程技术在医药卫生领域中的应用体现在以下几个方面。

1. 基因诊断

基因诊断又称诊断，是利用基因重组、分子杂交等技术，检测人类疾病的缺陷基因、突

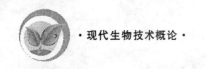

变基因及其连锁的突变而诊断疾病的方法。目前应用较多的有肿瘤、遗传病、艾滋病、丙型肝炎和血液病等疾病的诊断。

基因技术用于遗传病诊断方面，主要分三大类：①单基因遗传病，如血友病、苯丙酮尿病；②多基因遗传病；③染色体病。基因诊断在医疗保健方面也有应用，如对各种遗传病的产前筛选和诊断，防止带病婴儿发生；建立个人基因图谱，预测常见病发生可能性，以便采取相应预防措施。常用的诊断技术包括体外扩增技术、核酸杂交技术、序列测定等，而基因芯片杂交扫描技术为多基因遗传疾病的诊断提供了有效的手段。

2. 基因治疗

基因治疗是从基因水平调控细胞中缺陷基因的表达，修补有缺陷的基因或以正常基因矫正、替代缺陷基因，来治疗基因缺陷所致的遗传病、免疫缺陷，或因癌基因的激活或抑癌基因激活所致的肿瘤等疾病；通过抑制或破坏原生物基因的表达、复制，杀伤或抑制病原生物的生长、繁殖，来治疗感染性疾病的治疗手段。

3. 基因药物

基因药物是利用基因克隆技术和基因重组生产的药物。我国目前已有近20种基因药物和疫苗投放市场，大多与肿瘤治疗有关。还有一些药物在其他方面也有广泛的应用，如基因药物重组人生长激素，不仅作为激素替代疗法用于治疗儿童生长期和成人的各种激素缺乏症，还广泛地用于治疗大面积烧伤、肠外瘘、急性坏死性胰腺炎、重症感染、扩张性心肌病、呼吸功能衰竭等。目前，人类基因组计划的基本框架工作已完成，我国科学家也参与完成了其中1%的测序任务，而基因工程技术在医药卫生领域方面的应用日益增多，基因工程技术也将随着对人类基因组的不断认识而不断地发展，对人类疾病的诊断、治疗及药物开发应用的前景也将不可限量。

4. 基因芯片

基因芯片又称微阵列（芯片、生物芯片），是指固着在固相载体上的高密度微点阵。具体地讲，就是将大量靶基因或寡聚核苷酸片段有序地、高密度地排列在玻璃、硅等载体上。

基因芯片目前已成功地应用在基因表达谱测定、突变检测、多态性分析、器官移植配型、基因组文库作图、临床诊断、新药筛选、用药指导、药物作用分子机理研究、耐药基因的研究、药物活性及毒性评价、中药成分的真伪鉴定、中药物种的分类鉴定等多个领域。

7.3.6 生物技术在医药、人体健康领域的发展趋势

在过去20年里，现代生物技术已形成一个快速发展的产业，预计在医药及人体健康领域将有以下几个方面的迅速发展。

7.3.6.1 利用新发现的人类基因，开发新型药剂

人类基因组计划已经清楚表明，每个新基因的发现都具有商业开发的潜能，都有可能产生作为人类疾病的检测、治疗和预防的新药，包括治疗性蛋白质、医用诊断剂、基因治疗剂和小分子治疗剂等新型药剂。

由于与疾病有关的或直接参与疾病的基因具有最大的新药开发潜力，因而首要目标

是要发现与疾病有关的基因。如前所述,已发现了帕金森病基因是定位在第 4 号染色体上的基因组内的 α-共核变异基因,变异发生在该基因的一个碱基对上。目前国外有些公司已专门以基因治疗剂或小分子治疗剂作为生物药物的开发领域。医药学家预言,在 21 世纪,将有 50%～70% 的新药来自基因工程研究。

7.3.6.2　新型疫苗的研制

目前有许多难治之症(如癌症、艾滋病等)没有疫苗或现有疫苗不够理想,需要进行更加深入的研究。正在进行的艾滋病及 20 多种的基因型癌疫苗的研制,多数已处于Ⅲ期临床试验阶段,有的已完成Ⅲ期临床试验,临床效果比较好。如对非何杰金氏 B 细胞淋巴瘤,41 名患者经标准化疗后,接受了基因型疫苗治疗,其中有 20 名患者产生特异的免疫反应;对黑素瘤的治疗性的基因型疫苗,也进入后期临床试验,在不久的将来就可商品化。据美国 2006 年的统计,该年度开发的生物技术疫苗广泛用于防治癌症、艾滋病、风湿性关节炎、镰状细胞贫血、骨质疏松症、百日咳、多发性硬化症、性疱疹、乙型肝炎和其他疾病等。21 世纪以来,不断开发的新型疫苗将在控制和治疗一些难治之症中发挥更大作用,造福于人类。

7.3.6.3　基因工程活性肽的生产

目前国内外生产或正在研制的淋巴因子、生长因子、激素和酶等基因工程药物已达几十种,其中多数是基因工程活性肽。它包括不同性质的物质,有的是淋巴细胞产生的因子,有的是不同种类细胞的生长因子,有的是激素,有的是酶。其应用有五个方面:①在体外研究中作为细胞培养补充剂;②作为基础研究的对象;③作为研究其他现象(如在免疫方面)的一种辅助剂;④作为诊断剂;⑤用于生物治疗的研究与开发。其中尤其在治疗疑难疾病方面占有显著的地位。

在人体内存在的维持正常生活的生理调控机制和对疾病的防御机制中,可能有极其丰富的活性肽等物质,但在这些大量活性肽中我们仅了解几种。基因工程的兴起使这些活性肽的生产成为可能,另一方面,应用基因工程技术又发现了许多新的活性肽。这些活性肽各有其细胞受体,受体的性质属多肽。对人体多肽目前仍所知甚少,可能人体还有 90% 以上的活性肽尚待发现,因此发展基因工程活性肽药物的前景是十分光明的。

7.3.6.4　医药业将得到不断改造和发展

采用聚合酶链式反应(PCR)方法做肿瘤的早期诊断,可了解肿瘤的现状和转移情况,是一条简便可靠的新途径;单克隆抗体的利用也会促进诊断业的发展。

应用生物技术,可以改变现存的传统药材的有效成分,使现存植物成为"转基因药材"。比如已使像脑菲肽、表皮生长因子、促红细胞生成素、生长激素、人血清蛋白、血红蛋白和干扰素等的外源基因在转基因植物中得到表达;在人参、紫草、丹参等 40 余种传统药材中,已建立起用发根农杆菌(*Agrobacterium rhizogenes*)感染的新的、具有良好特性的毛状根培养系统,并用于一些根部药材有效成分的研究生产。生物技术的应用有可能彻底改变传统药材和人类生物药物的生产和加工,使之适合新时代的要求。

7.4　生物技术在食品生产中的应用

7.4.1　生物技术与食品生产

7.4.1.1　单细胞蛋白的生产

单细胞蛋白(single cell protein,简称 SCP)也称微生物蛋白或菌体蛋白,主要是指利用酵母、细菌、真菌和某些低等藻类等微生物,在适宜基质和条件下进行培养时所获得的菌体蛋白。

(1)用能源物质生产 SCP　可以用甲烷生产 SCP。以甲醇、乙醇为原料生产 SCP 的研究已经获得有重要意义的成果。

(2)用废弃物生产 SCP　目前,用废弃物生产 SCP 已形成一定的规模。例如,利用糖蜜发酵生产酿酒酵母(*Saccharomyces cerevisiae*),利用奶酪清发酵生产脆壁克鲁维酵母(*Kluyveromyces fragilis*)等。而瑞典开发的 Symba 工艺过程中,则采用淀粉联合发酵肋状拟内孢霉(*Endomycopsis fibuliger*)和产朊假丝酵母(*Candida utilis*)两种真菌。

(3)用农作物生产 SCP　用植物作为 SCP 生产过程的原料,目前,这类计划的实施大部分是以生产乙醇为主要目的。木薯、甘蔗、淀粉被公认为是为数不多的可能实现发酵的生产原料。一旦木质素和纤维素能被经济地利用,世界上的大多数地方将拥有无数的可再生原料用于生产过程。

(4)用藻类生产 SCP　藻类生产 SCP 已经有成熟的生产工艺。

7.4.1.2　食品和饮料的发酵生产

1. 酒精饮料

(1)葡萄酒　大多数商品葡萄酒采用酿酒葡萄(*Vitis vinifera*)酿造。葡萄先制作汁液(称为葡萄汁),再进行发酵生产葡萄酒。由于葡萄汁中含有很多污染的酵母和细菌,因此通常添加 SO_2 来抑制这种自然发酵作用。在大规模的葡萄酒生产中,葡萄汁先进行部分或完全灭菌,再接种所需的酵母菌——酿酒酵母椭圆变种(*S. cerevisiae* var. *ellipsoideus*),然后在合适的发酵罐中控制条件进行发酵。

(2)啤酒　啤酒是通过在发芽谷物的液态提取物中添加啤酒花,再进行酒精发酵制得的一种饮料。啤酒整个生产过程包括五个主要步骤:制麦、糖化、发酵、成熟和包装(图7-1)。

2. 奶制品

1) 奶酪

奶酪蛋白生产中共有的基本步骤是:①通过乳酸菌将乳糖转化为乳酸;②蛋白质水解和酸化联合作用使酪蛋白凝结。

奶酪生产的一个重要生物技术革新是将重组 DNA 技术应用于奶酪生产上。商业用的粗制凝乳酶有六大来源:三种来自动物(小牛、成年的牛或猪),另外三种来自真菌。通

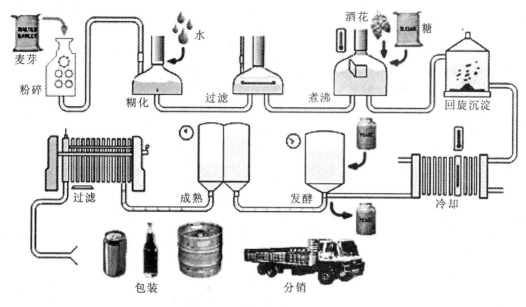

图 7-1 啤酒工艺流程示意图

过基因工程可以获得经遗传修饰的微生物,这些经基因改良的微生物可生产与动物相同的凝乳酶。采用基因工程改良的微生物生产小牛凝乳酶的流程见图 7-2。

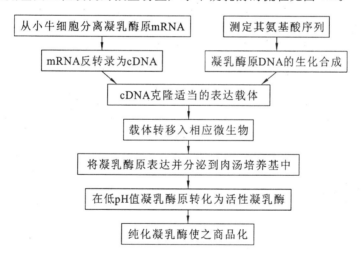

图 7-2 采用基因工程改良的微生物生产小牛凝乳酶

2)酸奶

酸奶生产就是牛奶整体的发酵,这一过程中用到两种微生物:保加利亚乳杆菌(*Lactobacillus bulgaricus*)和唾液链球菌嗜热亚种(*Streptococcus thermophilus*)。保加利亚乳杆菌产生了极具特色的香味化合物——乙醛;唾液链球菌嗜热亚种通过将乳糖转化成乳酸产生了新鲜的酸味,而且发酵后可减少牛奶中的乳糖,对一些乳糖不耐受的人群的健康有益。

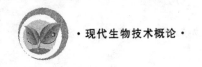

3）双歧杆菌乳

双歧杆菌是乳酸菌中一种具有重要生理功能的菌种,在 5～10 ℃下存放 7 天活菌死亡率为 96％。选择添加何种双歧杆菌生长因子,是解决问题的关键。

日本研制的促进双歧杆菌生长的双歧杆菌生长因子达数十种,目前仍在不断开发新的品种。最近,我国科学家结合我国实际情况,发现大豆和青刀豆的促生效果最好,仅需 9 h 牛乳就能均匀地形成乳白色凝乳,也无异味。另外,等量大豆和青刀豆混合磨浆后的提取液或加入复合蛋白酶和淀粉酶的双酶水解液均具有高效的促进双歧杆菌增殖的作用。而且该促生剂由天然豆类制成,具有色淡、味纯、安全、高效而价廉的特点,人们在饮用活菌饮品的同时也口服了大量双歧杆菌生长因子,对促进身体健康更有益。

3. 蔬菜发酵(腌制)

水果和蔬菜可以用盐和酸保存,而酸主要是细菌产生的乳酸。例如,用卷心菜腌制成的泡菜、腌制的黄瓜和橄榄等。

在泡菜制作时,先将切碎的卷心菜放盐封好,隔绝空气,盐可改变渗透压,使糖从菜叶中渗出。然后乳酸杆菌开始繁殖,产生乳酸,降低 pH 值,阻止有害菌的生长。精确控制温度(7.5 ℃)、盐浓度(2.25％)和保证不透气,就可做成很好的能长期保存的泡菜,它是一种有营养、口味好的食品。

4. 谷类发酵食品

1）面包

在面包发酵过程中,酵母产生的酶起着关键作用,其他添加酶(例如淀粉酶)则可促进混合、发酵,有利于面包的烘焙以及存放。现代生物技术将更多利用改良的酶来控制这一复杂过程。整个发酵过程要达到三个主要目标:发酵(产生 CO_2)、出味和面团疏松膨胀。最后,将酸面团放在炉中烘烤,是为了杀死产品中活的微生物,以便出售和食用。

2）食醋

现代生物技术中,酶技术在食醋生产中得到了应用,利用酶法通风回流制醋。该法的特点如下:①用 α-淀粉酶制剂将原料淀粉液化后,再加麸曲糖化,提高了原料的利用率;②采用液态乙醇发酵,固态醋酸发酵的发酵工艺;③醋酸发酵池近底处设假底,假底下面的池壁上开设通风洞,可让空气自然进入,利用固态醋醅的疏松度,使醋酸菌得到充足的氧气;④利用假底下积存的温度较低的醋汁,定时回流喷淋在醋醅上,以降低醅温,从而调节发酵温度,保证发酵在适当温度中进行。

7.4.1.3 酶与食品加工

生物技术中对食品工业生产影响最大的还是酶工程和发酵工程。酶作为大多数食品和饮料发酵的基本成分,是现代食品加工技术中必不可少的要素。大多数酶来自参与发酵的微生物,这些酶中 60％属于蛋白质水解酶类,10％属于糖水解酶类,3％属于脂肪水解酶类,其余部分为较特殊的酶类。现在也直接添加外源酶来改进工艺。由于酶能在接近室温的条件下起反应,不需高温高压,有特异性高、副产物少和安全性好等优点,因而越来越得到食品工业的重视,其应用范围也得以不断地拓宽。例如,蛋白酶类已在阿斯巴甜(aspartame)蛋白糖的生产中发挥作用,胆固醇降解酶用于分解食品中的胆固醇,葡萄糖异构酶大量地应用于高果糖浆的生产。酶可以促进甚至取代机械加工,在工业生产上已基本用酶来水解淀粉。酶还可改良保健食品中的有效成分。例如,在牛奶中添加乳糖酶,可以使乳糖充分降解为半乳糖和葡萄糖,以利于人体充分吸收,从而避免因乳糖无法穿透肠黏膜,以致滞留在肠道中被细菌发酵后积聚水和气体,造成腹胀或腹泻。食品加工中常使用的酶如表 7-4 所示。

表 7-4 食品加工中常使用的酶

工 业	使用的酶
酿造	α-淀粉酶、β-淀粉酶、蛋白酶、木瓜蛋白酶、淀粉葡萄糖苷酶、木聚糖酶
奶制品	动物(微生物)凝乳酶、乳糖酶、脂肪酶、溶菌酶
面包	α-淀粉酶、木聚糖酶、蛋白酶、磷脂酶 A 和 D、脂肪氧合酶
果蔬加工	果胶脂酶、多聚半乳糖醛酸酶、果胶裂合酶、半纤维素酶
淀粉和糖	α-淀粉酶、β-淀粉酶、葡萄糖淀粉酶、木聚糖酶、支链淀粉酶、异构酶、寡聚淀粉酶

酶应用于食品工业中可以增加食品产量、提高食品质量、降低原材料和能源消耗、改善劳动条件和降低成本,甚至可以生产出用其他方法难以得到的产品,促进新产品、新技术和新工艺的兴起和发展。未来,利用 rDNA 技术生产的食品酶将会越来越多。凝乳酶是一个典型的例证。在美国和加拿大,它已占据 80% 以上的市场份额。要让人们接受利用 rDNA 技术来生产的凝乳酶或其他酶,必须具备以下条件:①酶的制备没有任何生物加工和纯化步骤;②在终产品中没有活的经 rDNA 技术改良的微生物。随着科学技术的发展、进步,在酶的可用性、纯度和成本方面取得的进步越来越显著,可以提高食品的品质,使消费者受益,如用于乳糖水解的乳糖酶、用于高果糖玉米糖浆水解的 α-淀粉酶和淀粉葡萄糖苷酶及用于啤酒熟化和双乙酰还原的乙酰乳酸脱羧酶。

7.4.1.4 转基因食品

1. 转基因食品的概念

转基因食品(genetically modified food,GMF)是指以转基因生物为原料加工生产的食品,利用分子生物学手段,将某些生物基因转移至其他生物上,使其出现原物种不具有的性状或产物,针对某一或某些特性,以植入异源基因或改变基因表现等生物技术方式,进行遗传因子的修饰,使动植物或微生物具备或增加特性,进而达到降低生产成本,增加食品或食品原料的价值的目的。转基因食品包括转基因动物性食品、转基因植物性食品和转基因微生物性食品。

2. 转基因食品的主要优点

转基因食品具有以下优点:

(1)延长水果和蔬菜的货架期及感官特性;

(2)提高食品的品质;

(3)提高必需氨基酸的含量;

(4)增加碳水化合物含量;

(5)提高肉、奶和畜类产品的数量和质量;

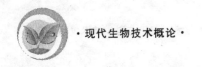

（6）增加农作物抗逆能力；

（7）生产可食性疫苗或药物；

（8）生产功能性食品。

7.4.1.5　重组牛生长激素

牛生长激素（bovine growth hormone，bGH）是由脑垂体前叶嗜酸性细胞分泌的一种具有调节生长和催乳功能的内源性激素蛋白质。20 世纪 80 年代末，美国开始用生物法体外合成这类激素，以用于奶牛的生长及产奶过程。1993 年，美国 FDA 允许在奶牛中使用重组牛生长激素（recombinant bovine somatotropin，rBST），作为 bGH 人工合成的替代品，给奶牛注射，可以增加产量，最高可增产 15%～20%。

7.4.2　生物技术与食品包装

7.4.2.1　酶工程在食品包装中的应用

1. 葡萄糖氧化酶

葡萄糖氧化酶（EFAD）对食品有多种作用，在食品保鲜及包装中最大的作用是除氧，延长食品保鲜期。很多除氧方法效果都不佳，从选择抗氧剂的特性来说，利用葡萄糖氧化酶除氧是一种理想的方法，葡萄糖氧化酶具有对氧非常专一的理想抗氧化作用。对于已经发生的氧化变质作用，EFAD 可以阻止其进一步发展；在未变质时，EFAD 能防止其发生。国外已采用各种不同的方式将其应用于茶叶、冰激凌、奶粉、罐头等产品的除氧包装，并设计出各种各样的片剂、涂层、吸氧袋等用于不同的产品中除氧。每瓶啤酒只需加入 10 单位 EFAD，可使溶解氧从 2.5 mg/L 降为 0.05 mg/L，去氧率达 98%，去氧效果之佳是其他同类产品所无法相比的。另外，还可将 EFAD 用于金属包装的防腐。

2. 溶菌酶

将溶菌酶固定在食品包装材料上，可生产出有抗菌功效的食品包装材料，以达到抗菌保鲜功能。对于肉制品软包装，如果在产品真空包装前添加一定量的溶菌酶（1%～3%），然后进行巴氏杀菌（80～100 ℃，25～30 min），可获得很好的保鲜效果，同时可以有效防止高温灭菌处理后制品脆性变差甚至产生蒸煮味。

3. 转谷氨酰胺酶

研究发现，转谷氨酰胺酶的聚合作用可增加蛋白质热稳定性等功能，酶的添加量控制在 0.2%～0.3%，其机械性能和阻隔性能都可达到包装要求，适宜用作食品的内包装纸。

7.4.2.2　基因工程在食品包装中的应用

可生物降解塑料是当今的研究热点。可生物降解塑料是一种环境友好的、可替代石化聚合物的新型材料。聚 β-羟基脂肪酸（PHA）是一类微生物合成的大分子聚合物，其结构简单，是可生物降解材料研究的热点。而聚 β-羟基丁酸（PHB）是 PHA 中最典型的一种。目前，PHB 的生产成本依然太高，用细菌发酵生产的成本至少是化学合成聚乙烯的 5 倍，这严重限制了 PHB 在商业上的应用。为降低 PHB 的生产成本，提高 PHB 的市场竞争力，可向植物体内引入 PHB 生物合成途径，以植物为表达载体，利用 CO_2 及光能合成。这是大规模廉价生产 PHB 的一种很有前景的方法，用转基因植物来生产 PHB 是降低生产成本的较好选择。

John 等从纤维的性状研究出发,研究了 PHB 合成基因在棉花中的表达情况。另外,利用蓝细菌生产 PHB 也很有研究前景,它生长周期短、繁殖快,成本更低。

在食品保藏、储运方面,利用基因工程可延长食物的储藏期,改变传统的储运方式。例如,通过转基因技术生产的延熟番茄,主要通过乙烯合成途径调控、抑制乙烯合成,从而达到延迟成熟、耐储藏的目的。通过对乙烯合成的 ACC 合成酶和 ACC 氧化酶的反义 RNA 来延迟番茄的成熟,可使其一直保持在绿熟期,在外源喷施乙烯后才能成熟,因此,这类番茄完全可以在常温下保藏、储运,降低保藏成本,延长货架寿命。基因工程将使食品包装更加环保,同时降低成本,这还需要研究人员长期的努力。

7.5 生物技术与能源

7.5.1 生物能源概述

生物能源又名绿色能源,是指从生物质得到的能源,也是人类最早利用的能源。生物能源的主要利用形式有沼气、生物制氢、生物柴油和燃料乙醇等。其中,燃料乙醇是目前世界上生产规模最大的生物能源。

作为正在快速发展经济的发展中国家,中国的能源需求正在以每年 3.5% 的速度增长,预计在未来 20 年,能源总需求量将比现在增加 1 倍,从而使中国成为与欧洲一样的能源消耗大户。到那时,单纯依靠进口能源必将威胁到我国经济的高速发展,而发展生物能源也因此成为解决我国能源安全问题的必然选择,这是国之大计。

生物能源的开发利用早已引起世界各国政府和科学家的关注。有许多国家都制订了相应的开发研究计划,如日本的阳光计划、印度的绿色能源工程、美国的能源农场和巴西的酒精能源计划等发展计划。其他诸如丹麦、荷兰、德国、法国、加拿大、芬兰等国,多年来一直在进行各自的研究与开发,并形成了各具特色的生物能源研究与开发体系,拥有各自的技术优势。

7.5.2 能源与环境

人类正面临着发展与环境的双重压力。经济社会的发展以能源为重要动力,经济越发展,能源消耗越多,尤其是化石燃料消费的增加,就将两个突出问题摆在我们面前:一是造成环境污染日益严重,二是地球上现存的化石燃料总有一天要掘空。另一方面,由于过度消费化石燃料,过快、过早地消耗了这些有限的资源,释放大量的多余能量和碳素,打破了自然界的能量和碳平衡,这是造成臭氧层破坏、全球气候变暖、酸雨等灾难性后果的直接因素。

生物能源不仅是最安全、最稳定的能源,而且通过一系列转换技术,可以生产出不同品种的能源,如固化和炭化可以生产固体燃料,气化可以生产气体燃料,液化可以获得液体燃料,如果需要还可以生产电力等。目前,世界各国,尤其是发达国家,都在致力于开发高效、无污染的生物质能利用技术,保护本国的矿物能源资源,为实现国家经济的可持续发展提供根本保障。

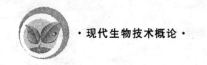

7.5.3　国内外主要生物质能技术

7.5.3.1　未来石油的替代物——乙醇

石油是目前世界上最主要的能源,它的开采量及价格直接影响全球工农业生产及人们的生活水平。但是,石油是一种不可再生的化石燃料。目前,世界各地处于能源危机的关键起因都是缺乏化石燃料资源。一旦地球的石油被开采及消耗完,而现代工业技术一时又不能生产替代石油的新产品,其后果是不堪设想的。由这个问题引出诸多先进生物技术,进行生产石油的替代物研究及推广使用,以期能缓解石油短缺引发的危机和困境。

从目前人类正在开发的许多产能的技术和效益来看,乙醇很可能是未来的石油替代物。乙醇作为燃料的优点如下:①产能效率高;②在燃烧期间不生成有毒的一氧化碳,其污染程度低于其他常用燃料所造成的污染;③可通过微生物大量发酵生产,其成本相对低些。乙醇发酵所需的原材料可选用蔗糖或淀粉,发酵所需的微生物主要是酵母菌。酵母菌中含有丰富的蔗糖水解酶和酒化酶。蔗糖水解酶是胞外酶,能将蔗糖水解为单糖(葡萄糖和果糖)。酒化酶是胞内参与乙醇发酵的多种酶的总称,单糖必须透过细胞膜进入细胞内,在酒化酶的作用下进行厌氧发酵并转化成乙醇及 CO_2,然后乙醇和 CO_2 通过细胞膜被排出体外。

在国内,利用生物技术生产燃料乙醇已为人们高度重视。推广车用燃料乙醇,对于我国国民经济和社会发展具有重要战略意义,国家发展和改革委员会已经把搞好车用燃料乙醇作为推广使用试点项目。生物质原料除玉米、小麦等外,还有更为广大,而又有待开发的来源,如玉米芯及秸秆、蔗渣、稻麦及秸秆、制取水果汁后的果渣、森林残积物和造纸厂废弃物、废纸等。从利用淀粉质原料生产乙醇看,目前乙醇的使用成本高于汽油的使用成本,但其技术是非常成熟的。我国已建立或正在建立的大型燃料乙醇装置包括吉林燃料乙醇有限责任公司年产60万吨、河南天冠企业集团有限公司及山东九九有限公司年产50万吨乙醇精馏装置,生产出了特优级乙醇产品,为我国大规模燃料乙醇装置的建设提供了范例。

7.5.3.2　清洁的可再生能源——生物柴油

生物柴油是清洁的可再生能源,它是以大豆和油菜子等油料作物、油棕和黄连木等油料林木果实、工程微藻等油料水生植物及动物油脂、废餐饮油等为原料制成的液体燃料,是优质的石油、柴油代用品。生物柴油的优良性能,使得采用生物柴油的发动机废气排放指标不仅能满足欧洲Ⅱ号排放量标准,而且能满足在欧洲颁布实施的更加严格的欧洲Ⅲ号排放量标准,使柴油燃烧时由于二氧化碳的排放而导致的全球变暖这一有害于人类的重大环境问题得到解决,因而生物柴油是一种真正的绿色柴油。

目前生物柴油主要采用化学法生产,即利用动物和植物油脂与甲醇或乙醇等低碳醇在酸性或碱性催化剂和高温(230~250 ℃)下进行转酯化反应,生成相应的脂肪酸甲酯或乙酯,再经洗涤和干燥处理即得生物柴油。目前生物柴油的主要问题是成本高。美国已开始使用基因工程方法研究高油含量的植物,日本采用工业废油和废煎炸油,欧洲在不适合种植粮食的土地上种植富油脂的农作物。同时,人们开始研究用生物酶合成生物柴油,即用动物油脂和低碳醇通过脂肪酶进行转酯化反应,制备相应的脂肪酸甲酯及乙酯。酶法合成生物柴油具有条件温和、醇用量小、无污染排放的优点。但目前的主要问题是甲酯及乙酯的转化率低。另外,美国科学家通过现代生物技术使用工程微藻技术生产柴油,使微藻中脂质含量增加到 60% 以上,户外生产也可增加到 40% 以上,而一般自然状态下微藻的脂质含量为 5%~20%。"工程微藻"中脂质含量的高效表达,在控制脂质水平方面起到了重要的作用。目前,正在研究选择合适的分子载体,使 ACC 基因在细菌、酵母和植物中充分表达,还进一步将修饰的 ACC 基因引入微藻中以获得更高效的表达。

7.5.3.3 传统可再生能源——甲烷

人们很早就发现,富含有机物的沼泽地会发酵形成很多可燃性的混合气体,这种混合气体被称为沼气。沼气是无色的,通常含有 60%~70% 的甲烷,各种废弃有机物如农作物秸秆、人畜粪便、工业废液和废渣、城市垃圾等都可以用来发酵生产沼气,为人类提供了消除环境污染、生产可再生能源的重要途径,具有很大的发展潜力。

天然气的主要成分是甲烷,它是由远古时代的生物群体衍变而来,通过钻井开采获得的,是一种不可再生的能源。甲烷气可转化成机械能、电能及热能。目前甲烷已作为一种燃料源,并可通过管道进行输送,供给家庭及工业使用或转化成为甲醇作为内燃机的辅助性燃料。甲烷被认为是引起温室效应的主要气体之一。它很有可能对未来温室效应起着占总效应 18%~20% 的作用。

厌氧微生物可通过厌氧发酵途径生产甲烷。整个发酵过程分为以下三个主要步骤。①初步反应:利用芽孢杆菌属($Bacillus$)、假单胞菌属($Pseudomonas$)及变形杆菌属($Proteus$)等微生物把纤维素、脂肪和蛋白质等很粗糙的有机物转化成可溶性的混合组分。②微生物发酵过程:低相对分子质量的可溶性组分通过微生物厌氧发酵作用转化成有机酸。③甲烷形成:通过甲烷菌把这些有机酸转化为甲烷及 CO_2。显然,甲烷生产是一个复杂的过程,有若干种厌氧菌参与该反应过程。小型化甲烷生产过程中并不一定需要很高深的生物技术及复杂的发酵工艺设备,发酵所需的原材料很容易得到,家畜粪便、农作物秸秆、酒厂废渣等都可以作为发酵原料。但是,大规模甲烷生产就需要对发酵过程中的温度、pH 值、湿度、振荡、材料的输入及输出和平衡等参数进行严格控制,所以需要较高深的生物技术,才能获得最大甲烷生产量。

20 世纪 80 年代以前,发展中国家主要发展沼气池技术,以农作物秸秆和禽畜粪便为原料生产沼气作为生活燃料;发达国家则主要发展厌氧技术,处理禽畜粪便和高浓度有机废水。目前,日本、丹麦、荷兰、德国、法国、美国等发达国家均普遍采取厌氧法处理禽畜粪便,而印度、菲律宾、泰国等发展中国家也建设了大中型处理禽畜粪便生产沼气的应用示范工程。英国、意大利等发达国家将沼气技术主要用于处理垃圾。例如,美国纽约斯塔藤垃圾处理站投资 2 000 万美元,采用湿法处理垃圾,日产 26 万立方米沼气,用于发电、回收肥料,效益可观,10 年可收回全部投资。

7.5.4 植物"石油"

7.5.4.1 产"石油"的植物

植物界中有许多能产"石油"的植物。这些植物都是橡胶树的近缘,所含的汁液不仅

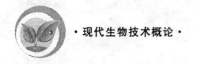

丰富,而且有较高比例的碳氢化合物,如果对这些汁液进行适当加工,可与汽油混合作为动力机的燃料。美国的卡达文曾选育出两种产"石油"植物:一种是牛奶树,另一种是三角大戟。

近几年来,人们发现产油树的种类越来越多。在美国加州发现一种能产"石油"的兰桉树。在巴西也发现了一种名为可比巴的乔木,如在树下端凿开一个小洞,"石油"就能因重力效应缓慢地流出。有一种产于亚马逊河流的"苦配巴"乔木,在它的树干上钻一小孔,收集到成分接近柴油的金黄色油状汁液,可以不经加工提炼,直接用作大多数农业机械、卡车和发电机的燃料。在我国海南岛上有一种叫油楠的乔木,一棵油楠可年产 10~25 kg 的"柴油"。

此外,菲律宾和马来西亚的银合欢树也能分泌出含碳氢化合物很高的乳汁。麻风树简称小桐子或青桐木,分布于非洲、大洋洲、美国及我国广西等,每 2.5~3.0 t 果实可榨取原油 1 t,经处理后可作为 0# 柴油使用。

7.5.4.2　油料植物

从许多植物中能提取出植物油,如向日葵、棕榈、椰子、花生、玉米、白菜、香蕉、胡萝卜、棉子、油菜子和巴巴苏坚果等。

近期,在欧洲用改良的油菜种子油作为一种内燃机燃料的替代物,并获得相当可观的利润。这种内燃机油的反应是在 NaOH 催化剂的作用下进行的,其反应温度为 5 ℃。1 t 的菜子油与 0.1 t 乙醇反应可产生 1 t 的酯和 0.1 t 甘油。甘油起着固化作用,酯可供燃烧,其特性与柴油相似。菜子油没有毒性,生物降解率高于 98%,它对地球的温室效应比常规的内燃机油低得多。

7.5.4.3　藻类产油

藻类能产生大量的脂类,可用来制造柴油及汽油。早期,英国《新科学家》曾报道,美国设在科罗拉多州的太阳能研究所用一个直径 20 m 的池塘养殖藻类,年产藻类 4 t 多,可产 3 000 多升柴油。目前,这个研究组正从分子生物学角度,开发能产更多脂类的藻类。

7.5.5　未来新能源

7.5.5.1　生物制氢

在未来的新能源中,氢气是可燃气中最理想的气体燃料之一。其原因是氢气在燃烧时,除了发热量相当于汽油的 3 倍之外,其燃烧剩余物为水,不会造成环境污染,是名副其实的绿色燃料。

内燃机汽车的能源利用率只有 20%~25%,即使再使用新技术,其能源利用率充其量也只能上升到 30% 左右,而且不可避免地仍要排放 CO_2 和其他污染物。而氢燃料电池的效率高达 55%,几乎是内燃机的 2 倍。氢气还是导弹和新型航空飞机的燃料。

早期氢气的制取均采用物理化学方法。现在,生物光化学家利用太阳光和生物质生产氢气。生物质制氢技术可分为两类:一类是以生物质为原料利用热物理化学原理与技术制氢,如生物质气化制氢、超临界转化制氢、高温分解制氢和基于生物质的甲烷、甲醇、乙醇转化制氢等;另一类是利用生物途径转换制氢,如微生物发酵、直接生物光分解等。目前生物制氢的技术问题在于如何高效而低廉地利用生物质制氢,如以废水有机物和生活污水为原料等。

近十几年来,科学家已经发现 30~40 种化能异养菌可以发酵糖类、醇类和有机酸等,从而产生氢气。在光合细菌中,已发现 13~18 种紫色硫细菌和紫色非硫细菌能够产氢气。

从生物产氢的发展上看,重点是选育高产氢气的优势菌种和菌群,探索影响菌种和菌群生产氢气的适当条件,设计产氢率高、易于推广使用的工艺和设备,从处理有机废物到直接利用天然淀粉、纤维素大规模产氢。从菌体和最终代谢物来看,应着眼于养殖业、绿色有机肥的推广和综合开发利用。我国科技工作者提出的共固定光合、发酵产氢的方案,是把光合产氢和发酵产氢联合起来,发酵产氢后的有机残留物作为光合产氢的基质,既提高了产氢率,又使废水得到彻底处理。把产氢、菌体及发酵液、环保三方面结合起来,考虑其综合效益,研制出适合各种用途的产氢设备,设计合理的产氢综合应用工艺,以及把大规模产氢及分散农户产氢结合起来,是未来生物质产氢的发展方向。

7.5.5.2 生物燃料电池

生物燃料电池多数由微生物参与反应所构成。微生物电池就是利用微生物的代谢产物作为物理电极活性物质,引起原物理电极的电极电位偏移,增加电位差,从而获得电能的装置。1910 年,英国植物学家 Potter 把酵母或大肠杆菌($E.\ coli$)放入含有葡萄糖的培养基中进行厌氧培养,其产物在铂电极上能显示出 $0.3\sim0.5$ V 的开路电压和 0.2 mA 的低电流。1962 年,Rohrback 用葡萄糖为原料,利用丁酸杆菌($B.\ rettgeri$)发酵所产生的氢来构建氢-氧型微生物电池,但所获的电流仍然很低。苏格兰拉斯哥大学研究人员从干塘底部获得一种能迅速(只需要 0.0001 s)将光能转化成电能而储存起来的微生物,是一种"高能蓄能的活体",其效率可达 95%,高于人造太阳能电池效率(20%)。从理论上分析,微生物电池将一茶杯糖转化的能量足以让一个 60 W 的灯泡亮 17 h,生产的副产品是 CO_2。

从 20 世纪 50 年代起,随着人类在航天研究领域的迅速发展,科学家对生物燃料电池研究的兴趣也随之增高,其原因之一是考虑将来人类在进行太空飞行时,将如何及时处理飞行中产生的生活垃圾,并产生电能。因此,各种各样的生物燃料电池被不断地研究和报道。按生物燃料电池的构造不同可将其分为三类,即产物生物燃料电池、去极化生物燃料电池和再生生物燃料电池。产物生物燃料电池是利用微生物发酵并分泌出具有电极活性的代谢产物(如 H_2)来构成不同的电极电位,并提供电能。去极化生物燃料电池是利用分别固定在电极上的微生物、酶、组织、细胞和抗体等生物组分,参与电化学反应并提供电压和电能。再生生物燃料电池是利用生物组分将原有的电化学活性的化合物再生,这些再生的化合物再与电极发生相互作用并产生一定的电压和电流。

总之,利用微生物、酶及组织等生物材料均能制作出各种类型的电池。尽管这些生物燃料电池电能较低,持续时间较短,而且大部分研究报道还处于实验阶段,离实用阶段还很远,但随着生物技术和其他相关科学的高速发展,我们相信在不远的将来,生物燃料电池一定会给人们带来实用的电能。

7.6 生物技术在环境保护中的应用

7.6.1 大气污染的生物治理

7.6.1.1 大气气态污染物治理

对那些已发生或将要发生的大气污染采取生物防治是一条行之有效的途径,可从两个方面加强研究开发:一是从污染源方面进行治理;二是针对不同气态污染物采取不同措施进行治理。

(1)从污染源方面进行治理。

煤炭燃烧排放的含硫气态物是造成酸雨的根源。为此,脱除煤炭中的含硫物,禁止销售高硫煤,既是保证煤炭质量的关键,又是控制大气环境不受污染的有效办法。微生物技术的应用大有可为,它对有机硫化物、无机硫化物的治理均有可能发挥特殊作用,使其中的硫化物得到有效清除,煤炭经其改造后,可大大减轻燃烧时对大气环境的污染。

(2)针对不同气态污染物采取不同措施进行治理。

CO_2可直接收集,作为一种"气体肥料",施用于大棚蔬菜等,可增产30%以上。CO_2转化为燃料也获成功,例如,瑞士科学家用CO_2作催化剂,在光的作用下(只限于紫外线)使CO_2与水反应,于50℃下生成甲烷,使之成为用途很广的气态燃料。在日本,大阪大学研究人员利用微细藻类同时清除 NO 和 CO_2,他们制成一种圆筒形反应器(高2 m,直径5 cm),灌入培养液,并加入微细藻类,再吹入15%CO_2和 0.01%～0.05%NO,经藻体光合作用,可同时清除这两种气体60%～70%,最高可达到96%。日本研究人员还利用一种葡萄藻(*Botryococcus braunia*,一种单胞藻)的光合作用,吸收 CO_2,就能生成石油,有其开发潜力。英国也充分利用小球藻(*Chlorella vulgaris*)吸收排放的 CO_2,每天可收获大量藻体生物量,并可直接进行燃烧,用于发电,也可以替代谷物用作饲料。这样,利用微细藻类的特定功能,既可清除大气中有害气体,又可获取大量藻体,并开发新的再生能源,一举多得。这样温室效应能得到有效控制,环境污染也得到改善。

7.6.1.2 大气固态污染物治理

大气固态污染物如粉尘微粒和金属物等属旱性或湿性微粒污染物。不论其毒性达到何种程度,对人体都是有害的,有的甚至是致癌的。还有尘土微粒,当人们免疫力弱时吸入这些尘土微粒后,会导致呼吸系统疾病及其他疾病的发生,如鼻炎、支气管炎、肺气肿等,还有诱发癌症的可能性。大气中烟尘浓厚时,能见度降低,会使飞机、火车等运输工具事故增加。更严重的是,城镇长期被烟雾笼罩,日照量减少,紫外线减弱,从而影响儿童正常发育,疾病增加。事实证明,大气环境的污染会给人类生命安全带来严重后果,这种现象值得人们思考。

有害固态污染物的治理有两方面研究已取得新进展。

1. 污染源方面的生物治理

煤炭在能源中是对大气环境破坏最大的原料源,也是最大的大气污染源。煤炭脱硫是保证煤炭质量(洁净)的重要技术措施,微生物技术起着重要作用。日本研究人员采用一种氧化亚铁硫杆菌预处理煤炭,会在很短时间内使黄铁矿硫的除去率达 70%,灰分为 60%。这样,将煤炭气化或液化后可得到较纯净的燃料,其应用范围更为扩大。例如,褐煤通过某些微生物——云芝、卧孔菌、青霉菌和假丝酵母等真菌的作用液化,即可产生水溶性混合物。美国阿肯色大学获得一种细菌,能在几小时的反应过程中将煤炭转化为液体。有可能采用混菌培养或应用基因工程技术提高生物对煤炭的液化效率。只有在生物脱去煤炭硫的基础上实施煤炭液化或气化工艺,才会得到更为洁净的燃料。如果微生物脱硫并兼有"两化"功能,那么有可能为实现煤炭完全洁净开辟新途径,这还要做进一步研究。

2. 微生物技术清除飞尘金属污染物

瑞士研究人员用黑曲霉(*Aspergillus niger*)有效清除工业飞尘如重金属污染物。该菌于 30 ℃培养处理工业飞尘 24 h,可捕获 50% 的 Cu、Pb、Cd 和 Zn;20 天后捕获率达 80%～90%。也就是说,这些金属污染物被捕获于培养液中,但对镍、铬的捕获率仅 10%。这样,借助微生物技术治理工业飞尘,既可减轻重金属污染物的危害,也可同时从中获取金属元素。另外,某些植物也具有吸收重金属元素的能力。

7.6.1.3 大气有生命污染因子(污染物)的防治

所谓有生命污染因子或生物污染物,主要指那些致病生命因子,可能是细胞形态的或是非细胞形态的,它们通过各种不同类型的媒体传播、感染或污染,可对动物、植物及人类生命安全构成威胁,如非芽孢致病大肠杆菌 O157 具有耐低温(−20 ℃存活)、耐酸性(pH 值为 3～4 下能繁殖)的特点,毒力强,引发出血性肠炎,它的污染、传播已在日本造成极大危害,能致人死亡。对这类菌只要温度在 75 ℃以上 1 min 即可杀死。另外,日本研究人员研制出一种抗 O157 菌的物质,即从竹子中研制的强抗菌物质,对 O157 菌有很强的杀伤力,可用于生菜、炊事用具的杀菌及感染者的治疗。纳豆菌对 O157 菌也有抑制效果,食用含纳豆菌的豆豉制品有预防 O157 菌危害之功效。某些芽孢杆菌危害性更大,如炭疽杆菌通过呼吸进入人体,致死率很高,可达 99%,有的国家把它用来制作"生物战剂",散布于大气中对人畜生命安全构成最大威胁。

7.6.2 温室效应控制与臭氧层保护

温室效应控制与臭氧层保护关系到人类的生存与发展,应引起高度重视。

7.6.2.1 温室效应控制与环保产业

20 世纪以来全球地表平均气温已上升 0.5 ℃。从此推测,地球未来有变暖的趋势,甲烷和 CO_2,不论是直接还是间接产生的,这两者均是导致全球变暖的重要因素,也是其根源。

不论是工业发达国家还是发展中国家,对温室气体及其产生的根源都应高度重视。采取各种有效措施以控制 CO_2 人工排放量,并使 CO_2 的释放与吸收经常处于一个动态平衡状态,即维持一个正常的物质循环状态,这乃是全人类社会所必需,也是共同的期望。为达到此目的,人工控制 CO_2 排放量,或者说,整个工业化生产洁净化,实现 CO_2 的零排放,这也是工业管理体系努力的方向。然而,还必须依靠科技进步使工业系统排放的废气转化为有益产品,并使废气资源化和产业化,这是 21 世纪环保产业发展的必然趋势。

生物技术特别是微生物技术不仅在减少温室气体、保护生态环境方面，而且在开发一系列有价值产品方面均可发挥重要作用。大力发展微型藻类产业就是一个实例。一方面由于微型藻类易繁殖，培植简便，进行光合作用合成的有机化合物即生产的产品——藻体生物量包括人类、牲畜所必需的营养素，同时也是加工医药品、保健品及生物能源的重要原料；另一方面，可充分利用工业系统排放的 CO_2 及其他来源的 CO_2，既减轻温室气体所带来的种种弊端，又可以生产人类所必需的各种产品。应该说，充分利用这些温室效应气体发展微型藻工业生产所必需产品有着潜在的开发前景。

为确保人类自身的生存与发展以及经济建设可持续发展，控制工业系统温室气体排放量以维持生态环境动态平衡，采取一些有效措施是完全必要的。措施有多种，但充分利用现代生物技术发展环保产业，使排放的废气进一步转化，变有害为无害，实现废气减量化、无害化、资源化，最终达到产业化的目标，这是 21 世纪发展中国家环保产业一项战略性措施。若能付诸实施，温室效应发展进程也就缓慢下来。

7.6.2.2 臭氧层保护

在地球上空 25 km 左右的高空中，有一层臭氧浓度相对较高的空气层，保护着地球的生存环境免受过量太阳紫外线的直接袭击，这就是臭氧层。臭氧层对人类的生存及地球表面的生命活动有着十分重要的生态意义，可以说是地球的保护层，它起着"过滤器"的作用，防止太阳的大部分紫外线辐射到达地球表面。如果臭氧层遭到破坏或者出现空洞，对环境造成的后果将是十分严重的。紫外线直接辐射大地所产生的危害是显而易见的，如有报道指出，臭氧每减少 1%，就有可能增加数以千计的皮肤癌患者。

北极上空的臭氧也在减少，以每年 1.5% 的速度损失。这就提出一个问题：为什么北极上空臭氧层出现空洞？其真实原因尚不清楚。破坏臭氧层除人为因素之外，某些真菌也成为臭氧层的破坏者之一。例如，苹果木层孔菌（*Phellinus pomaceus*）在自然界能以木材、棉秆以及废弃报纸等为基质，维持自己的生命活动，因其代谢活力强，每天可释放大量氯代甲烷，制造氯代甲烷的效率可达 90% 以上。不可忽视天然因素带来的危险性，但与"两极"上空臭氧层出现空洞未必有必然联系。究竟是何因素仍有待进一步研究。

对臭氧层破坏应采取什么样的对策呢？①重视臭氧层空洞的发生、发展及其因素，加强研究和探索，加强国际环保合作，联合攻克。②防止人造氟利昂气体、氯代甲烷或氯氟烃化合物的遗漏，限制氯氟烃的排放，研制开发和使用替代物，减少由于臭氧耗竭对人类带来的危害。③控制那些能产生大量氯代甲烷的微生物的生命活力，特别是已提到那种真菌的活动，要使它们的降解活力以服务于人类需要为目的，这是防止臭氧层破坏的一项生物学措施，要强化这方面的研究。

从以上介绍可以看出，温室效应的发生与臭氧层的破坏都与人类自身行为和其他种种因素密切相关，为挽回或避免已经或将要产生的不良后果，要采取有效的办法即运用生物技术（如微生物技术）等各种手段加以控制，利用一切废物并实现资源化，走环保产业可持续发展之路。

7.6.3 有机废弃物的生物治理

在城市，有生活垃圾，工厂排放的废渣如酒糟、豆渣、甘蔗渣及枯枝和落叶等；在广大农村,有大量农作物秸秆如稻草、麦秆、玉米秆和玉米芯及其他有机废弃物等。这些废弃物目前利用率很低,一些地方的秸秆被大量焚烧,不仅浪费资源,而且污染大气环境;畜禽粪便会造成水体环境污染和大气恶臭污染,直接施用会造成土壤营养比例失调、磷积累过剩和有害病原菌微生物污染。如何利用它? 如何实现"废物资源化"? 至少有两条途径,即将其既作饲料源又作肥料源。

充分利用有效微生物的特定功能,变有机废物为"饲肥"两料是一条行之有效的生物学途径。通过有益微生物发酵,使微生物大量增殖,以补充菌体蛋白及其他有效成分。这样,经微生物加工的有机废料,既可做"成熟的饲料",又可用作堆肥,制作更多的有机肥。其次,要使这些"农业废弃物"进入大田,对作物较快地产生肥效,"过腹还田"是一条有效的途径。其实,各类废弃有机物资源化不仅是上面提到的开发饲料或肥料,还可以通过生物技术途径使有机废物资源化,这是一条行之有效的重要途径。也就是说,以有机废物如垃圾等为原料,借助发酵工程生产洁净新能源或可再生能源,产生一种无污染的洁净的燃料,这种燃料有"绿色能源"之称,是未来能源建设的方向。有报道指出,21 世纪中期,世界能源 60% 将来自可再生能源,其余 40% 则来自矿物燃料和其他能源。这表明无污染洁净可再生能源具有巨大的开发潜力,并展现良好的发展前景。

7.6.4 发展环保产业是世界潮流

环保产业是环境保护的重要物质基础和技术保障,是未来经济发展中最具潜力的新的经济增长点之一。常规技术与高新技术结合来整治各类排放的废弃物更有利于环保产业的发展,生物技术尤其是微生物技术在其中占有重要地位。下面从三个方面进行重点介绍。

7.6.4.1 发展"绿色产业"

所谓"绿色产业",是指没有污染进行生产的产业,在农业领域里显得更为突出。这类产业涉及面广,包括植树造林业、草原和草坪业及地球环境产业等。西方国家近年来开始生产"绿色标志产品"。也就是说,凡有这种标志的产品表明是可以回收利用的,不致成为污染环境的废物、不造成二次污染。这正是在全球大力发展"绿色产业"的具体实例,对保护地球、维持地球生态平衡具有十分重要的意义。

7.6.4.2 发展"废物处理产业"

所谓的"废物",不论是气态、液态还是固态均可得到利用,实际上在自然界真正的废物是没有的,在人工控制下可使废物无害化,转化为有用的产品,实现其商品化和产业化,即形成"废物处理产业",这也是保护环境的一项重要战略措施。充分利用生物技术可对一切废物进行有效处理。所谓有效,就是指处理这些有害废物的效能要高,且无二次污染,还可获得有价值的产品。要达到此目标,关键在于如下几点:①发挥各类生物技术的潜在作用;②使一切废物无害化、资源化和产业化,形成规模化生产,产品商业化,获得效益;③建立有效和健全的管理体制,很好地发挥组织协调作用,促进"废物处理产业"的形成与发展。例如,山西大学与造纸总厂等单位协作,采取异养微生物与光能自养菌(光合细菌)相结合的工艺治理污染浓度高、成分复杂、含多种有害成分的草浆造纸废水,已进入中试规模,1 t 废液可获 3 kg 以上菌体蛋白质,菌体蛋白质含

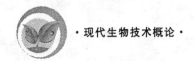

量达 36% 以上,且含有 17 种氨基酸和 B 族维生素及辅酶 Q10 等物质,还含有未知的生物刺激素和抗病毒物质。这种菌体蛋白质是一种较为理想的饲料添加剂,无毒无害,用于家畜及养鱼均促进增产,用于蔬菜如芹菜、西红柿等也取得显著增产效果。这一实例显示出"废物处理产业"的生命力。

7.6.4.3 我国重视环保及其产业化发展

基于全民子孙后代的根本利益和对全球人民的高度责任心,我国把环境保护定为基本国策。发展高新技术及建设开发区,必须与环境保护协调发展,一是高新技术开发区不能有污染环境的工业,要发展干净、高效益的产业,二是高新技术开发区要为环保产业提供技术装备和设备,提高环保产业的技术含量。为推动我国环境保护及其产业化发展,我国于 1993 年 3 月 5 日专门成立了"中国环境保护产业协会"。目前,我国环保技术产品商品化以满足国内市场需求的程度还远远不够。只要各个系统给予足够重视,认真把环保及其产业政策落到实处,积极开展工作,我国的环保产业是有巨大发展潜力的,也是大有希望的。生物技术,特别是发酵工程的应用,是发展环保产业的一项关键技术。它的应用不仅使气态、液态和大量有机固态废物得到有效利用,而且使其无害化、减量化、资源化,使相关产品商业化、产业化,从中可取得更好的经济效益、社会效益和生态效益。

小　　结

生物技术对经济与技术发展产生很大影响,本章重点介绍了以研究基因结构和功能、研究细胞功能为主的生物技术在生命科学基础研究领域的应用,植物生物技术、动物生物技术、微生物生物技术在农业研究领域的应用,"五大工程"在医药及人体健康领域的应用,以基因工程、酶工程为代表在食品生产中的应用。在能源领域的应用方面,重点介绍了国内外主要的生物质能技术,生物技术与环境关系方面主要介绍大气污染的生物治理、温室效应控制与臭氧层保护、有机废弃物的生物治理、环保产业的发展趋势等。

复习思考题

1. 生物工程技术在医药及人体健康领域都有哪些应用?
2. 简述你对生物工程技术在医药领域发展趋势的看法。
3. 现代农业生物技术的发展热点有哪些方面?
4. 简述开展水稻基因组计划的意义。
5. 什么是微生物肥料? 微生物肥料与化学肥料相比,具有哪些优点?
6. 简述食品生物技术的内涵与主要研究内容。
7. 请预测食品生物技术的发展趋势。
8. 目前新型的医学诊断技术主要包括哪些?
9. 人类基因组计划的实施取得的成就有哪些?
10. 什么是生物修复技术? 它具有哪些优势?

第8章

生物技术的规则与法规

 学习目标

通过本章的学习,了解生物技术发明保护的主要形式;掌握生物技术专利的特性及申请程序;了解生物技术制药的规则和要求;认识生物技术发明保护在生物产品研究开发中的重要性。

21世纪是生命科学与生物技术飞速发展的世纪。现代生物技术已广泛渗透、应用于农业、食品和医药等领域,为解决人口膨胀、粮食短缺、疾病防治、能源匮乏、环境污染等问题带来了希望。近年来,世界各国纷纷加大对生物科技的投入,有些国家甚至将政府基础研究经费的近一半投入生物与医药领域,生物技术已成为关系国家命运和国际地位的关键技术之一。全球生物产业销售额几乎每五年翻一番,许多国家生物产业年均增长速度甚至超过了30%,达到世界经济平均增长率的十倍,生物技术产业的发展正影响着世界产业结构和经济格局,生物技术引领的新科技革命正在加速形成,生物经济成为新的经济增长点,发展生物经济已成为应对金融危机的重要措施之一。但在生物技术产业发展中,生物产品市场需求日益扩大与巨额经济利益分配问题之间的矛盾逐渐突出,生物技术知识产权的保护显得十分重要。

8.1 生物技术专利

8.1.1 生物技术专利保护的发展概况

世界生物技术大国逐渐发现,生物技术专利保护为他们带来了丰厚的报酬,他们正在逐渐加强生物知识产权保护的推进战略。美国是世界上最早提出知识产权保护的国家,欧洲专利局国际事务首席主管 Ulrich Schatz 认为,美国1873年授予的141072号专利保护生产和使用一种微生物的方法及该微生物的代谢产品,可以看作世界上第一个生物技术专利。1892年,美国国会提出授予与植物相关的发明专利权的议案,后因普遍认为植物是自然产物,不能满足专利法的相关要求而未能获通过。1930 年,美国国会通过了《Townsend-Purnell 植物专利法》法案,将专利保护的对象扩大到通过无性繁殖的方法产生的植物品种,成为世界上第一部授予植物育种者专利权的立法。20 世纪 60—70 年代,欧美等国家和地区提出的《保护植物新品种国际公约》、《国际承认用于专利程序的微生物保藏布达佩斯公约》、《植物品种保护法》和《保护植物新品种国际公约》等成为生物技术知识产权保护的重要立法,也促进了世界许多国家的相关立法。1984 年,美国专利局批准了 Bory 和 Cohen 1978 年申请的关于用限制性核酸内切酶 *EcoR* I 切割 DNA 进行基因转移的方法专利。1985—1990 年美国先后批准了转基因植物细胞、转基因动物细胞、转基因动物(哈佛转基因小鼠)及转基因人体细胞等的专利申请。哈佛转基因小鼠专利案件引起了世界各国对生物技术知识产权保护的关注,是世界上第一个授予的动物转基因专利。20 世纪 90 年代,美国的《生物技术专利保护法案》、欧共体的《生物技术发明法律保护理事会指令》及欧盟的《关于生物技术专利保护问题的指令》先后提出,为生物技术知识产权保护提供了依据。随后,美国和欧洲各国在生物技术专利战略方面加快了推进步伐,生物技术在农业、食品、能源、环保和医药等领域发挥了巨大的经济作用。

20 世纪 80 年代初,中国在"863"和"973"等国家科技计划的大力支持下,生物技术研究和应用飞速发展。在农作物基因、动物基因、生物制药、基因测序、转基因植物、疫苗研制、高技术筛选农作物及基因治疗技术等方面,我国的一些生物技术甚至处于世界前沿,因此加强生物技术知识产权保护已成为当务之急。我国在 1992 年进行了专利法修订,第二十五条删除了对"药品和用化学方法获得的物质"不授予专利权的规定,使得微生物及遗传物质、生物制品的发明可以受专利法保护,我国 1994 年加入《专利合作条约》,1995 年成为《国际承认用于专利程序的微生物保藏布达佩斯公约》成员国,《国家中长期科学和技术发展规划纲要(2006—2020 年)》把转基因生物新品种培育作为 16 个重大科技专项之一,充分体现了我国政府高度重视生物技术在国民经济发展中的重要作用,也促进了我国生物技术领域知识产权保护的发展。

据相关报道,1999—2008 年,中国生物技术制药产业专利授权数量共计 11321 件,其中上海、北京和广东位列前 3,占国内授权专利总量的 70.45%;其余排名前 10 位的省份包括江苏、浙江、湖南、山东、天津、湖北和吉林,占国内授权专利总量的 19.24%。1999—2008 年国内外生物技术制药产业专利授权的数量统计和变化趋势见表 8-1 和图 8-1。

表 8-1　1999—2008 年国内外生物技术制药产业专利授权的数量统计

	不同年份授权数量										合计
	1999	2000	2001	2002	2003	2004	2005	2006	2007	2008	
国内	101	293	1960	2572	744	871	1155	1126	1107	1392	11321
国外	314	264	435	488	414	379	707	659	834	830	5324
合计	415	557	2395	3060	1158	1250	1862	1785	1941	2222	16645

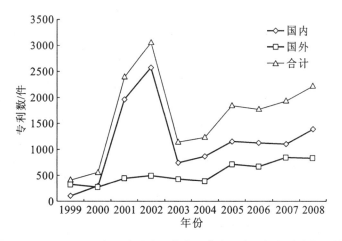

图 8-1　1999—2008 年国内外生物技术制药产业专利授权的变化趋势

8.1.2　生物技术专利保护的重要意义

生物技术作为现代生命科学研究的关键技术,广泛应用于农业、食品、能源、环保和医药等领域,对各国经济发展和社会进步起到了巨大的作用。21 世纪,生物技术已成为世界舆论关注的热点,尤其是生物技术产业化中巨额投资、技术控制、生物反应结果的不确定性及潜在巨额利润的分配等方面暴露的问题日益突出。生物技术专利的保护有利于明确生物技术研发中资金投资方与技术研发者之间的权利义务关系,对生物技术研发成果的使用范围和利润分配有所界定,有利于生物技术的可持续研究和发展。

美国生物技术领域研发全球领先,几乎拥有世界上生物技术公司和生物技术专利的一半,生物技术产品销售额占全球生物技术产品市场总额的 90% 以上。以专利为核心的知识产权保护已经成为美国生物技术企业最重要的资产和参与国际竞争的手段,许多生物技术公司高度重视专利战略研究。例如,全球最大 DNA 芯片开发制造商 Affymetrix 公司拥有的寡聚核苷酸原位光刻合成专利垄断了国际基因芯片市场,年产各类寡聚核苷酸基因芯片达到几十万张,在遗传信息获得、分析、管理系统方面占据世界领先地位。另外,美国一些生物技术公司还开展专利合作,加快了生物技术产品的研发,进一步促进了生物技术的产业化发展。

生物技术研究和开发的高投入和高风险性决定了对其进行保护的重要性。公共研究机构和生物技术公司联系密切,技术和资金投资可能互有交叉,生物技术成果获得后的高额回报决定了专利保护的必要性。例如,美国 Amgen 公司开发成功转基因产品细胞生成素 EPO,于 1983 年 12 月获得专利,于 1989 年 6 月 1 日获美国 FDA 批准上市后利润丰厚,仅 1999 年就赢得了 17.6 亿美元的销售收入,使其成为世界上销售额最大的生物工程药物之一。Getus 公司 Kary Mullis 完成的 PCR 发明专利转让费高达 3 亿美元。2000 年,欧洲生物技术公司的收入接近 60 亿欧元,平均每个欧洲生物技术公司的收入在 3000 万欧元左右。显而易见,生物技术研发中注重知识产权的保护显得尤为重要。

生物技术制药一直是生物技术应用最活跃的领域之一。近年来,外国生物技术制药领域专利授权数量在中国呈逐年增长趋势,并有逐步逼近国内授权专利数量的趋势。目前,绝大部分生物技术创新和专利源于发达国家,正在研发的生物技术药物品种的 63% 在北美,25% 在欧洲,7% 在日本;生物技术专利的 59% 来自美国,17% 来自欧洲,19% 来自日本。对此我国政府已经高度重视,积极启动"863"及"973"等国家科技计划支持生物技术研发,为生物技术产业发展提供了基本保障。目前,国内生物技术研发企事业单位需要注意的是,要加快技术创新的步伐,加强保护创新成果的意识,并积极做好生物技术专利等知识产权的保护工作,以尽快提高生物技术制药领域专利的数量和质量。

发展中国家具有动物、植物和人体基因丰富多样的优势,这为农业和医药发展提供了重要的研究资源。虽然生物技术的发展水平是发展中国家的"瓶颈",但发展中国家在生物技术研究的过程中尤其要注意生物资源和知识产权的保护,一旦发达国家利用这些资源研究、申请专利和进行商业化开发,发展中国家就要付出高昂的代价。因此,发展中国家开展生物技术专利保护显得尤为重要。

世界知识产权组织(WIPO)总干事 Arpad Bogsch 先生指出,生物技术方面的发展创造将在整个人类发展创造中占有一定的比重和相当重要的位置,谁不重视这方面的专利工作,谁就会蒙受不可估量的损失。当前加快生物技术创新的成果大部分体现在生物专利上,而且专利具有较高的垄断性质,一旦申请成功其他企业将付出很高的代价才能获得,甚至花再高的代价也无法获得。因此,千万不可忽视生物技术知识产权的保护和生物专利的申请。

8.1.3　生物技术专利的申请

8.1.3.1　生物技术专利的特性

知识产权是指劳动者通过智慧产生成果的所有权,是依照国家法律赋予劳动者在一定期限内享有的独占权利。专利是一种重要的知识产权形式,指国家审查机关对专利申请者的发明创造审查合格后,依法授予其一定时间内独占该发明创造的权利。

1. 专利权的特性

专利权具有以下四个方面的特性。

(1)独占性　独占性也称排他性、专有性、垄断性等,独占性是指国家对同一内容的发明创造只授予一次专利权;被授予专利权人享有独占权利,其他人未经专利权人许可不得使用其专利方法进行制造、销售等获取经济利益。

(2)地域性　地域性即空间限制,是指除国际专利外,一个国家或地区授予的专利权仅在该国家或地区生效,而在其他国家或地区没有法律约束力。

(3)时间性　时间性是指专利权人对专利的独占性仅在法律规定期内有效。各个国家对专利保护期限的计算有差异。我国《专利法》规定:发明专利的期限为 20 年,实用性专利和外观设计专利的期限为 10 年,均自申请日起计算。

(4)公告性　公告性是指专利权需经政府授权,经公告生效。

2. 生物技术专利的特性

生物技术专利是生物技术成果保护形式之一,属于专利保护范畴,同样具有独占性、地域性、时间性和公告性等基本特性。生物技术成果是以生物本身和生物繁衍为特征的,还具有以下特殊性。

（1）有关繁殖的保护　生物和其他技术成果的不同之处在于能够自我繁殖,采取不正当手段进行自我繁殖的行为应该属于侵权范围。例如,将通过不正当手段购得的活生物进行繁殖后再销售给第三者,属于非法行为。

（2）遗传基因的保护　遗传基因决定了生物的特征,通常是通过 DNA 重组发挥作用。如果利用专利保护遗传基因,那么权利效力只能涉及本来的遗传基因。因此,遗传基因的保护权利难以界定。

（3）专利技术的公开　专利发明需要进行公开,生物技术发明公开却具有特殊性,仅仅通过专利说明书等文献并不能满足专利技术充分公开的要求。而将生物技术发明内容向第三者完全公开时,又要防止被第三者非法利用。为此,生物专利要进行技术公开担保。例如,如专利法中规定了微生物国际保藏机构,第三者可通过该机构借阅微生物样品成果。

生物技术专利的特殊性决定了生物技术成果可以用专利法进行保护,也可以用反不正当竞争法进行保护,对于植物新品种还可利用植物新品种法等其他法律手段进行综合性的保护。

8.1.3.2　生物技术专利申请的要求

新颖性、创造性和实用性是专利申请的三个基本要求。生物技术发明大多是在实验室中产生的,与化工、机械等传统发明创造相比,其发明与发现的界限比较模糊,应当淡化发明与发现之争,而要将重点放在如何进行生物成果的保护上。但新颖性、创造性和实用性仍然是生物技术专利必须具备的三个基本要素。

1. 新颖性

新颖性是授予专利的一个首要条件,它要求发明不仅是独创的,而且是首创的。新颖性,是指在申请日之前没有同样的发明创造公开发表（国内外出版物）、公开使用（国内）或者以其他方式为公众所知,也没有相同的发明创造提出专利申请。生物技术发明创造必须符合新颖性条件,如果仅仅是对自然界客观存在自然物质的发现,就不能满足新颖性的要求。当然,对于生物技术相关主题的新颖性,应当根据具体的技术情况进行判断,不能一概而论。

2. 创造性

创造性是比新颖性更高一级的要求,指与现有技术相比,发明创造有突出的实质性特点和显著的进步。生物技术发明创造性审查中,可从生物学特性及其所产生的应用价值来判断其是否具有突出的实质性特点和显著的进步。需要说明的是,生物研究具有其特殊性,创造性审查中可能面临发明与发现的界限模糊问题,导致一些生物技术成果不能得到保护,因此生物技术专利审查中创造性标准要适当。

3. 实用性

实用性是指发明创造能够制造或者使用,并能产生积极效果。实用性在具备能够实现和发生有益效果中,隐含要求发明创造不应违背公共秩序和道德伦理。生物技术专利成果必须是积极、正面的发明创造,违背人类社会道德和伦理的生物武器、克隆人等应当禁止,不得申请生物技术专利。

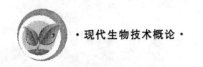

8.1.3.3 生物技术专利保护的范围

生物技术研究领域多、范围广,生物技术专利保护的范围具有复杂多样性。生物技术专利大致可分为六类:①转基因动物和植物品种发明;②微生物及遗传物质发明;③合法生物制品发明;④获得生物体的生物学方法或遗传工程学方法发明;⑤微生物学方法发明;⑥基因治疗方法发明。

以下所涉生物技术发明不授予专利权:①克隆人的方法及克隆的人;②改变人生殖系遗传身份的方法;③人胚胎的工业或商业目的的应用;④用不具有再现性方法获得生物体的方法;⑤天然形态存在的基因或 DNA 片段;⑥违反社会伦理道德的生物技术;⑦一些国家转基因动物和植物品种发明通过品种保护法保护。

随着生物科技的创新,以及生命科学研究领域的加深,生物技术专利保护范围目前表现出四种国际化趋势:①从单纯的植物品种保护向植物专利保护,甚至向动物专利保护延伸;②从基因技术向转基因技术保护延伸;③从科学发明到对科学发现标准的灵活运用;④从禁止人体及人体的部分获得专利权到人体遗传物质生物的可申请专利。

8.1.3.4 生物技术专利的申请程序

目前生物专利申请有两种途径:一是发明创造者自行申请,即专利申请人直接向国家知识产权局专利局或其代理机构申请;二是委托代理申请,即专利申请人委托国家审批成立的合法代理机构以委托人的名义按照国家专利法申请。不管是自行申请还是委托代理申请生物技术专利,科技工作者在从事生物技术科研创新研究中,必须了解我国相关法律法规,熟悉生物技术发明专利的申请流程,以更好地保护自己的科研成果和合法权益。其主要操作步骤如下。

(1)专利文献的检索。对于生物技术研发和产业化来说,从开始的选题阶段到最后的产品上市,其全部过程都离不开知识产权的参与,其中尤其以专利最为重要。生物技术研发的选题决定了其最终的研究成果。选题阶段开展文献的检索,充分了解研究领域的最新进展,可以避免重复的无用功,避免研发成本和人力资源的浪费。文献检索包括国内外科学期刊、技术期刊和相关数据库(如 Genbank)发表的论文和相关信息。专利文献也是一类重要的文献检索资料,如美国专利商标局(USPTO)、欧洲专利局(EPO)和日本专利局(JPO)及 1978 年始建的世界知识产权组织的 PCT 专利数据库等。

(2)生物研发的合理选题。专利文献检索后,确定原创性的生物研发选题非常重要,自始至终要围绕新颖性、创造性和实用性三个原则开展研发工作。要注重研发内容的保密协议或技术保密,关注和跟踪研究领域的相关文献和专利情况,及时调整、完善研发课题,以免影响最终专利的申请结果。

(3)了解生物技术专利的申请程序。首先,要确定申请专利的国家,不同国家生物技术专利申请的流程、范围和专利"三原则"判断标准都有可能不同。例如,1989 年美国 Genentech 公司将其利用 DNA 重组技术生产的人组织纤溶酶原激活因子(tPA)在英国申请专利遭到英国专利局的拒绝,在美国却顺利申请到了人的 tPA 生物技术专利,原因主要是英国专利局认定该技术的创造性不足。而在日本 Genentech 公司在人的 tPA 克隆及氨基酸序列受到了专利批准。还有一些国家通过立法限定了相关生物技术的专利申请,如在丹麦动物不能申请专利保护,在中国转基因动物和植物品种发明是通过品种保护法进行保护的等。其次,还要了解专利申请中涉及的费用。委托专利申请中了解专利代理机构的情况非常重要,这些机构的工作人员是否熟悉专利申请的流程和撰写注意事项等,可能影响到专利申请的顺利批准。

(4)生物技术专利的申请。专利申请是利用专利保护技术成果的必经之路。在专利代理机构的指导下,按照要求撰写专利申请,并注意技术保密。

(5)专利审查。由国家知识产权局专利局对申请的专利进行初步审查和实质审查。

(6)专利公示。国家知识产权局专利局在专利审查通过后以多种渠道公示。

(7)专利获批。申请专利经公示无异议后,国家知识产权局专利局授予生物技术专利发明证书。

8.2　生物技术制药规则与要求

生物技术制药是指利用基因工程、抗体工程或细胞工程技术生产的、源自生物技术体内的天然活性物质,将其用于体内诊断、治疗或预防的药物。例如,从血液中提取的多克隆抗体、凝血因子,用微生物发酵生产的抗生素(如青霉素),用生物技术生产的人用兽用疫苗(如流感疫苗、甲肝疫苗等),从动物、植物、微生物或海洋生物中提取的活性物质(如从猪胰中提取的胰岛素、从红豆杉中提取的紫杉醇等)。

8.2.1　国内外生物技术制药发展概况

诺贝尔奖获得者 J. B. Goldstein 曾经说过,回顾过去几百年人类发展的历史,19 世纪是以蒸汽机为代表的工业革命的世纪,20 世纪是以计算机和通信为代表的信息技术的世纪,21 世纪将是以生物制药为代表的生命科学与技术的世纪。目前,生物制药产业已经成为 21 世纪最具前途的产业之一,也是生物工程研发应用最活跃的领域。

国际上生物制药业主要集中于美国、日本和欧洲等发达国家和地区。据报道,目前美国现有生物技术公司 1400 家,形成规模生产的有 20 多家,正式投入市场的生物药物有 40 多个,市场销售额占全球的 90%以上,且逐年不断增长。日本生物技术开发仅次于美国,目前共有生物制药公司约 600 家,其中 65%从事生物医学的研究。欧洲生物制药公司约有 300 家,处于快速发展阶段,其中英、法、德和俄罗斯等国的生物制药市场发展呈良好态势。

发展中国家以印度南星制药公司为代表,该公司 2003 年生物制药的销售增长了 27%,达到 9.69 亿美元。中国生物制药产业起步于 20 世纪 80 年代初期,1989 年批准了第一个基因工程药物的生产;1993 年,国内最大的基因工程生产企业——深圳科兴生物制品有限公司建成,标志着国内已具有一定的生物产品研发生产能力。经过二十多年的发展,中国以基因工程药物为核心的研制、开发和产业化已具备一定的规模。我国注册的生物技术公司已有 500 多家,其中取得基因工程药物试产或生产批文的约 50 家,主要分布于上海、北京、江苏和浙江等经济发达的地区。虽然目前我国已开发出了一大批新的生物特效药物,解决了过去用常规方法生产技术困难、价格昂贵等问题,但是我国生物药物

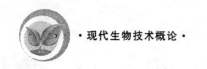

年销售额还不及美国的 1/100,并且全国大多数生物制药企业还处于亏损阶段。

8.2.2 生物技术制药规则和要求

生物技术制药涉及生物技术领域多项前沿技术和平台技术,包括生物药物制备筛选、药物分子设计、制药技术、药物新剂型、药物安全、药效评价体系及生物诊断治疗等。生物药物是药物中的一类,同时又隶属于生物工程制品,因此其制备生产应当符合《中华人民共和国药品管理法》和《中国生物制品规程》等相关法律法规。相关内容简要介绍如下。

8.2.2.1 生物制药企业应具备的基本条件

(1)具有依法经过资格认定的生物制药技术人员、工程技术人员及相应技术工人。

(2)具有与生物药物生产相适应的厂房、设施和卫生环境。

(3)具有能对所生产生物药物进行质量管理和质量检验的机构、人员及必要的仪器设备。

(4)具有保证生物药物质量的规章制度。

(5)其他生物制药企业必须具备的条件。

8.2.2.2 生物技术制药的操作规则和要求

1. 生物技术制药的原料要求

生物技术制药的原料是生物技术制药的基础材料,应具有高度的稳定性和适合检测或试验要求的特异性,不应含有干扰使用目的的杂质。生物技术制药原料采购之前,采购部门应会同质量管理及生产部门,选择合适的供应商对生物制药用原料进行评估、索样检验,试生产合格后方可建立生物制药原料供应关系。

2. 生物技术制药的生产管理规则

生物药物的质量关系到医疗群体的健康和安全,生产管理是生物技术制药的关键控制点之一,主要涉及"三个确保":①确保按经批准的文件生产生物药物;②确保生物制药全过程的质量控制;③确保最终生物药物的质量符合标准要求。

生物技术制药的生产管理主要包括生产文件、生产流程和生产过程的管理三个方面。

(1)生产文件管理。主要包括生产及卫生管理制度、工艺操作规程、岗位操作技术、清洁消毒程序、生产计划、指令性文件、文件传递和记录凭证等,其中严格的 GMP 文件修订变更控制及生产流程中记录和生产指令等文件传递是关键要素。

(2)生产流程管理。生物技术制药中要严格按照工艺规程进行生产操作,并明确具体操作要求、生产制品工艺流程图和质量控制点及生物原料比例等。

(3)生产过程管理,包括生物技术制药现场管理、质量控制和质量监督三个方面,其具体内容如下。

① 要做好生物技术制药的现场管理,如规范生产操作,及时准确记录、清场和进行偏差处理,生物物料平衡和工序流转生产指令,以及半成品管理、状态管理、定置管理、批号管理和工艺用水管理等。

② 要做好生物技术制药的质量控制,如工艺用水、生物原料、操作人员、工艺设备、加工场地和空间等的清洁、消毒与卫生质量控制,以及生物原料配比关系、技术操作和生产

工艺质量控制等。

③ 要做好生物技术制药的质量监督。例如,管理性质量监督,包括洗手程序、记录填写、复核、清场检查和标准操作规程执行等;检验性质量控制,包括生物接种、生物配比、分装无菌控制和分装量测定等。质量监督人员要将监督结果如实记录和归档,若发现有异常情况,要及时了解并上报上级主管部门,并及时将异常情况处理结果作书面报告和归档。

3. 生物技术制药的质量检验

生物技术制药的质量检验包括取样和检验两个方面。

(1)取样。

① 半成品取样:在生物技术制药的生产现场逐瓶抽样,并注明半成品的名称、批号、生产日期和瓶号。

② 成品取样:生物技术制药的成品中,按药品储藏位置十字交叉和中央五点随机取样,并注明药品的名称、生产日期和取样部位等。生物药物成品送检中要注意保留封样,并由质量管理部门封存、备用。

(2)检验。

生物技术制药的成品合格与否由相关药品质量管理部门检验判断。生物技术药物检验时必须尽可能地排除干扰因素。例如,实验用小白鼠应符合二级(清洁级)标准,猪应未感染猪瘟病毒、口蹄疫病毒和体外寄生虫等,以确保试验结果的可重复性;生物技术药物检验操作时要符合操作要求标准和规范;生物技术药物检验结果应真实可靠,对照成立的判定结果,否则作无结果判定,结果判定应由两人或两人以上进行,以保证检验结果的公正性。

4. 生物技术药物分批的规则和要求

生物技术药物的分批是其生产中常见操作之一,需注意以下几点。①一般由生物技术制药的生产部门编制生物药物的批号,编码原则为年/月/流水号;由质量检定部门审定生物技术药物的批号。②同一批号的生物技术药物所含的内容必须完全一致,即其来源与质量完全相同,经过质量抽检后能够对整批药物作出评定。③生物技术药物制品批号编制中,当稀释、混合、吸附、过滤和冻干等因素可能导致制药成品发生改变时,应注意编写亚批号,以防止同批次生物药品质量出现差异。④器械和用具的清洁卫生,即每批所用的器械及用具未经洗净灭菌,不得用于另一批生物药物制品。⑤同一生物药物制品的批号不得重复。⑥凡经检定合格的生物药物成品,每批应保留足够二次检定用的数量。

5. 生物技术药物分装的规则和要求

经相关质量检定部门认可,符合质量标准的生物技术药物半成品或成品方可进行分装。生物药物分装时需注意以下四点。

(1)分装容器及用具。

生物技术药物分装对分装容器及用具的质量和卫生具体要求如下。

① 质量要求:生物技术药物分装用容器一律由硬质中性玻璃制成,其检查方法及标准应符合药典相关规定。

② 卫生要求:生物技术药物分装用玻璃容器至少需经 120 ℃ 高压蒸汽灭菌 1 h,或 180 ℃ 干热灭菌 2 h,或能达到同样效果的其他灭菌方式处理,且不得有玻璃碎片掉下和

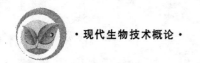

碱性物质析出;凡接触生物药物的分装容器及用具必须单独刷洗、消毒,否则不能使用;血清类制品、血液制品、卡介苗和结核菌素等生物原料分装用具应专用,未经严格消毒处理,不得用于其他制品。

(2) 分装车间。

生物技术药物成品对分装车间的洁净度、建筑质量、设备器具和分装环境有严格的要求,具体如下。

① 洁净度:生物技术药物成品分装车间要求洁净环境 100 级以上。

② 建筑质量:分装车间建筑稳固性好,不易受震动的影响;顶棚、地面和墙壁的材料及构造不易产生尘埃,便于清洁;不得设地漏;有防尘、防昆虫、防鼠及防污染的设施;分装洁净室与其他区域应保持一定压差,并有显示压差的装置。

③ 设备器具:分装车间内设备和器具简单,不易发霉,避免积藏尘埃污垢。

④ 分装环境:分装车间光线充足,但须避免光线直射;室内保持干燥;用于冻干制品封品的洁净室的相对湿度不宜超过 60%。

(3) 分装人员。

生物技术制药中,人员是分装操作中的主体,其卫生和健康程度决定了所分装生物药物的安全性。直接参加生物药物分装的人员,每年至少健康检查一次;凡有活动性结核、急性传染性肝炎或其他有污染生物药物危险的传染病患者,应禁止参加药物的分装工作。

(4) 分装程序。

生物技术药物成品分装程序操作复杂,需注意以下几点。

① 生物药物分装前应加强核对,以防止错批和混批。分装规格、制品颜色相同而品名不同或活菌苗、活疫苗与其他生物药物制品不得同室同时分装。

② 生物药物分装过程中应严格注意无菌操作。药物制品尽量由原容器内直接分装,同一容器的药品应当日分装完毕;原容器为大罐当日未能分装完时,可延至次日分装完毕;不同亚批次药品不得连续使用同一套灌注用具。

③ 生物药物分装应做到随分装随熔封。用瓶子分装时,须加橡皮塞并用灭菌的铝盖加封。

④ 分装活疫苗、活菌苗及其他对温度敏感的制品时,分装过程中药品应维持在 25 ℃以下,分装后应尽快采取降温措施。

⑤ 含有吸附剂的生物药物制品或其他悬液,在分装过程中应保持均匀。

⑥ 分装生物药物制品时,可根据不同制品的具体情况,采取适当措施除去微量沉淀。

⑦ 生物药物制品实际装量应多于标签所示量,确保抽出量不低于标签所标示数量。

⑧ 分装后的生物药品按批号填写分装卡片,写明制品名称、批号、亚批号、规格和分装日期等,并立即填写分装记录,注明分装、熔封、加塞和加铝盖等主要工序直接操作人员的姓名。

⑨ 按照国家药物质量管理相关规定,在生物药物制品分装过程的前、中、后三个阶段任意抽取样品送药品质量检定部门检定;送检药物样品各项规格要与同批药品一致。药物质量检定部门也可到分装部门抽取药物样品。

（5）包装规定。

经质量检定部门检定和综合审评符合质量标准的生物技术药品才能进入包装车间。生物技术药物包装流程和注意事项如下。

① 同一车间有数条包装生产线同时包装时，各包装生产线之间应有隔离设施。外观相似的生物药物制品不得在相邻包装生产线上包装。各包装生产线均应标明正在包装药品的名称、批号。

② 生物药物熔封后的安瓿须经破漏检查；冻干制品真空熔封的应检测真空度，充氮熔封的应检测氮气含量。

③ 生物药物制品包装前必须按相关规程做好外观检查。凡出现颜色、澄明度和浓度异常，或有异物、摇不散的凝块、结晶析出、封口不严、黑头和裂纹等应予以剔除。

④ 生物药物包装前应按质量检定部门开出的包装通知单准备瓶签、盒签或印字戳；瓶签上标明药品名称、批号及亚批号和有效期；盒签上标明制品名称、批号（亚批号）、规格、有效期、保存温度、注意事项、生产单位名称和注册商标及批准文号。

⑤ 包装时仔细核对批准批号，防止包错包混。

⑥ 生物技术药品包装应在 25 ℃ 以下进行，每盒应附说明书。

⑦ 生物技术药品装箱时应注明制品名称、批号、规格、数量、有效期、生产单位名称和保存及运输中应注意事项。

⑧ 生物技术药品包装结束后彻底清场，检验合格后填写入库单，交成品库。

8.2.3 生物技术药物审批

生物技术药物进入市场销售前，需由国家药物质量管理部门进行审核和审批，其主要步骤如下。

（1）生物技术制药企业向卫生部门提出生物药物品种申请。

（2）生物技术制药企业向卫生部门报送相关资料（根据卫生部《新生物制品审批办法》）。

（3）卫生部药品审评委员会生物制品分委员会审评，提出结论性意见报卫生部审批。

（4）卫生部批准后发给《新生物制品证书》。

生物制药产业是本世纪发展最快的产业之一，是生物工程研发应用最活跃的领域之一。在生物技术制药的研发、生产和销售中，了解生物技术制药的规则和要求对生物开发利用者具有很大帮助。

8.3 商业秘密

商业秘密是指不为公众所知悉，能为权利人带来经济利益，具有实用性并经权利人采取保密措施的技术信息和经营信息。当技术或者信息同时满足了三个特性，即秘密性、价值性和保密性，就能为技术或信息所有者带来巨大的财富，就可以称之为商业秘密。由此可见，商业秘密具有巨大的经济价值特性，同时又具有"一旦泄露，永远泄露"的特性，其一旦流失，可能给其权利人带来无法弥补的伤害。下面这句话更是说明了商业秘密的巨大

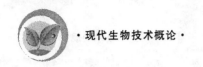

作用和价值:"盗窃商业秘密所造成的损害甚至要比纵火者将工厂付之一炬的损害还要大。"

商业秘密是生物技术发明者对其在生物技术领域研究成果保护的一种形式。生物研究领域中,商业秘密有其独特的优点,如成本低、可操作性强、保护时间不受限制和不受专利法中的强制公开限制等。生物技术研发具有高投入和高风险的特性,同时生物技术研发又是一项高回报率的投资,生物技术研究一旦获得成功,其利润为技术研发者带来的好处是不可估量的。有些生物技术成果,若研发参数和技术要点泄密就失去了应有的价值。公开性是专利特性之一,意味着生物技术成果专利申请时相关技术参数和要点就必须公之于世,这就使得该生物成果的机密性遭到破坏。因此,有些生物技术公司宁可利用商业秘密来保护生物产品和工艺,而不愿申请专利。例如,世界上最大的饮料公司——可口可乐公司,可口可乐饮料的配方保存在美国亚特兰大一家银行里,据说世界上只有5个人知道其配方,该配方以商业秘密的形式保密了100多年,也为可口可乐公司带来了丰厚的利润。

生物技术药物在生产销售前,需取得生产和销售许可,需向政府提供申请报告和相关试验数据等信息,这些信息或数据往往是生物研发者耗费大量心血才获得的,也应得到保护,属于商业秘密。为了防止不正当的商业使用,审批管理者应防止信息的对外披露,除非是为保护公众的利益。我国《药品管理法实施条例》中就有规定,药物审批部门在审批有关生产或销售许可中不得泄露申请人的有关秘密信息。

商业秘密只有在保守机密的条件下才能得到保护。与专利相比,商业秘密具有一些缺点。例如,它不具有专利的垄断性,即其他人可用同样的思路开发同样的产品;有些企业尚未意识到商业秘密的重要性;有些国家不承认商业秘密的保护;机密执行有一定的困难,只有当知道机密者绝对保密时才能守住商业秘密。一个企业在雇佣协议上可以含有保密条款,也可以限制雇员离职后不得到竞争对手企业工作,或不得泄露原工作中掌握的商业秘密。

随着科学技术的飞速发展,生物技术成果中蕴藏的利润不可估量,对生物研发成果进行适当的保护显得越来越重要。研发者在生物技术成果知识产权保护时可将生物技术专利申请和商业秘密保护有机结合起来。

8.4　生物技术发明的其他保护形式

专利和商业秘密对有用技术和信息的保护有一定的范畴。专利法的立法具有很大的功利性,必须同时具备新颖性、创造性和实用性三个基本要素,这就决定一项发明要受到专利的保护就必须具备一定的实际应用可预见性,否则在专利申请中很有可能不能获得专利批准。科学发现对人类进步的贡献并不比通常的发明逊色,而如爱因斯坦的相对论和焦耳发现的电热交换规律推动了物理、天文科学的发展,并获得了世界上最高荣誉的科研奖项——诺贝尔奖,但它们不能获得专利保护。生物技术研究中,有些发现可能短期内看不出有多大的应用价值,但对生命科学规律的揭示有着巨大的推动作用,如某个疾病基因的发现就可能因涉及发现和发明的界限模糊问题而得不到专利保护。由此可见,专利并不能也不可能保护所有促进整个人类技术进步的重要发现和发明,科学发现还可通过发现者名誉权、标准、商标、著作权和修改权等形式加以保护。

生物技术在农业中的应用无疑是生物技术应用最活跃的领域之一。植物育种是当前农业科研的重点方向，在世界粮食保障中起到了客观的作用。但在包括中国在内的许多国家，植物新品种并不能够得到专利的保护，而是采用了一种类似专利的形式（植物新品种保护）来保护育种者的权益。20 世纪以前，植物品种资源在农民和种子公司之间属于共享的公共产品。20 世纪初，西方发达国家私人种子公司不断涌现，他们逐渐发现植物品种资源中潜在的经济利润，开始对植物新品种进行知识产权的保护。1930 年美国成为世界上第一个对植物新品种进行保护的国家，美国国会通过了植物专利法，对无性繁殖得到的植物新品种授予专利。1934 年，《保护工业产权巴黎公约》中将对象扩展到农产品，但对植物新品种是否应包括在内没有作出定论。1961 年，欧洲 12 国成立了国际植物新品种保护联盟（UPOV），并签订了《保护植物新品种国际公约》（UPOV 公约），在国际上首次承认了植物新品种权。1972 年、1978 年和 1991 年 UPOV 曾先后对《保护植物新品种国际公约》主要条款进行了修订。1994 年，《与贸易（包括假冒商品贸易在内）有关的知识产权协议》（TRPIS 协议）规定："成员应以专利制度或有效的专门制度或以任何组织制度，给植物新品种以保护；对本项规定应在建立世界贸易组织协定生效的 4 年之后进行检查。"这项规定使世界各国对植物新品种保护更加重视，使 UPOV 得到了进一步的发展。截至 2006 年 1 月 1 日，UPOV 成员国已经达到了 60 个，它们当中除了少数国家采用专利方式外，大多数国家采取颁发"植物新品种权证书"的方式对植物育种者进行保护。

中国通过《植物新品种保护条例》对培育后具有特异性、一致性和稳定性（简称 DUS）的植物新品种，由品种审定机关进行审查批准后，为植物新品种培育者授予品种权予以保护。植物育种者获得了植物新品种权证书后，种子公司或他人使用该品种时需要支付育种者一定的费用。虽然植物育种者的品种通过品种权得到了保护，但购买者对该品种可以通过育种或生物的手段加以改变，一旦符合《植物新品种保护条例》的规定，购买者就可以申请新品种权保护，其权利就属于购买者而非原品种育种者。尤其随着现代生物技术的发展，进行新品种创新已变得更快、更容易，这无疑会损害植物育种者的权益。若育种者授权植物品种对某种病害抗性效果极好并产生巨大的经济效益，但购买者通过分子手段很容易就转移该抗病基因，那么可能对原育种者造成经济影响。目前，如何有效地保护植物育种者的权益已成为国际上激烈争论的话题。

"未披露信息"也是技术和信息保护的一种形式。"未披露信息"是一类既不属于发明，也不属于创新，但具有很高价值的一类信息或数据。显而易见，"未披露信息"不具备专利的新颖性、创造性和实用性三个要素，不能通过专利加以保护，甚至难以通过知识产权的形式加以保护。但是"未披露信息"高价值的特性决定了该信息的原始获得者收集信息时已经投入了相当的资源，因此必须加以保护。世界贸易组织（WTO）的《与贸易有关的知识产权协议》（TRIPS）规定 WTO 各成员国应对"未披露信息"和"实验数据"进行保护。WTO 的 TRIPS 规定也对"未披露信息"保护的条件做了说明，即它应具有如下特点：①该信息具有秘密性；②该信息具有商业上的价值；③合法控制信息的人已采取了适当的措施保持信息的秘密性。我国目前在《中国加入工作组报告书》第五章"与贸易有关的知识产权制度"中承诺了对新药审批中的实验数据提供保护。

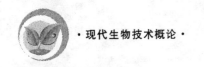

当前生物技术飞速发展,生物成果潜在的经济利润日益丰厚,广大生物技术研究开发利用者一定要重视生物成果的知识产权保护,以最大限度维护自身的合法权益。

 ## 8.5 生物技术专利保护的负面影响

生物技术在农业、食品和医药等领域广泛应用,为世界人口膨胀、粮食短缺、疾病防治、能源匮乏和环境污染等问题的解决起到了显著的作用。生物技术成果背后潜藏着巨额的经济利润,促使世界各国生物科技研发者越来越重视生物科技成果的法律保护。世界各国之间在生物技术成果(尤其是最为热门的生物制药领域)的专利申请问题上硝烟弥漫。与此同时,生物技术的飞速发展对知识产权保护提出了严峻的挑战,在社会伦理道德、生物资源平衡利用和国家间的利益冲突等方面带来了一些负面影响。

目前美国、德国、日本等许多国家认为,人体基因是可以依法授予专利权的。人体基因研究中发现与疾病相关的基因,尤其是与疑难杂症密切连锁的基因,对人类克服病魔、医疗诊断和生物制药产业发展具有巨大的促进作用。但是,人体基因的可专利性可能带来一些问题,如人体基因利用中的垄断问题,这导致掌握人类疾病相关基因的生物公司可能阻碍该基因在疾病诊断中的应用。例如,美国 Myriad Genetics 公司首先对乳腺癌遗传基因和这些基因诊断申请了专利,Myriad Genetics 公司发现携带有 BRCA1 和 BRCA2 基因的妇女更容易患上乳腺癌,自 1995 年该公司先后在美国和欧洲等申请并获得了数项专利权,这就意味着只有它才能对全世界的乳腺癌 DNA 测试制订规则。美国的实验室已经停止了血液色素沉着病的临床检验服务,原因就是由于专利使用的成本太高。由此可见,人体基因获取专利批准表现出了科技进步性,但同时也具有一定的局限性。

当前,发达国家正加快生物技术专利保护推进战略,这可能引起国家间的利益冲突。生物技术研发投入经费高、风险性大。发达国家经济实力强大,是目前生物技术研发和专利拥有的主体。例如,美国几乎拥有世界上一半的生物技术专利,生物技术产品销售额占全球市场 90% 以上。发展中国家的生物基因资源非常丰富,但经济实力相对落后,生物科技实力与西方国家差距悬殊。发达国家的科研人员通过对发展中国家提供的基因原材料进行开发研究,获得某些技术成果并进行商业化开发、申请专利、转让技术和制造药物等。发展中国家却要为购买此类生物高科技产品支付高昂的代价,这样就使发展中国家受到了不公正的待遇,也进一步加大了发达国家与发展中国家之间的贫富差距,甚至可能造成经济和政治矛盾。

随着生物技术的飞速发展,专利法律的伦理道德问题及其判断标准越来越被提到议事日程上来。例如,在欧洲专利局的"哈佛鼠"一案中,就多次涉及伦理道德的标准问题。在欧洲专利局异议审查合议组的公开审理中,异议者即多次指出,用动物做试验和折磨动物是不道德的。而专利权所有者却辩解,其发明可以减少受试动物的数量,从而从总体上减轻动物的痛苦,且高效地用于研究和开发治疗癌症的药物正是为了免除人类的痛苦,保证人类的健康,因而是道德的。然而,伦理道德标准是一个很复杂的问题。它涉及民族、宗教、社会及文化等诸多方面。这无疑已远远超出了专利法所能涉及的范围。生物技术知识产权保护中的伦理道德问题应当通过国家及全社会来逐步解决。

知识拓展

转基因动物"哈佛鼠"的专利权命运

20世纪80年代,哈佛大学 Philip Leder 教授与 Genentech 公司 Timothy Stewart 研究员通过转基因技术培育出一只老鼠,该老鼠易患乳腺癌,也就是现在广为流传的"哈佛鼠"。"哈佛鼠"在乳腺癌研究方面具有重要的科学价值和医学价值,也被称为"肿瘤鼠"。哈佛大学就转基因动物"哈佛鼠"的专利保护先后在美国、欧盟和加拿大等国家和地区进行了申请,有意思的是其专利权命运却一波三折。

美国专利与商标办公室(USPTO)1988年4月通过的审批授予了转基因动物——"哈佛鼠"专利权,也开了动物享有专利的先河。USPTO授予"哈佛鼠"专利权的原因在于它对治疗乳腺癌的研究与试验提供了方便,并具备了专利保护的要件。当时,"哈佛鼠"的权利要求的覆盖面十分宽泛,保护范围涵盖了除人类之外的所有携带乳腺致癌基因的哺乳动物。

欧洲对"哈佛鼠"的专利审查过程可谓一波三折。1985年6月哈佛大学就"哈佛鼠"的发明向欧洲专利局(EPO)提出申请;1989年7月欧洲专利局作出驳回决定;申请人1989年9月提起上诉,欧洲专利局上诉技术委员会撤销了欧洲专利局原驳回决定,并作出原则上可授予专利的决定,但将"哈佛鼠"是否为动物变异种及是否违反公认的社会秩序与道德作为问题退回原审查部复审;经复审后,1991年10月欧洲专利局核准"哈佛鼠"的授权,但史无前例地附加了审查意见。有人认为"哈佛鼠"的专利案就此结束了。但是"哈佛鼠"在专利异议期内,立即遭到16个政府组织、社会团体、政党及个人提出异议。2001年11月,前后历时八年的授权范围异议一案作出最后决定:"哈佛鼠"欧洲专利仍予维持,但其申请专利范围缩小为从"转基因的非人类哺乳动物"限定到"转基因啮齿类动物";2004年7月,EPO二审程序的上诉技术委员会举行听证会,对"哈佛鼠"专利权作出了进一步限制,由"转基因啮齿类动物"限定到"转基因鼠"。

加拿大法院1996年拒绝了类似"哈佛鼠"的专利申请;2008年3月加拿大联邦上诉法院作出"哈佛鼠"可以申请获得专利的决议;2008年5月加拿大专利局向最高法院提起诉讼"哈佛鼠"的专利判决,但迄今最高法院尚未对此案作出判决。

"哈佛鼠"的专利权案件应当给我们以启示,随着现代生物技术的飞速发展,加强动物的专利保护在法律、道德和伦理等方面可能面临着巨大的挑战。

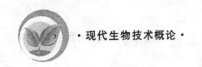

小　结

随着生命科学与生物技术的飞速发展,现代生物技术在农业、工业和医药等领域发挥了不可估量的作用,为解决世界人口膨胀、粮食短缺、疾病防治、能源匮乏和环境污染等问题带来了希望。但生物技术的发展过程中也暴露了一些问题,如关于生物技术知识产权保护、社会伦理道德问题等。了解生物技术的规则与法规,可以指导我们正确、合理地利用生物技术为人类社会作贡献,同时也有利于生物技术成果权益的保护。本章主要阐述了生物技术知识产权的几种保护形式、生物制药的规则与要求以及生物技术专利保护带来的负面影响等内容。专利保护是生物技术成果保护的主要形式,本章介绍了生物技术专利的概念、专利保护的重要意义、国内外生物专利的发展概况及生物技术专利申请流程等;介绍了生物技术制药的概念、发展概况和生物技术制药的具体规则和要求;还简要介绍了商业秘密、动植物新品种保护和"未披露信息"等生物成果的保护形式。生物技术成果背后潜藏着巨额的经济利润,世界各国之间在生物技术成果(尤其是最为热门的生物制药领域)的专利申请问题上硝烟弥漫。生物技术的飞速发展对知识产权保护提出了严峻的挑战,在社会伦理道德、生物资源平衡利用和国家间的利益冲突等方面带来了一些负面影响。了解生物技术专利保护的负面影响十分必要。

 复习思考题

1. 简述生物技术成果保护的几种主要形式及其特点。
2. 生物技术成果专利申请的必要条件包括哪些?
3. 你如何看待转基因动物的专利保护?

第9章

生物技术的安全性及其应对措施

 学习目标

　　了解生物技术安全性,尤其是基因工程技术的安全性及其对社会安全、伦理、道德可能产生的重大影响。

　　许多世纪以来,人类社会一直都在安全地使用生物技术产品和工艺。但是,随着生物技术迅猛发展,特别是基因工程技术和细胞工程技术的发展,人们对其可能产生的后果越来越感到忧心忡忡。最初,人们还在对食用一些经辐射处理的作物及食品的后果争论不休,但是我们很快发现,这种危害与基因工程技术所带来的后果相比简直是微不足道的,基因工程已经一点一滴地渗入我们的日常生活。作为科学发展的成果,基因工程为我们带来的是福还是祸? 不同处境和立场的人有不同的看法:科学家和商人大都对其贡献赞不绝口,认为基因工程实为 20 世纪的一项创举;环保人士和一般市民则质疑基因工程的产物对人体的危害和对自然生态的灾难性影响。

　　从根本上讲,生物技术安全性就是"控制与粮食和农业,包括林业和水产有关的所有生物和环境风险",即涉及粮食安全及动物、植物生命与卫生等领域。具体来说,人们对生物技术的安全性的担忧主要表现在以下几个方面。

　　(1)基因工程对微生物的改造是否会产生某种有致病性的微生物,这些微生物都带有特殊的致病基因,它们如果从实验室逸出并且扩散,势必造成类似鼠疫那样可怕疾病的流行。

　　(2)转基因作物及食品的生产和销售是否对人类和环境造成长期的影响,擅自改变生物基因将会引起一些难以预料的危险。

　　(3)分子克隆技术在人类身上的应用将造成巨大的社会问题,并对人类自身的进化产生影响;而将其应用在其他生物上同样具有危险性,因为所创造出的新物种可能具有极强的破坏力而引发一场浩劫。

　　(4)生物技术的发展将不可避免地推动生物武器的研制与发展,使笼罩在人类头上的生存阴影越来越大。

　　(5)动物克隆技术的建立,如果被某些人用来制造克隆人、超人,将可能破坏整个人

类的和平。

应该说,上述忧虑在理论上都是很有道理,并且都有其现实基础的。所幸的是,人们(包括科学家与公众)从生物技术诞生那天起就一直对其加以关注并采取防御措施,因此到目前为止,还没有出现大规模的灾难。

 ## 9.1 生物技术安全性

9.1.1 生物技术安全性及其内容

9.1.1.1 生物技术安全性的含义

生物技术安全性的概念有狭义和广义之分。狭义的生物技术安全性是指现代生物技术的研究、开发、应用以及转基因生物的跨国转移可能对生物多样性、生态环境和人体健康产生潜在的不利影响,特别是各类转基因活生物体释放到环境中可能对生物多样性构成潜在风险与威胁。广义的生物技术安全性涵盖了狭义生物技术安全性的概念,并且包括了更广泛的内容,涉及内容大致可分为以下三个方面:一是指人类的健康安全;二是指人类赖以生存的农业生物安全;三是指与人类生存有关的环境生物安全。因此,广义的生物技术安全性涉及多个学科和领域,包括预防医学、生物技术制药、环境保护、植物保护、野生动物保护、生态、农药、林业等,而管理工作分属各个不同的行政管理部门。目前,国内对生物技术安全性的认识很多还局限在狭义的概念里。虽然国际上对此也还没有形成一个统一的认识,但一些发达国家,如澳大利亚、新西兰、英国等,在实际管理中已经应用了生物技术安全性的广义概念,并且将检疫作为保障国家生物安全的重要组成部分。

9.1.1.2 生物技术安全性的基本内容

生物技术安全性的基本内容包括以下几个方面。

1. 转基因生物对非目标生物的影响

抗虫和抗病类转基因植物,除对目标害虫和病菌致毒外,对环境中的许多有益生物也将产生直接或间接的影响和危害。

2. 增加目标害虫的抗性

研究表明,第 3 代、第 4 代害虫已对转基因抗虫作物产生抗性。因此,转基因抗虫作物的大规模种植有可能需要喷洒更多的农药,这将会对农田和自然生态环境造成更大的危害。此外,目标害虫还可能转移到其他作物上进行危害。

3. 杂草化

转基因植物通过传粉进行基因转移,可能将一些抗虫、抗病、抗除草剂或对环境胁迫具有耐受性的基因转移给野生近缘种或杂草。如果杂草获得转基因生物体的抗逆性状,将会变成超级杂草,从而严重威胁其他作物的正常生长和生存。

4. 对生物多样性和生态环境的影响

由于可以使动物、植物、微生物甚至人的基因进行相互转移,转基因生物已经突破了传统的界、门的概念,具有普通物种不具备的优势特征。这些经过人工改造的生物若释放到环境,可能改变物种间的竞争关系,破坏原有自然生态平衡,导致生物多样性的降低甚至丧失。转基因生物通过基因漂移,还可能破坏野生种和野生近缘种的遗传多样性。此外,种植耐除草剂转基因作物,必将大幅度提高除草剂的使用量,从而加重环境污染的程度,降低农田生物多样性。

5. 对人体健康的威胁和影响

转基因活生物体及其产品作为食品进入市场,可能对人体产生某些毒理作用和过敏反应。例如,转入的生长激素类基因就有可能对人体生长发育产生重大影响;转基因生物体中使用的抗生素标记基因,如果进入人体,也可能使人体对很多抗生素产生抗性。由于人体内生物化学变化的复杂性,有些影响还需要经过长时间才能表现和监测出来。

9.1.2 转基因作物与转基因食品

9.1.2.1 转基因作物

目前科学家们正在探索使用基因工程的方法,将不同作物的优良性状如高产、优质、固氮、抗病、耐瘠、耐旱等组合在一起,以培育出同时具有诸多优良性状的作物新品种。自从美国政府 1994 年在国际上第一个批准延迟成熟期的转基因番茄商品化种植以来,转基因作物种植的面积发展得非常迅速。到 2000 年,全球转基因作物种植面积已达到 4 420 万公顷。其中美国种植面积占 63%,阿根廷占 23%,加拿大占 7%,中国占 1%左右。被批准许可进行商品化种植的转基因作物,美国已有 11 种以上,但主要的还是抗除草剂转基因大豆、抗虫转基因棉花、抗虫转基因玉米及抗除草剂转基因油菜等。1999 年,美国转基因大豆的种植面积已占其整个种植面积的 55%,抗虫转基因棉花(主要是转基因 Bt 杀虫棉花)占整个棉花种植的 50%左右,而抗虫转基因玉米占玉米种植的 30%。因上述产品在国内外的销路问题,特别受到欧洲国家的抵制,近年来面积没有过多增加,有的甚至可能有所减少。

近年来基因工程技术在农业领域得到了最广泛的应用,主要作物如玉米、大豆、棉花等的转基因产品产量已占到了相当大的份额。据统计,2010 年全球转基因作物的种植面积比上一年增加 10%。美国依然是世界上最大的转基因作物种植国家,2010 年共使用 6 680 万公顷土地种植转基因大豆、玉米、棉花、油菜、菜瓜、木瓜、苜蓿和甜菜。巴西则居第二位,在 2 540 万公顷土地上大量种植转基因大豆、玉米和棉花,2010 年的种植面积比 2009 年增加了 19%。转基因作物是对农作物的基因组进行改造获得的。目前市面上大部分转基因作物是具有抗病虫害或抗除草剂等能力的品种,有助于减少农药使用、提高产量、降低农业生产成本。此外,利用基因技术去除过敏和有毒成分,或添加营养物质的新一代转基因作物正在发展中。但是,随着种植面积的增加,一些与转基因作物种植所带来的后果相关的事件引起了人们的关注。

1. 加拿大超级杂草事件

超级杂草(super weed)是指转基因植物(主要是转抗除草剂基因)本身变成杂草,或者通过花粉传播及受精导致某些外源基因漂入野生近缘种或近缘杂草,从而形成耐多种除草剂的野草化杂草。如果一种野生植物被一种转基因或能抗拒自然发生病虫害的其他基因提高适合度的话,这种植物就可能变成危害极大的害草,或者破坏自然植物群落的生态平衡。1995 年,加拿大首次商业化种植了通过基因工程改造的转基因油菜。但在种植后的几年里,在其农田中发现了拥有多种抗除草剂特性的野草化油菜的植株,即超级杂草。如今,能够同时拥有三种以上抗除草剂性质的杂草化油菜在加拿大的草原农田里已非常普遍。原因只是一些转基因油菜子在收获时掉落,留在泥土中,来年它们又重新萌发。如果在这片田地上种下去的不是同一个物种,那么它们萌发就变成了一种不受欢迎的野草,农民们通常就会把它们除去。然而,可以同时抵抗三种除草剂的野草化的油菜不但很难铲除,而且还会通过交叉传粉等方式,污染同类物种,使种质资源遭到破坏。

应当指出的是,超级杂草并不是一个科学术语,而只是一个形象化的比喻,目前并没有证据证明已经有超级杂草的存在。在加拿大出现的这种所谓的超级杂草在喷施另一种除草剂 2,4-D 后即被全部杀死。即使在将来发现有抗多种除草剂的杂草,还可以研制出新的除草剂来对付它们,科学进步的历史就是这样。

2. 墨西哥玉米基因污染事件

墨西哥是玉米的原产地,本身不种植转基因的玉米,而且有法规规定不允许种植,但是它进口美国的转基因玉米用作饲料。如果玉米原产地的遗传多样性受到污染,本地的玉米遗传结构受到破坏,产生的污染问题是很严重的。1991 年,《自然》杂志上发表了一篇后来闹得沸沸扬扬的论文,该研究声称在墨西哥传统玉米品种中发现了转基因玉米的DNA。2002 年 1 月,墨西哥的环境部门出示了一份研究报告,该研究是由墨西哥环境与自然资源部、国家生态研究所及国家生物多样性委员会共同作出的,研究结果表明,在墨西哥被调查的两个偏僻山村里,高达 35% 的原始玉米品种受到了转基因玉米的污染。墨西哥国家生态研究所所长指出,转基因玉米使得墨西哥玉米的基因出现变化,如果不尽快采取措施,该国玉米宝贵的生物多样性将遭到破坏。

在墨西哥玉米污染事件中,文章发表后,至少有 4 组科学家提出了异议。《自然》杂志的编辑说,这篇论文发表后招致了一些批评,两位作者为此提出了新的研究数据,但仍不能平息争论。《自然》杂志承认现有的证据"不足以表明发表原始论文是合适的",而该杂志在办刊 133 年的历史中,极少进行这种表态。为了使事态明朗化,杂志社决定把两位作者支持自己结论的新论文和另两篇质疑这项研究的文章同时发表,让读者自行判断。

3. 美国斑蝶事件

美国康奈尔大学昆虫学家在 1999 年 5 出版的《自然》杂志上发表论文称,他们在实验室中研究发现,放养在抹有转 Bt(苏云金杆菌 *Bacillus thuringiensis*)杀虫基因玉米花粉的苦苣菜叶上的黑脉金斑蝶毛虫发育缓慢,摄食量少,体重只是正常毛虫的一半,导致44% 的幼虫死亡。他们由此推论,转 Bt 基因玉米中含有毒素,如果在大田中种植的转基因玉米花粉随风飘到附近的菜田里污染菜叶,会使那些以菜叶为生的非目标昆虫大量死亡。

事实上,这一实验结果在科学上并没有说服力。因为试验是在实验室完成的,且没有提供使用花粉量的数据。现在这个事件也有了科学的结论:①玉米的花粉非常重,扩散不远;②2000 年开始在美国三个州和加拿大进行的田间试验都证明,抗虫玉米花粉对斑蝶并不构成威胁,实验室试验中用 10 倍于田间的花粉量来喂斑蝶的幼虫,也没有发现对其生长发育有影响。斑蝶减少的真正原因,一是农药的过度使用,二是墨西哥生态环境的破坏。

4. 中国转基因 Bt 杀虫棉事件

2002 年,在国内"转基因生物与环境学术研讨会"上所提出的《关于转基因 Bt 杀虫棉在中国对环境影响的调查概要》中说,美国孟山都公司的转基因 Bt 杀虫棉破坏了中国原有的昆虫生态平衡,使农民长期依赖有害的杀虫剂,从而破坏了环境。据估计,转基因 Bt 杀虫棉的产量大约占中国棉花总产量的 35%,面积约有 150 万公顷,而其中 2/3 的转基因 Bt 杀虫棉种子是由美国孟山都公司提供的。德国《农业报》文章称"中国的研究:转基因 Bt 杀虫棉大量破坏环境"。环保组织称转基因 Bt 杀虫棉在后期对棉铃虫的抗性降低,所以棉农还是要喷 2~3 次农药。而实际上,如果不种转基因 Bt 杀虫棉,喷药次数要高达十几次,岂不是对环境危害更大。

目前,许多政府和独立研究机构对转基因 Bt 杀虫棉的研究大多为正面的结果。在中国的研究表明,转基因 Bt 杀虫棉对环境的最大影响是有利的,因为它能够大量减少化学杀虫剂的施用。转基因 Bt 杀虫棉不仅能够减少对环境的污染,而且能够减少由杀虫剂引起的对人类和动物的伤害,它在中国的发展卓有成效,迄今尚未发现有负面作用,而且广受农民的欢迎。转基因 Bt 杀虫棉的推广使农药的使用量减少了 70%~80%,据山东省 2000 年统计,由于推广转基因 Bt 杀虫棉,该省农药使用量减少了 1 500 t。

目前,国际上关于转基因作物污染的争论中,以上四大事件最具影响力。毫无疑问,正是这些研究和报告使得人们对转基因作物越来越担心。在法国,不断有环保主义者经常采取闯入试验田,把用于研究的转基因作物连根拔起毁坏的行动来反对转基因作物的研究。而 1999 年,包括法国在内的欧盟的 7 个国家也决定,在欧盟出台关于转基因产品的标识和踪迹制度以前,暂停对新转基因产品的研发。而大多数国家目前也都遵循同样的政策,即在不详细了解转基因作物对人类健康和自然环境造成影响的情况下,反对盲目进行商业开发,也不许将转基因产品投放市场。

那么,转基因作物所造成的基因污染真的像人们想象的那么严重吗? 实际上,自从有了农业,千百年来人们一直在自觉或不自觉地改变着作物的基因构成,就拿人工杂交这种对植物"乱点鸳鸯"的做法来说吧,用一种作物的花粉使另一种作物受精,经过雌雄配子的结合,实质上也是一种人为促使双方遗传物质混合,改变作物基因组成的过程。因此,有人认为传统的育种方式与现代基因工程并无本质的区别,其最终的结果都是调整植物基因,使之产生新的所需品质。从这个意义上来说,转基因作物的危害与人们头脑中的观念变革具有很大的关系。

由此可见,目前为止的科学实验证实转基因作物并未产生人们所担心的污染和危害问题。但是争论并未就此结束。反对者认为人们低估了转基因作物的长期影响,而支持者认为反对者本身带有偏见,只注重一些负面的影响。事实上,任何人类活动都有风险,任何科学技术发明都是一把"双刃剑",既有有利的一面,也有不利的一面,最重要的是如何使用。例如电器、汽车、飞机、疫苗、青霉素等都不是绝对安全,触电会伤人,汽车会造成空气污染,飞机旅行会有空难,注射疫苗弄不好也会死人,青霉素还有人过敏,但它们都给人类带来了便利和健康。

转基因技术实际上也是如此,盲目地禁止或阻止转基因生物的研究实际上是不可取

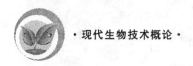

的,只有通过研究对其潜在的威胁进行透彻的了解,并加以控制,使之为人类的生活造福,才是正确的对待方法。

9.1.2.2 转基因食品

1. 转基因食品的定义

转基因食品又称基因改性食品。中华人民共和国卫生部于2002年颁布实施的《转基因食品卫生管理办法》第二条中明确规定:转基因食品系指利用基因工程技术改变基因组构成的动物、植物和微生物生产的食品和食品添加剂。它主要包括以下几类:

(1)转基因动物、植物和微生物产品;

(2)转基因动物、植物和微生物直接加工品;

(3)以转基因动物、植物、微生物或者其直接加工品为原料生产的食品和食品添加剂。

转基因食品的概念涵盖了供人们食用的所有加工、半加工或未加过的各种转基因物品和所有在食品的生产、加工、制作、处理、包装、运输或存放过程中由于工艺原因加入食品中的各种转基因物品。

2. 转基因食品安全性

转基因食品自诞生之日起,其安全性问题就成为人们关注和争论的焦点。直至今日,相关问题的讨论还在延续。

1996年,世界卫生组织(WHO)第二届生物技术与食品安全性的专家咨询会议于意大利罗马举行。会议的主要目的如下:就现代生物技术(如重组 DNA 技术)产生的动物、植物、微生物来源的食品、食品成分、食品添加剂对人类的安全性提出咨询报告,并向会员国及食品规范委员会提出建议,以便进一步制订国际生物技术食品安全性管理条例。会议根据经济发展合作组织(OECD)于1993年提出的食品安全性分析的"实质等同"原则,即"评价转基因食品安全性的目的,不是要了解该食品的绝对安全性,而是评价它与非转基因的同类食品比较的相对安全性",在与传统食品及食品成分进行比较后该原则将基因工程食品分为实质上完全等同;除某些特定差异外,其余具有实质等同性;在实质上完全不具有等同性等三种。并且该原则对各个种类的基因工程食品提出了进行安全性分析的标准。同时,会议还对转基因动植物、重组微生物及食用生物表达药物或工业用化合物等专门问题进行了讨论,得出的结论是:生物技术产生的食品的安全性并不固有地比传统食品的安全性低。

2002年8月,美国国家科学院的一个调查委员会对用于动物的转基因技术进行了为期一年的研究后声明,克隆和转基因动物生产的食品和生物医药产品没有明显的健康风险。食用克隆动物及其产品,产生过敏反应的可能性很低,但如果发生过敏,对一些特殊人群的潜在风险很大。因此,这个委员会建议,转基因动物(如克隆牛产生的牛奶和奶制品、转基因鱼等)可以投入市场,但政府应该采取更严格的监管措施,保证这些产品的安全性。

目前投入商业化的转基因食品实际上已经在世界各地销售多年,目前并无转基因食品对人类健康产生实质性危害的报道。当然,随着转基因食品种类的增加和普及,这种可能性会不断增加,因此,任何转基因食品投入市场之前都必须经过严格的论证。

3. 转基因食品的管理

至今全球许多国家已制订了转基因生物及其产品的安全管理法规和条例,一个全球性的监督管理网络正在逐步形成并发挥着日益重要的作用。

1996 年起联合国环境署和《生物多样性公约》秘书处就《生物安全议定书》组织了多轮谈判,于 2000 年得以通过。我国是第 70 个签署国,目前已有 130 多个国家参加。上述文件的生效实施,对世界各国生物多样性保护和生物技术的发展及其产品贸易产生了重要的影响。

由于各个国家对生物技术,特别是基因工程技术的认识和理解存在较大差异,因此在转基因食品安全管理上态度迥异。目前国际上对于转基因食品的管理存在两种基本模式。以美国、加拿大等为代表的转基因食品生产和出口大国,对转基因食品持一种相对积极、宽松、公开及乐观的态度,其实施的是一种以产品为基础的管理模式,即基因工程技术与传统生物技术无本质区别,管理应针对生物技术产品,而不是生物技术本身。在美国关于生物技术培育出的作物规章体系中,食品和药物管理局(FDA)负责转基因食品对人体安全性的评估,FDA 于 1997 年重申并公布了转基因食品咨询程序指南,要求开发商向 FDA 提交基于实验数据的安全性及营养性评估报告。他们认为在投放到市场前经过严格的实验、评估、检测和监管的转基因食品不需要加特殊的标签。相反,以欧盟为代表的另一些国家则对转基因食品的管理持审慎的态度,实施的是一种以技术为基础的管理模式,即基因重组技术本身具有潜在的危险性,只要与基因重组相关的活动,都应进行安全性评价并接受管理。他们实行了分别针对转基因技术及其产品的相应法规,其中包括对转基因生物的限制使用,劳动者的保护、环境控制及新食品的范围,上市的通告、审批和详尽标签等规定,该法规保障了消费者的知情权。

现在,国际上关于转基因食品发展与管理的讨论并不只限于欧美一些发达国家之间,中国等发展中国家也表明了在这一问题上的立场和看法,既强调生物技术对于发展中国家发展经济具有重要意义,也表明将采取积极规范化的防范措施。

我国已经加入了世界贸易组织,这就意味着有大量的进口产品进入我国市场。我们在履行义务的同时,更要慎重考虑我国的权利和农业安全,特别是对那些有可能对我国生物及环境造成污染和破坏的外来物种,尤其需要守好"大门"。目前采取的对策包括两个方面:首先,必须尽快提高我国的监控技术水平,对进口的转基因农产品的特性、危害性进行严格、及时的检查和监控;其次,应通过法律法规的形式,对进入我国的转基因产品进行规范化管理。目前我国已经对农业转基因生物的研究、试验、生产、加工、经营和进出口活动实施全面管理。

2001 年 5 月,中国国务院颁布了《农业转基因生物安全管理条例》,为保障条例的实施,2002 年 1 月,农业部发布了与该条例相配套的《农业转基因生物安全评价管理办法》、《农业转基因生物标识管理办法》和《农业转基因生物进口安全管理办法》,并于 2002 年 3 月 20 日起正式实施。

相关条例和 3 个配套管理办法规定的农业转基因生物,是指利用基因工程技术改变基因组构成,用于农业生产或者农产品加工的动植物、微生物及其产品,主要包括以下几种:转基因动植物(含种子、种畜禽、水产苗种)和微生物;转基因动植物、微生物产品;转基因农产品的直接加工品；含有转基因动植物、微生物或者其产品成分的种子、种畜禽、水产苗种、农药、兽药、肥料和添加剂等产品。《农业转基因生物安全评价管理办法》要求，凡在中国境内从事农业转基因生物的研究、试验、生产、进口活动必须进行安全评价。

《农业转基因生物标识管理办法》规定，今后农业转基因生物必须按规定进行标识，否则将不能进口和销售。转基因生物标识的标注方法有三种。一是转基因动植物（含种子、种畜禽、水产苗种）和微生物产品，含有转基因动植物、微生物或者其产品成分的种子、种畜禽、水产苗种、农药、兽药、肥料和添加剂等产品，直接标注为"转基因××"。二是转基因农产品的直接加工品，标注为"转基因××加工品（制成品）"或者"加工原料为转基因××"。三是用农业转基因生物或用含有农业转基因生物成分的产品加工制成的产品，但最终销售产品中已不再含有或检测不出转基因成分的产品，标注为"本产品为转基因××加工制成，但本产品中已不再含有转基因成分"，或者标注为"本产品加工原料中有转基因××，但本产品中已不再含有转基因成分"。

按照《农业转基因生物进口安全管理办法》（简称《管理办法》），首批标识的转基因生物有五类。第一类是大豆种子、大豆、大豆粉、大豆油、豆粕。第二类是玉米种子、玉米、玉米油、玉米粉。第三类是油菜种子、油菜子、油菜子油、油菜子粕。第四类是棉花种子。第五类是番茄种子、鲜番茄、番茄酱。与此相适应，中国证监会于 2002 年 3 月 7 日批准大连商品交易所修改大豆期货合约，合约标的物品分为转基因大豆和非转基因大豆。《管理办法》的出台将规范农业转基因生物的销售行为，引导农业转基因生物的生产和消费，保护消费者的知情权。

对转基因食品安全管理相关法律法规的颁布和相关工作程序、方法的不断完善，标志着我国转基因食品安全管理开始进入法制化、程序化管理的时代。

9.1.3　微生物技术安全性

从远古以来，人们对引起霍乱、鼠疫、天花等一些流行性疾病的微生物十分恐慌，随着这些微生物得到控制，人们担心更大的危害可能来自于基因工程技术对微生物的改造。

在 20 世纪 70 年代，当微生物的基因工程实验刚开始发展时，关于重组 DNA 潜在危险性问题的争论就已经开始。1971 年，在美国麻省理工学院，有人提出了将猴肾病毒 SV40 DNA 同噬菌体 DNA 重组，然后导入大肠杆菌细胞的研究设想。这个计划一传出，就立即遭到了许多科学家的反对。他们认为，这种带有病毒 DNA 的重组 DNA 分子有可能从实验室逸出，并随着大肠杆菌感染到人类的肠道，其后果将十分严重的。于是这个研究计划便被搁置下来了。

继 1972 年第一个重组 DNA 分子在美国斯坦福大学问世之后，人们对于重组 DNA 潜在危险性的关注又重新高涨起来。有趣的是，首先产生这种担心的却是直接从事 DNA 重组研究的科学工作者。例如，重组 DNA 的创始人之一 Pall Berg 博士就出于安全方面的考虑而主动地放弃了将 SV40 基因导入大肠杆菌细胞的想法。随着时间的推移，参加争论的范围便逐渐地从科学界波及群众团体。在这种背景下，美国国家卫生研究院（NIH）考虑到重组 DNA 的危险性，便提请 Pall Berg 博士组成一个重组 DNA 咨询委员会（Recombinant DNA Advisory Committee，RAC），专门进行研究。1974 年 7 月，RAC

委员联名在《科学》杂志上发表了一封对生物危害的关键性建议的公开信,此建议后被称为伯格信件。公开信中要求在还没有弄清重组 DNA 所涉及的危险性范围和程度及在采取必要的防护措施之前,暂停两种类型的实验,即涉及组合一种在自然界中尚未发现的、有产生病毒能力或带有抗生素抗性基因的新型有机体,涉及将肿瘤病毒或其他动物病毒的 DNA 引入细菌的实验。因为这两类重组 DNA 可能更容易在人类及其他的生物体内传播,因而有可能造成扩大癌症及其他疾病的发生范围的后果。

1975 年 2 月,美国国家卫生研究院在加利福尼亚州的 Asilomar 会议中心举行了一次有 160 名来自美国和其他 16 个国家的有关专家学者参加的国际会议。会上,代表们对重组 DNA 的潜在危险性展开了针锋相对的辩论。最后尽管代表们意见分歧很大,但仍然在以下三个重要问题上取得了一致的看法:第一,新发展的基因工程技术,为解决一些重要的生物学和医学问题及令人普遍关注的社会问题(如环境污染、食品及能源问题)展现了乐观的前景;第二,新组成的重组 DNA 生物体的意外扩散,可能出现不同程度的潜在危险,因此必须采取严格的防范措施;第三,目前进行的某些实验,即便是采取最严格的控制条件,其潜在的危险性仍然很大。基于这些共识,会议极力主张制订一份统一管理重组 DNA 研究的实验准则,并要求尽快发展出不会逃逸出实验室的安全寄主菌株和质粒载体。1976 年 6 月 23 日,美国国家卫生研究院制订并正式公布了"重组 DNA 研究准则"(以下简称"安全准则")。为了避免可能造成的危险,"安全准则"除了规定禁止若干类型的重组 DNA 实验之外,在实验安全防护方面明确规定了物理防护和生物防护两个方面的统一标准。物理防护分为 $P_1 \sim P_4$ 四个不同等级,P_4 级为最高等级;生物防护分为 EK_1 ～EK_3 三个不同等级,都是专门针对大肠杆菌菌株而规定的安全防护标准,它是依据大肠杆菌在自然环境中的存活率为前提制订的。EK_1 级的大肠杆菌菌株在自然环境中一般都是要死亡的,而符合 $EK_2 \sim EK_3$ 级标准的大肠杆菌菌株在自然环境中则是无法存活的。客观地说,由于"安全准则"的公布,以及安全的寄主细菌——质粒载体系统的建立,重组 DNA 研究进入一个蓬勃发展的新阶段。1977 年,世界上第一家专门制造和生产医疗药品的基因工程公司(Genentech)在美国诞生,标志着基因工程进入实用阶段。

在经过一段时间的实验之后,科学工作者发现,早期人们普遍担心的有关重组 DNA 研究工作中许多理论上的危险性,从今天的观点来看,并不是当初所想象的那么严重。已经进行的许多涉及真核基因的研究表明,早期的许多恐惧事实上是没有依据的。实际上,与自然界中那些原本就具有危害的微生物相比,基因重组微生物在自然界中扩散并造成危机的可能性要小得多。一方面是因为虽然基因重组微生物具有一些特殊的性状,有可能影响到自然的微生物,但是这种性状的改变毕竟是在人类的操纵和掌握之中的。而自然界中那些原本就具有危害的微生物在紫外线、辐射等不可知因素的影响下发生的基因突变却是人类无法控制和预知的,因而更值得注意。另一方面,基因重组微生物在实验室条件下具有的性状在自然界的复杂条件中并不一定能够显现出来,在残酷的自然选择面前被自动淘汰的可能性很大。

现在"安全准则"在实际使用中便逐渐地趋于缓和,有许多原来用于应付潜在危险的限制已经大大地放宽了。许多重要的医药产品如胰岛素和人类生长激素及一些工业用酶已经用大型发酵工序来生产,包括使用特殊的基因重组微生物。这些工序的终产物中并不存在经过基因操作的微生物,因而不存在扩散的问题。这些系统工作性能良好,迄今为止没有因为这些操作造成健康和环境问题。最近,用于制造奶酪的凝乳酶也利用微生物来生产,而公众对这种最新的奶酪产品并没有抵触的反应。因此可以说,只要加以重视,因微生物的泄漏而引发灾难的可能性是微乎其微的,而且现在人们正考虑谨慎地将基因重组微生物释放到环境中,如应用于生物控制、农业接种、活疫苗、生物治疗、面包和酿酒酵母等,所有释放重组生物到环境中的行为都被记录并受到严密监视。目前,所有新释放到环境的基因重组微生物正由专家委员会逐例地进行分析评价,当基本的信息库建立起来以后,对新的应用作出评判将会容易得多。迄今为止,尚未发现释放到环境中的基因重组微生物造成了任何不良的影响。事实上,"安全准则"已经经过了很多次修改,就目前的情况看,只要重组 DNA 的实验规模不大,不向自然界传播,实际上已不再受任何法则的限制了。当然,这在任何意义上讲都不是说重组 DNA 研究已经不具有潜在的危险性了,相反地,作为负责任的科学工作者,对此仍须保持清醒的认识。

9.1.4　生物武器

9.1.4.1　生物武器及其特点

生物武器过去叫做细菌武器,是指以细菌等生物战剂杀伤有生力量和毁坏植物的武器。生物武器是能满足军事目的与使用技术要求,对人、畜能造成大面积杀伤,对农作物造成大面积破坏的致病微生物,以及由此类微生物产生的传染性物质的总称。生物武器有以下六大特点。

(1)致病性强,传染性强,生物战剂多为烈性传染性致病微生物,少量使用即可使人患病。在缺乏防护、人员密集、平时卫生条件差的地区,因其所致的疾病极易传播、蔓延。

(2)污染面积大,危害时间长,直接喷洒的生物气溶胶可随风飘到较远的地区,杀伤范围可达数百至数千平方公里。在适当条件下,有些生物战剂存活时间长,不易被侦察发现。例如炭疽芽孢具有很强的生命力,可数十年不死,即使已经死亡多年的朽尸,也可成为传染源。

(3)传染途径多,生物战剂可通过多种途径使人感染发病,如经口食入、经呼吸道吸入、昆虫叮咬、伤口污染、皮肤接触、黏膜感染等都可造成传染。

(4)成本低,有人将生物武器形容为"廉价原子弹"。据有关资料显示,以 1969 年联合国化学生物战专家组统计的数据,以当时每平方公里导致 50% 死亡率的成本,传统武器为 2 000 美元,核武器为 800 美元,化学武器为 600 美元,而生物武器仅为 1 美元。

(5)使用方法简单,难以防治。生物武器可通过气溶胶、牲畜、植物、信件等多种不同形式释放传播,只要把 100 kg 的炭疽芽孢经飞机、航弹、鼠携带等方式散播在一个大城市,就会危及 300 万市民的生命。投放带菌的昆虫、动物还易与当地原有种类相混,不易发现。

(6)生物武器易受气象、地形等多种因素的影响,烈日、雨雪、大风均能影响生物武器作用的发挥。此外,生物武器使用时难以控制,使用不当可危及使用者本身。目前潜在的生物毒剂有埃博拉病毒、肉毒杆菌毒素、炭疽杆菌、鼠疫耶尔森菌,并且埃博拉病毒极易通过接触传染,致死率很高,至今人们尚不知道如何有效治疗。目前比较有效的生物武器防御手段包括防尘口罩或防毒面具、保护性屏障、净化剂、疫苗、抗生素和侦查系统,但每种方法都有其局限性。目前一些潜在的生物毒剂及其防治措施如表 9-1 所示。

9.1.4.2 常规生物武器

常规生物武器主要包括一些天然存在的强致病力细菌、病毒和生物毒素等。

表 9-1 目前一些潜在的生物毒剂及其防治措施

生物毒剂名称	治病能力和所致疾病	防治措施
炭疽芽孢杆菌(*Bacillus anthracis*)	主要为接触传染,能引起炭疽病,大量接触有可能致命	抗生素和疫苗可防止炭疽发生
肉毒杆菌(*Clostridium botulinum*)	主要为食物中毒死亡,肉毒毒素是目前已知最毒的毒素	抗生素有可能阻止疾病发展
鼠疫耶尔森菌(*Yersinia pestis*)	主要为接触传染,引起黑死病(淋巴结感染),死亡率 90%	疫苗能使人体对疾病产生免疫力,及时给予抗生素可以治疗该病
肺鼠疫杆菌(*Pneumotropic pestis*)	主要为空气传染,引起肺部感染致死,死亡率很高	及时给予抗生素可以治疗该病
霍乱弧菌(*Vibrio cholerae*)	主要为食物中毒,霍乱肠毒素引起肠道黏膜大量分泌,严重脱水而死	疫苗能使人体对疾病产生免疫力,及时给予抗生素和输液可以治疗
埃博拉病毒(*Ebola virus*)	极易通过接触传染,1 周左右可使 90% 以上的感染者致死	目前无有效治疗方法

9.1.4.3 新型生物武器

多年来,经过发达国家和超级大国的刻意研究,目前所使用的生物武器已有极大的发展,已经发展到基因武器阶段。

分子生物学技术的不断发展,如人类基因组图谱的绘制完成,无疑是人类科学史上出现的一座新的里程碑。基因与人类的很多疾病有关,如癌症也是由于基因结构出问题而引起的。目前,科学家们正在研究开发基因治疗等新的生物工程技术,用以校正基因结构,在保证不破坏人体健康细胞的前提下,消灭癌细胞。人类基因组计划的实施使开发新的基因工程药物成为可能,但伴随不断的开拓,人们开始担心这些技术可能被滥用。基因技术也可被用于制造毁灭性武器,也就是人们常说的基因武器。基因武器也称遗传工程武器或 DNA 武器。它运用先进的基因重组技术,用类似工程设计的办法,按人们的需要通过基因重组,重新制造新的或经过基因改造的细菌和病毒。未来可能出现的基因武器主要有两大类型。

(1)一种是新型的微生物武器,是指专门破坏人体免疫系统的微生物武器。它主要是通过在一些致病细菌或病毒中导入能对抗普通疫苗或药物的基因,或者在一些本来不致病的微生物体内"插入"致病基因,来培养出新的抗药性很强的病菌或致病微生物。

随着基因组学的进展,麻风病、肺结核、霍乱等病菌的完整基因序列已经发现,鼠疫杆菌等的基因组测序工作也将完成,这些天然的细菌和病毒都可能通过基因重组而被改造成易存储、便携、毒性更大的生物武器。例如,炭疽可以用青霉素的衍生物来治疗,但是,如果在炭疽杆菌中引入一种内酰胺酶基因,就可以使抗生素失效。这种操作对一些条件较好的生物实验室来说,不过是小事一桩。除此之外,对细菌稍加改造,提高其毒性,或者使其不容易被检测出来等,都是完全可以做到的。1994 年,斯坦梅尔曾在《自然》杂志发表论文,披露利用这种技术,培育出了一种新型大肠杆菌,这种大肠杆菌对抗生素的耐药性是普通大肠杆菌的 3.2 万倍。论文发表后不久,美国微生物学会就去信表示出对这种技术可能被滥用的担心,并要求他毁掉培育出的新型大肠杆菌,斯坦梅尔照办了。

潜在的生物武器设计者还可能看中其他一些技术,包括基因治疗技术。在基因治疗中,要将特定基因导入人体内,需要经过处理的病毒作为载体。研究人员指出,这种载体同样可能用来携带有害的基因。

(2)另一种是人种基因密码武器,是指专门根据特定人种生化特征上的差异,或称人的基因密码,来设计一种只对特定遗传特征的人群产生致病作用的致病菌,以达到有选择性地杀死敌方有生力量的目的,这种基因武器又称为人种密码武器。因为每类人种都有自己特定的基因密码,一旦不同种群的 DNA 被排列出来,就可以生产出针对不同种群的人种密码武器,造成敌方人种灭绝,从而克服普通生物武器在杀伤区域上无法控制的缺点。

可以预见,一旦基因武器运用于战争,将使未来战争发生巨大变化。

目前在生物武器和生物武器防御系统的较量中,后者处于下风。但是,只要利用人们对生物武器所抱有的根深蒂固的反感心理(这一心理使得恐怖分子也不愿使用如此可怕的武器,因为使用这种武器将使公众永远唾弃恐怖分子的事业),加强反生物武器的生物技术研究,这种威胁也必将减少到最低程度。

9.2　现代生物技术对人类社会伦理观念的影响

现代生物技术与传统生物技术的最根本的区别就在于前者是在基因水平上进行操作,改变已有的基因,改良甚至创造新的物种。这是一项前无古人的崭新的工作,因此没有人知道这一新技术将会带来什么后果,这也就是现代生物技术自问世以来就备受关注、争议颇多的重要原因。近年来,从技术上讲人们主要关心以下两个问题:一是外源基因引入生物体,特别是人体后是否会破坏调节细胞生长的重要基因,是否会激活原癌基因,出现一些难以预料的后果;二是基因工程是否会导致极强的难以控制的新型病原物的出现。虽然目前这两个问题尚无明确的答案,但是世界各国政府都对基因操作制定了严格的规则。

除了技术性问题之外,现代生物技术对人类社会伦理观念也产生深刻的影响,并可能引发一系列的社会伦理问题。例如,宗教界至今尚不愿意接受达尔文的进化论,更何况现代生物技术在基因水平上进行操作,改变已有的基因、改良物种甚至创造新物种,这不仅否定了上帝创造万物的信条,而且还要人为地改变地球上现有的生物。此外,动物保护组织认为利用动物作为实验模型进行各种基因操作,是对所有生物包括人类生存权的极大伤害。也有人担心现代生物技术的长足进展可能给一些战争狂人提供种族歧视的新借口以挑起战争。对生殖细胞进行基因操作也是一个非常受到关注的问题。因为这种操作虽然可以进行基因治疗,从而可能根除人类遗传性疾病,但同时也为人类提供了无限改变自身的可能性或改变人种的程度,由此可能造成灾难性的严重后果。

9.2.1 克隆动物与克隆人问题

1997 年 2 月,原来默默无闻的英国科学家 lan Wilmut 博士宣布,他和他在爱丁堡郊外罗斯林研究所的科学小组创造出一只多尔斯特成年绵羊,这是一个货真价实的复制品——克隆羊“多莉”,它轰动了整个世界。由于理论上这一技术对一切哺乳动物,包括人类都适用,这就提出了一个十分严峻的伦理学问题。

其实,动物克隆的想法和实践很早就开始进行了。早在 1938 年,Han Spemann 建议用成年的细胞核植入卵子的办法进行哺乳动物克隆;1962 年,John Gurdon 宣布他用一个成年细胞克隆出一只蝌蚪,从而引发了关于动物克隆的第一轮辩论;1984 年,Steen Willadsen 用胚胎细胞克隆出一只羊,这是第一例得到证实的克隆哺乳动物。“多莉”的出生让世界重新认识了克隆技术,因为它是第一个用成年哺乳动物细胞克隆出来的“复制”品。2000 年,美国科学家用无性繁殖技术成功地克隆出一只猴子“泰特拉”,这意味着克隆人本身已没有技术障碍。

“多莉”的降生及随后开展的各种动物克隆研究工作曾让人们无比恐慌,因为人们无法想象充满着一模一样的克隆人的世界究竟是什么样子。在众多的争论中,反对者占据了主要地位。联合国教科文组织当时的总干事松浦晃一郎曾发表声明,以最鲜明的态度强烈谴责所有以繁殖为目的的克隆人行为,呼吁国际社会立即行动起来,共同面对这一对人类伦理提出的严峻挑战,因为这些行为不但是对科学的不负责任,而且是对整个人类尊严的严重伤害。松浦晃一郎表示,面对这种只能造成恐惧和遭人谴责的犯罪行径,全世界应该刻不容缓地行动起来,根据 1997 年联合国教科文组织通过的《世界人类基因组与人权宣言》的精神,立即通过一个强制性的国际文件,禁止和惩罚所有以克隆技术繁殖人的行为。国际社会对克隆人的态度又是怎样呢?

国际社会对于克隆人研究,普遍的态度是“禁”。2001 年 12 月联和国大会通过决议,设立禁止人的生殖性克隆国际公约特别委员会,专门对与制定这一公约有关的问题进行研究,以便为联合国制定这一公约铺平道路。但是,迄今为止,禁止生殖性克隆人国际公约仍未达成,究其原因,主要是各国在怎么个禁法、禁到什么程度两方面存在着分歧。美国、意大利、哥斯达黎加等 60 个国家主张禁止包括生殖性和治疗性克隆人在内的一切行为。英国、俄罗斯、中国、日本、比利时、法国、德国等 20 多个国家赞同禁止生殖性的克隆人行为,但强调是否禁止治疗性的克隆人行为可由各国自主立法决定。与此同时,一些国家已陆续根据自己的实际情况,对克隆人进行了相关的立法。中国新修订的《人类辅助生殖技术规范》中规定了“10 大禁止”,其中明文规定禁止克隆人。日本 2001 年实施的《克隆技术限制法》严禁克隆人,人类克隆胚胎也属禁止之列,但对后者并没有彻底封杀,而是要在 3 年内重新决定是否解禁。2003 年 2 月,美国众议院再次通过一项全面禁止克隆人

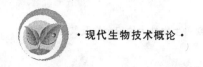

研究的法案。根据这项法案,无论是生殖性克隆还是以医学研究为宗旨的治疗性克隆,在美国都将属于犯罪行为,可能被判坐牢 10 年并处以高达 100 万美元的罚款。该法案还禁止克隆人胚胎以及从中提取的任何产品。但该法案至今还搁浅在参议院。

中国政府也明确宣布不支持任何将克隆技术用于人类的研究工作。2001 年,我国第一个人类胚胎干细胞研究伦理指导大纲在上海起草完毕,从而对克隆人、临床用人畜细胞融合术等"危险游戏"亮起红灯。大纲起草者之一、国家人类基因组南方研究中心伦理委员会主任沈铭贤教授透露,总共 20 条的指导大纲明确表示,为提高疾病治疗水平、攻克疑难杂症,积极支持我国科学家开展干细胞技术研究,但前提是遵循五大基本原则,即行善和救人、尊重和自主、无伤和有利、知情和同意、谨慎和保密。

目前,尽管全世界的许多国家都出台了相应的法规禁止克隆人的研究,仍有部分国家对于人类胚胎的研究态度保持中立,这也为克隆人的研究提供了便利。在民间则已经有私人成立的支持克隆人的非营利性的组织和团体存在。2003 年 1 月的美国《发现》杂志评出了 2002 年最重要的 100 条科技新闻,其中有关克隆的话题名列榜首。这份著名的科普月刊认为,2002 年是"克隆年"。该刊在题为《勇敢面对新世界》的评论文章中指出,2002 年,克隆科技已经发展到了克隆人的阶段,而且几乎可以肯定,繁殖克隆人的工作已在进行,"这不仅是 2002 年,可能也是这个世纪最重要的科学新闻"。文章指出,除了一些公开宣称在搞克隆人的组织外,世界各地还有不少科学家在秘密从事类似研究。据估计,全球可能有数十个实验室拥有克隆人的知识、设备和技能。文章中提到,虽然世界不想要克隆人,但克隆人即将出现。《发现》杂志中提到,有三个理由可以让人相信克隆人已不再是幻想:一是辅助生殖技术领域不断增长的供求,如美国目前就有 370 个培育试管婴儿的诊所,任何类似诊所都具备制造克隆人的原始生物材料和机会;第二个原因是克隆技术突飞猛进,1997 年多莉羊诞生以来,科学家们已先后克隆出绵羊、牛、老鼠、山羊、猪、兔子和猫 7 种动物,克隆人不过是科学发展顺理成章的下一步;第三,克隆技术的巨大应用潜力吸引了众多生物技术企业投身其中,可用来克隆人的基础设施正在形成。

2001 年 11 月,美国的一家名为"先进细胞技术"的私营公司(ACT, Advanced Cell Technology)表示,他们已经用两种不同的技术成功克隆出人体胚胎。但先进细胞技术公司说,该公司研究的目的并非为了制造克隆人,而是要用于治疗疾病。因为当克隆的胚胎开始分裂时,分裂出来的细胞都是一样的,但是随着分裂的进行,有一些细胞开始变得不同,它们最终分化成干细胞。这些干细胞能被用来制成组织,然后还能制成器官。由于克隆,这些组织器官的基因与当初体细胞提供者的基因完全吻合,在移植时不会产生排斥。公司首席执行官 Michael West 将这一成果称为走向医学新时代的"蹒跚第一步"。他认为,这是治疗性克隆研究中的重大突破,将帮助研究人员找到治疗帕金森病、糖尿病和早老性痴呆症等疾病的方法。他同时还说,公司对克隆人没有兴趣,也不会制造用于生育目的的胚胎,他们的研究是为了帮助病人。但从传统意义上来说,在胚胎形成的那一刹那,一个生命就被创造了,因此可以说,胚胎克隆的成功意味着克隆人走出了第一步。

仅一年之后,2002 年 12 月 26 日,相信外星人创造地球生命的雷尔教派(Raelian Cult)的法国科学家 Boisselier 宣布,世界上第一个克隆人已经降生,取名"夏娃"。但是,她没有提供任何证据,而世界各地的科学家对宣布的内容表示怀疑。宣布成功克隆人类的化学家 Boisselier 是雷尔教派"协助克隆"公司(CIDNAID)的总裁,她还透露,另一名克隆婴儿可能于宣布本周在欧洲出世,还有三名克隆婴儿会在 2003 年 1 月底以前降生,两个在亚洲,一个在北美洲。其中一个亚洲克隆胎儿和美洲克隆胎儿的克隆细胞是从过去夭折的儿童取得,而欧洲的克隆胎儿来自女性同性恋者。她说,来年 1 月会进行大约另外 20 个胚胎植入手术,而"协助克隆"公司将在各大洲设立分公司。

除了"协助克隆"公司的"狂热科学家"以外,目前世界上还有另外两位公开宣称自己在从事克隆人工作的科学家,他们是美国的 Zavos 和意大利的 Antinori,他们联手创建了国际克隆协会(The Zavos/Antinori Intenational Cloning Consortium),在美国和意大利都有自己的实验室。Antinori 是一名意大利的妇产科医生,在 1994 年因成功让一名 62 岁的妇女生下孩子而名声大噪。这位受到广泛争议的意大利医生曾在 2002 年于沙特召开的国际基因大会上神情严肃地宣布:"我们的克隆人工程已经进入一个非常高级的阶段——数千名不孕夫妇志愿参加了这个工程,其中一名妇女已经怀孕 8 周,将于明年 1 月初在贝尔格莱德生下全球第一号'克隆人'。"Antinori 称胎儿为男性,超音波检查显示胎儿健康状况非常良好。在接受媒体采访时他一再表示"坚信克隆技术将帮助那些患有不孕症的人成功拥有自己的孩子"。而 Boisselier 却走在了他的前面,表明克隆人的研究其实已经秘密地得到了广泛的开展。

然而,这些被大肆宣传的克隆研究到目前为止只不过是揭示了克隆人的可能性。因为虽说在技术上,克隆动物的操作目前对许多国家都已不是难题,羊、猪、牛、猫,甚至猴子都已克隆成功,但是目前的克隆技术远不够完善,成功率不过 2% 左右。而且克隆出的动物大部分因为操作中的问题而带有先天性的残缺、疾病,甚至早夭。即使将来克隆技术得到完善,健康的克隆人能够诞生,但是不要指望这个克隆人与其"母本"能够一模一样。人类与其他动物最大的区别在于人类的思想,而人类的思想是在不断与世界接触的过程中形成的,这种思想根本无法复制,所以克隆人实际上是一个全新的生命。从这个意义上来说,克隆人不仅没有丝毫的危害,而且确实可以给饱受不育之苦的人们带来福音。不仅如此,随着技术的不断发展,克隆技术用于动物或人体所产生的细胞、蛋白质甚至器官都将为科学、医学与农业带来巨大的收益,将发生危险的概率与这种收益相比简直是微不足道的。正因为存在着如此大的需求,因此人们目前实际上处于一种矛盾的状态。美国生物技术产业组织的学术委员会成员 Leffier 号召立法禁止人类的基因复制,但是她又担心因此引发一场错误的争论,她认为,集中讨论可能存在的滥用行为正在给反对生物技术的人们提供炮弹。也许,美国国家卫生研究院院长 Harold Varmus 博士的观点可以比较客观地体现目前人们这种矛盾的心情。他在美国国会作证时反复表示,毫无保留地反对任何"复制"人类的企图,称此种行为"在道德上是令人厌恶的"。他认为,克隆人类是与科学界有关人性、个性和多样性的基本信仰相违背的。但是,应当区分克隆人类和把某些克隆技术应用于人体细胞以便了解如何操作基因。这些了解可能导致出现一些治疗方法,如为癌症患者制造骨髓、为烧伤患者生长皮肤组织等。因此,制订任何反对克隆人类可能性的法规必须谨慎从事,以保证好的研究不至于也被粗心大意地弃之不顾。而这些好的研究工作有助于创造更高效率的牲畜,也有可能生产用于人类医药的蛋白质、适合于人体移植的器官和创造用于研究人类疾病的动物标本。

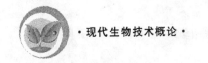

无论如何,将现阶段的克隆技术应用于人类,正如克隆出绵羊"多莉"的 Wilmut 早先所言,是"非常不人道的",现在克隆人的科学家难以推脱这种罪责。但科学技术的进步是世界前进的原动力,它终究会推动法律、制度和社会观念的改变。20 多年前对试管婴儿的怀疑和指责之声不绝于耳,而到今天,试管婴儿已被评为 20 世纪最重大的科技成就之一,并作为不孕症的主要挽救手段之一而被广泛接受。因此,当有朝一日克隆技术被证明能安全地应用于人类自身并受到完善法规的约束以防滥用时,或许"生殖性克隆"技术也会成为治疗不孕症、器官移植等疾病的一个选择。而到那时,法规制度、社会舆论和人们的观念也可能有适度的调整以接纳克隆人。

9.2.2　人类基因的研究、应用与影响

1990 年 10 月,国际人类基因组计划(HGP)正式启动,这一计划与"曼哈顿"原子弹研制计划、"阿波罗"登月计划并称为人类科学史上的"三大计划"。这一计划作为人类科学史上的创举是以一种前所未有的全新模式来完成的,即由各国政府及民众公益团体资助,来自美、英、日、法、德及中国 6 个国家的 16 个中心组成国际协作组,负责该计划的实施。所有的数据都将在公共网站上即时公布,而且对于这些数据的使用与传播没有任何的限制。这就是人类基因组计划所倡导的"全球合作、免费共享"的原则。我国于 1999 年 9 月加入这一国际协作组,负责测定人类基因组全部序列的 1%,成为参与这一计划的唯一发展中国家。2000 年 6 月 26 日,国际协作组宣布人类基因组框架图绘制完成,也就是"生命的天书"中 90%以上的"字母"排列顺序已经清楚,标志着人类基因组计划"实施进程中的一个重要里程碑"。2002 年 2 月 15 日,"人类基因组初步测序和分析"论文的发表是国际协作组继框架图之后取得的又一重大进展。人类基因组计划的终极目标是绘制出完成图,即完全覆盖人的基因组、准确率超过 99.99%的全 DNA 序列图。

人类基因组研究的最终结果将使我们了解决定每个人"命运"的各种基因,最直接的应用就是利用基因治疗疾病,尤其是遗传病。人类腺苷脱氨酶(ADA)缺陷所致的先天性免疫缺陷综合征(SCID)于 1990 年接受体细胞基因治疗并初见成效,这是迄今为止最成功的临床基因治疗。现在基因治疗不但已经用于多种遗传病,如血友病 B、家族性高胆固醇血症,也可用于治疗恶性肿瘤,如恶性黑色素瘤、神经母细胞瘤、白血病、卵巢癌等,还可用于治疗其他疾病如肝功能衰竭、艾滋病等。现在通过人类基因组计划,有一些重要的遗传病基因已经被分离和测序,如亨丁顿病、肌萎缩性侧束硬化症、神经纤维瘤 I 型和 II 型、强直性肌营养不良和脆性 X 综合征等,另外一些常见病如乳腺癌、结肠癌、高血压、糖尿病和老年痴呆症等虽然不是遗传病,但患者有易发病的遗传倾向,现在这些涉及遗传倾向的基因也在染色体的遗传图谱上得到了精确的定位。可以预测随着大量的有关人类健康的基因的定位、鉴定和分离,医学将会发展到一个新的水平,基因治疗、人类健康和智力的遗传诊断及生殖细胞的遗传修饰都将变得可行。随着基因治疗基础研究的不断突破,今后临床基因治疗的疾病范围可望进一步扩大。

长期以来人们一直认为,人的性格仅仅是由自身经历和周围环境决定的,正如俗语"近朱者赤,近墨者黑"所说的那样。然而,最新的科学证据表明,有些人敢冒风险,追求新奇,至少有一部分原因是他们身上的遗传基因与众不同。1996 年初,由以色列和美国的

科学家组成的研究小组各自单独发表声明,他们已经发现人的第 11 号染色体上有一种叫做 D4DR 的遗传基因对人的性格有不可忽视的影响。富冒险精神和容易兴奋的人,其 D4DR 基因的结构比那些较为冷漠和沉默的人更长。这个发现预示着,随着分子生物学的发展,最终将能够精确地描绘出诸如身高、体重、容貌、情感、性格等人体特征的遗传基因图,并能运用生物和医学的手段来控制人的感情,塑造人的性格。

但是,当这一切即将成为现实时,一系列道德、法律及伦理问题也随之产生了。例如,一个人的遗传信息(基因组序列)或者基因缺陷是否属于个人隐私? 基因诊断过程会不会侵犯个人隐私? 保险公司或工厂的雇主是否有权利要求投保人或被雇用者进行基因组检测,预测他们将来可能罹患某些疾病,再决定是否接受投保或雇用? 由谁来决定对一个人的基因进行改造? 父母是否有权决定对有基因缺陷的新生儿进行基因改造? 将十恶不赦的罪犯改造成谦谦君子由谁来决定? 这些决定是否属于侵犯人权? 我们按照自己的目的来制造新的生命形式,是对我们这个星球上的生命负责吗? 将一个新诞生的人类改造得"完美无缺"是否会使人类自身的进化停止? 这些棘手的问题正引起公众及政府的关注。

无论如何,生物技术革命为我们展现了一个光明的前景,虽然公众不会完全接受或完全拒绝整个生物技术,但是科学进步的步伐从来都是不可阻挡的,我们应该欢迎这场革命的到来,然而,如何保证使它走向正轨、为公众所接受并使之服务于社会必须成为我们工作的重点。总之,现代生物技术已经在改变着人们的生活和思想,它已不仅仅是生物学家的"宠儿",而且正在变成为全人类所关注的热点问题。

小　结

人们对生物技术安全性的担心主要来自四个方面:实验微生物的扩散将造成疾病传播;转基因作物与食品的销售与食用对人类及环境的安全以及社会伦理将造成危害;动物克隆技术将对动物进化以及人类自身造成不可估量的影响;生物武器的研制威胁着人类的生存。转基因作物污染的争论中,加拿大超级杂草事件、墨西哥玉米基因污染事件、美国斑蝶事件、中国转基因 Bt 杀虫棉事件等四大事件最具影响力。转基因作物潜在的危险主要包括:转基因作物的种植造成生态的破坏;转基因食品、药物对人类健康造成的影响;转基因食品对一些社会伦理观念及道德规范的冲击。目前的科学证据表明这些潜在的危险并未变成现实。其实,任何人类活动都有风险,任何科学技术发明都是一把"双刃剑",既有有利的一面,也有不利的一面,最重要的是如何使用。实验用微生物在释放到环境以前均经过了严格的处理,对于所有释放的行为以及释放后所造成的影响都被记录并受到监视,由于公众和科学家的共同努力,因微生物泄漏而引发灾难的可能性微乎其微。生物武器将造成毁灭性的后果。禁止研究生物武器并且加强反生物武器的生物技术研究才能完全消除它的威胁。动物克隆技术因为将对人类及社会伦理产生不可估量的影响而成为最具争议的现代生物技术。复制人类自身的研究被禁止进行,但处于医学研究目的的动物复制在小范围内被允许进行。而实际上,克隆人的研究将成为科学发展到一定阶段后必然的结果。为防止危险的发生,任何克隆技术的研究都应该谨慎地在人类伦理许可的范围内进行。人类基因组的研究为疾病的治疗开拓了一个光明的前景,但同时也带来了

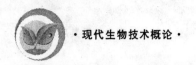

一系列道德、法律及伦理问题,如何保证使它走向正轨并服务于社会必须得到公众及政府的重点关注。

 复习思考题

1. 谈谈现阶段转基因生物技术的应用及安全性。
2. 谈谈你对研制生物武器的看法。
3. 人类是否应该克隆自己?
4. 人类基因组计划对人类生存将产生哪些影响?

第 10 章

实 验 实 训

 实验实训一 PCR 扩增制备目的基因

一、实验目标

（1）通过本实训的学习,理解 PCR 技术的基本原理。

（2）掌握使用 PCR 仪扩增目的基因的操作技能。

二、实验原理

PCR 技术,即聚合酶链反应(polymerase chain reaction,PCR),是由美国 PE Cetus 公司的 Kary Mullis(1993 年获诺贝尔化学奖)在 1983 年建立的。PCR 的工作原理类似于 DNA 的体内复制过程,只不过是在体外试管中进行的 DNA 复制反应,反应体系相对较简单,主要由模板 DNA、一对引物、dNTP、耐高温的 DNA 聚合酶、酶反应缓冲体系及必需的离子等所组成。PCR 反应循环的第一步为加热变性,模板 DNA 经加热至 94 ℃左右一定时间后,使双链模板 DNA 变性为单链;第二步为复性,模板 DNA 经加热变性成单链后,温度降至 37～55 ℃,每个引物将与互补的 DNA 序列杂交;第三步为延伸,温度再次升到 72 ℃,在耐高温的 DNA 聚合酶作用下,以变性的单链 DNA 为模板,从引物 3′端开始按 5′→3′方向合成 DNA 链。这样 2～4 min 就可以完成一个循环周期,经过 25～30 个反应循环数就能将待扩目的基因扩增放大几百万倍。

三、仪器、材料和试剂

1. 仪器

PCR 扩增仪,台式高速离心机,移液器,经高压灭菌后的 Eppendorf 管,电泳仪。

2. 试剂

（1）模板 cDNA。

（2）Taq DNA 聚合酶(2.5 U/μL),10×扩增缓冲液(含 Mg^{2+}),dNTP(各 2.5 mmol/L)。

（3）引物(10 μmol/L):设计并合成与目的 DNA 两侧互补的引物。

四、实验步骤

1. 准备 PCR 反应溶液

(1) 按以下次序,将下列成分在 0.2 mL 灭菌 Eppendorf 管内混合。

10×扩增缓冲液	5 μL
4×dNTPs(包括四种 dNTP)	4 μL
引物 1	1 μL
引物 2	1 μL
模板 cDNA	2 μL
Taq DNA 聚合酶	0.5 μL(2.5 U)
加双蒸水至终体积	50 μL

(2) 用手指轻弹 Eppendorf 管底部,使溶液混匀。在台式高速离心机中离心 2 s 以集中溶液于管底。

(3) 若 PCR 仪没有加热盖,需加液状石蜡 50 μL 封住溶液表面。

2. PCR 扩增反应

将加好样品的 Eppendorf 管置于 PCR 扩增仪内,94 ℃预变性 5 min,使模板 DNA 完全变性。然后按 94 ℃变性 30 s,55 ℃退火 30 s,72 ℃延伸 1 min,重复循环 30 次,循环结束后 72 ℃延伸 5~10 min。反应完毕,将样品取出置 4 ℃待用。

94 ℃	5 min
94 ℃	30 s
55 ℃	30 s
72 ℃	1 min
72 ℃	5~10 min
4 ℃	待用

（94℃ 30 s、55℃ 30 s、72℃ 1 min 为 30 个循环）

五、实验结果

取出样品,进行琼脂糖凝胶电泳或聚丙烯酰胺电泳,观察 DNA 条带。

六、讨论

(1) PCR 结果若出现非特异性的扩增条带,有必要进一步优化反应条件,包括改变退火温度和时间,调整 Mg^{2+} 浓度等。

(2) PCR 反应特异性强,引物浓度、Taq DNA 聚合酶和 dNTP 的量不宜过多。

(3) 引物设计要合理。一般引物长度为 18~27 个核苷酸;引物间的 G+C 含量应为 40%~60%,而且避免引物内部产生二级结构;引物 3′端不应该互补,避免在 PCR 反应过程中产生引物二聚体;避免引物 3′端出现 3 个连续的 G 或 C;理想的情况下,成对引物的 G、C 含量应相似,以便以相近的退火温度与互补的模板链相结合。此外,引物 5′端序列对于后续操作也是十分有用的,例如,对 PCR 产物进行克隆时,可以考虑在引物 5′端引入限制性酶切位点。

七、思考题

影响 PCR 的因素有哪些?

 实验实训二　碱裂解法抽提质粒 DNA

一、实验目标

(1) 通过本实训的学习,理解碱裂解法抽提质粒 DNA 的基本原理。

(2) 掌握碱裂解法抽提质粒 DNA 的操作技能。

二、实验原理

碱裂解法是一种应用最为广泛的制备质粒 DNA 的方法,其基本原理是基于染色体 DNA 与质粒 DNA 的变性与复性的差异而达到分离的目的。在碱性条件下,染色体 DNA 的氢键断裂,双螺旋结构解开而变性。质粒 DNA 的大部分氢键也断裂,但超螺旋共价闭合环状的两条互补链不会完全分离,当用高盐缓冲液去调节其 pH 值至中性时,变性的质粒 DNA 又恢复到原来的构型,保存在溶液中,而染色体 DNA 不能复性而形成缠连的网状结构,通过离心,染色体 DNA 与不稳定的大分子 RNA、蛋白质-SDS 复合物等一起沉淀下来而被除去。

对于少量制备的质粒 DNA,经过苯酚、氯仿抽提,RNA 酶消化和乙醇沉淀等简单步骤去除残余蛋白质和 RNA,所得纯化的质粒 DNA 已可满足细菌转化、DNA 片段的分离和酶切、常规亚克隆及探针标记等要求,故在分子生物学实验室中常用。

三、材料和仪器

1. 材料

含 pMD18T/GFP 质粒的大肠杆菌,1.5 mL 塑料离心管,培养用的试管,冰盒。

2. 仪器

微量移液器(10 μL、200 μL、1 000 μL),超净工作台,台式高速离心机,恒温振荡摇床,高压蒸汽消毒器(灭菌锅),旋涡振荡器,恒温水浴锅,冰箱等。

四、实验步骤

1. 试剂配制

(1) LB 培养液:取 10 g Tryptone、5 g Yeast Extract、10 g NaCl,溶于 800 mL 蒸馏水中,用 NaOH 调 pH 值至 7.5,用双蒸去离子水定容至 1000 mL,121 ℃高压灭菌 15 min。

(2) LB 平板培养基:在 LB 液体培养基中加入琼脂粉 15 g,高压灭菌,冷却至 45 ℃左右时倒平皿,4 ℃保存。

(3) LA 平板培养基:待 LB 液体培养基冷却至 45 ℃左右,加入 Amp(终浓度为 100 μg/mL),摇匀后倒平皿,4 ℃保存。

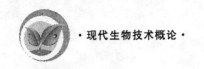

(4) 溶液 I：50 mmol/L 葡萄糖，25 mmol/L Tris-HCl(pH 值为 8.0)，10 mmol/L EDTA(pH 值为 8.0)，配制 200 mL。

取葡萄糖($C_6H_{12}O_6 \cdot H_2O$)1.982 g，双蒸去离子水 160 mL，0.5 mol/L EDTA 4 mL，1 mol/L Tris-HCl(pH 值为 8.0)5 mL，定容至 200 mL，高压灭菌后 4 ℃保存。

(5) 溶液 II：0.2 mol/L NaOH，1%SDS。配制 100 mL，现用现配。

10 mol/L NaOH 2 mL，双蒸去离子水 80 mL，10% SDS 10 mL，最后用双蒸去离子水定容至 100 mL，室温保存。

(6) 溶液 III：配制 100 mL。

5 mol/L 乙酸钾 60 mL，冰乙酸 11.5 mL，双蒸去离子水 28.5 mL。

(7) 5 mol/L 乙酸钾(200 mL)：取乙酸钾 98.14 g，溶解于 160 mL 双蒸去离子水中，搅拌溶解后定容至 200 mL。

(8) 3 mol/L 乙酸钠(NaAc)(pH 值为 5.2)：取乙酸钠($CH_3COONa \cdot 3H_2O$) 204.1 g，溶解于 200 mL 双蒸去离子水中，用冰乙酸调 pH 值为 5.2，用双蒸去离子水定容至 500 mL，高压灭菌后 4 ℃保存。

(9) 10 mol/L NaOH 溶液(100 mL)：称取 NaOH 晶体 40 g，加水至 100 mL。

(10) 10% SDS(100 mL)：称取 SDS 10 g，溶解于 80 mL 水中，68 ℃助溶，加数滴 1 mol/L HCl 调 pH 值为 7.2，定容至 100 mL。

(11) 0.5 mol/L EDTA(pH 值为 8.0)(100 mL)：取 Na_2EDTA $\cdot 2H_2O$ 18.61 g、 H_2O 70 mL，边搅拌边加入 NaOH 固体调节 pH 值，pH 值接近 8.0 时才充分溶解，大约需 NaOH 2 g，最后加水至 100 mL。

(12) TE 缓冲液(pH 值为 8.0)(100 mL)：10 mmol/L Tris-HCl(pH 值为 8.0)， 1 mmol/L EDTA(pH 值为 8.0)。

2. 细菌的培养

(1) 在 LB 固体琼脂平板培养基上划单菌落，在 37 ℃下培养 16~20 h。

(2) 在超净工作台中，用微量移液器从 LA 液体培养基中移取 3~5 mL 注入灭菌过的 15 mL 玻璃试管中，用牙签挑取单菌落至培养基中。将试管置于摇床中，37 ℃下200~ 250 r/min 培养 12~14 h。

3. 质粒的提取

(1) 吸取 1.5 mL 菌液至 1.5 mL Eppendorf 离心管中，12 000 r/min 离心 30 s，弃上清液。

(2) 加上 1.5 mL 菌液，重复操作(1)，倒扣离心管，用吸水纸吸干残液。

(3) 加入 150 μL 溶液 I，用微量移液器反复吹打后，再用旋涡振荡器充分悬浮菌体。

(4) 加入 250 μL 溶液 II，快速地上下翻转离心管约 10 次，混合均匀，使细胞膜裂解，此时混浊的菌液变得透明，冰浴 5 min。

(5) 加入 200 μL 溶液 III，上下翻转离心管约 10 次，混合均匀，有白色絮状沉淀出现，冰浴 5 min。12 000 r/min 离心 10 min。

(6) 用移液器将上清液转移到新的 1.5 mL Eppendorf 离心管中，注意不要吸取沉淀物，加入 1 倍体积酚-氯仿抽提，12 000 r/min 离心 5 min。

(7) 重复步骤(6)1 次。

（8）移取上清液(400～500 μL)，加入 2 倍体积无水乙醇、0.1 倍体积 3 mol/L 乙酸钠，置于－20 ℃冰箱 30 min。

（9）12 000 r/min 离心 10 min，尽量去掉乙醇。

（10）用 1 mL70％乙醇洗 DNA 沉淀 1 次，离心 2 min，尽量去掉乙醇，风干 10 min。

（11）将沉淀溶于 20 μL TE 缓冲液(pH 值为 8.0，含 20 μg/mL RNase A，约 4 μL)中，37 ℃水浴 30 min 以降解 RNA 分子，贮于－20 ℃冰箱中。

五、思考题

1. 在质粒提取过程中，如何避免染色体 DNA 污染？为什么？

2. 纯的质粒 DNA 用琼脂糖电泳检查时为什么会出现不同的电泳条带？质粒 DNA 条带有"拖尾"现象是由什么原因造成的？对以后的外源基因克隆可能产生什么影响？为什么？

 实验实训三　质粒 DNA 和目的基因的酶切和连接

一、实验目标

掌握核酸片断酶切和连接技术。

二、实验原理

限制性内切酶是一种工具酶，这类酶的特点是具有识别双链 DNA 分子上的特异核苷酸顺序的能力，能在这个特异性核苷酸序列内，切断 DNA 的双链，形成一定长度和顺序 DNA 片段。DNA 片段之间的连接主要是在 T_4 DNA 连接酶的作用下，使 DNA 裂口上核苷酸裸露的 3′-羟基和 5′-磷酸基之间形成共价结合的磷酸二酯键，使原来断开的 DNA 裂口连接起来。

三、材料、试剂和仪器

1. 材料

重组质粒 pMD18T/GFP 插入外源基因大小约 1 000 bp，PET30a 载体。

2. 试剂

T_4 DNA 连接酶，10×T_4 DNA Ligase 缓冲液：Tris-HCl(pH 值为 7.6)、$MgCl_2$、DTT、ATP。

3. 仪器

1.5 mL 塑料离心管，微量加样器 10 μL、100 μL、1 000 μL 各一支，台式高速离心机，水浴锅，电泳仪，电泳槽，紫外投射仪。

四、实验步骤

1. 准备试剂和制胶

（1）50×TAE 缓冲液：在 1 L 烧杯中，加入 Tris 242 g、Na_2EDTA·$2H_2O$ 37.2 g，然

后加入 800 mL 的去离子水,充分搅拌溶解,最后加入 57.1 mL 的乙酸,充分混匀,加去离子水定容至 1 L,室温保存。需要使用的时候,稀释为 1× 的,例如,需要使用 200 mL 的 1×TAE,则量 4 mL 的 50×TAE、196 mL 的去离子水,混匀即可。

(2) EB 配置:称取 1 g 溴化乙啶(ethidium bromide,EB),溶于蒸馏水中并定容到 100 mL,搅拌数小时至溶解完全,4 ℃ 避光保存。临用前,用微量加样器加入熔化的琼脂糖凝胶中混匀,或进行染色时用电泳缓冲液稀释 1 000 倍,使其最终浓度达到 0.5 μg/mL,注意 EB 有强致癌性,使用时要戴一次性手套。

(3) 琼脂糖凝胶的制备:称取 1.0 g 琼脂糖,置于三角瓶中,加入 100 mLTAE 缓冲液,经微波炉加热全部熔化后,取出摇匀,加入 5 μLEB 溶液,此为 1.0% 的琼脂糖凝胶。

(4) 胶板的制备:将制胶塑料模板在台面上水平放置并放入有机玻璃底板,再将样品槽板、齿梳垂直立在玻璃板表面,将冷却至 65 ℃ 左右的琼脂糖凝胶液小心倒入,室温下静置 30 min;待胶完全凝固后,轻轻垂直拔出样品槽板,在胶板上即形成相互隔开的样品槽。

2. 操作步骤

(1) 反应体系的建立。

在一无菌 1.5 mL Eppendorf 管中加入:

质粒 DNA(100 ng/μL)	10 μL
10× 酶切缓冲液	3 μL
*Eco*R I	1 μL
Not I	1 μL
加双蒸水至终体积	30 μL

(2) 轻轻混匀,12 000 r/min 离心 5 s。

(3) 37 ℃ 水浴 2.5~3 h。

(4) 电泳检测:将胶板放在有 TAE 缓冲液的电泳槽中使用(样品槽向电泳池的阴极)。用微量加样器在酶切物中加入上样缓冲液并瞬时离心,再将上述样品分别加入胶板的样品小槽内。每次加完一个样品,要用蒸馏水反复洗净微量加样器,以防止相互污染。加完样品后立即为凝胶板通电,样品跑胶时电压控制在 80~120 V,电流为 40~50 mA。当指示前沿移动至距离胶板 1~2 cm 处,停止电泳,进行片段回收。

(5) 连接反应液的制备:

酶切的质粒载体	4 μL
目的片段	12 μL
10×T$_4$DNA Ligase 缓冲液	2 μL
T$_4$DNA 连接酶	1 μL
双蒸水	1 μL

涡旋后混合均匀,涡旋至无气泡。

(6) 16 ℃ 连接 1~3 h。

五、实验结果

连接是否成功需要在下次实验中看氨苄抗性基因能否成功表达。

六、思考题

在质粒酶切和连接时注意事项有哪些?

 实验实训四　琼脂糖凝胶电泳检测、回收目的基因

一、实验目标

(1) 掌握琼脂糖凝胶电泳检测、回收目的基因的基本原理。
(2) 掌握使用水平式电泳仪的方法。
(3) 学习用琼脂糖凝胶电泳方法测定和回收目的基因。

二、实验原理

琼脂糖凝胶电泳是基因工程实验室中检测、回收目的基因的常规方法。DNA 分子是两性电解质,其等电点 pI 为 2～2.5,在常规的电泳缓冲液中(pH 值约 8.5),DNA 分子带负电荷,在外加电场作用下,由负极向正极移动。

观察琼脂糖凝胶中 DNA 分子的最简单的方法是利用荧光染料溴化乙啶(EB)进行染色。溴化乙啶(EB)是一种诱变剂,它含有一个可以嵌入 DNA 分子碱基之间的平面基团,DNA 与之结合后在紫外光照射下呈现橙红色荧光,虽然染料本身也可以发出荧光,但 EB-DNA 复合物的荧光产率远大于未结合染料的荧光产率,所以即使凝胶中含有游离的 EB,也可以检测到目的基因的存在,而且荧光的强度与 DNA 的含量成正比,如将已知浓度的标准样品作电泳对照,就可估算出待测样品 DNA 的浓度。在凝胶电泳中,DNA 分子的迁移速度与其分子量的对数值成反比。若将未知分子量的 DNA 与已知分子量的标准 DNA 片段进行电泳对照,观察其迁移距离,就可估计出该样品分子量的大小。用小刀取下含有目的基因的 DNA 的凝胶带经电泳洗脱,则可回收到纯的目的基因 DNA。

三、材料、试剂和仪器

(一)琼脂糖凝胶电泳检测目的基因 DNA 的材料、试剂和仪器

1. 材料和试剂

琼脂糖,EB 染料,TAE 缓冲液,上样缓冲液。

(1) TAE 缓冲液浓储备液(1000 mL):50×

Tris 碱	242 g
冰乙酸	57.1 mL
0.5 mol/L EDTA(pH 值为 8.0)	100 mL

TAE 的工作浓度为 1×。

(2) EB 储存溶液(10 mg/mL):100 mL 水中加入 1 g 溴化乙啶,磁力搅拌数小时以确保其完全溶解,分装,室温避光保存。EB 的工作浓度为 0.5 μg/mL。

(3) 6×上样缓冲液:0.25% 溴酚蓝,40% 蔗糖,10 mmol/L EDTA(pH 值为 8.0),

4 ℃保存。

2. 仪器

电泳槽,电泳仪,胶膜,样品梳,电炉,三角瓶(100 mL)。

(二)目的基因 DNA 的回收和纯化材料、试剂和仪器

1. 材料和试剂

(1)离心柱(柱上含有树脂):具有吸附 DNA 的功能。

(2)溶液 A:6 mol/L NaClO$_4$,0.03 mol/L NaAc,pH 值为 5.2,少量酚红。

(3)溶液 B:3 mol/L NaAc。

(4)溶液 C:200 mmol/L NaCl(pH 值为 7.5),10 mmol/L EDTA(pH 值为 7.5),50 mmol/L Tris-HCl(pH 值为 7.5),用时与无水乙醇以 1∶1 体积比混合。

(5)溶液 D:TE 缓冲液(10 mmol/L Tris-HCl,1 mmol/L EDTA,pH 值为 8.0)。

2. 仪器

离心机,水浴锅,离心管,微量移液器。

四、操作步骤

(一)琼脂糖凝胶电泳检测目的基因 DNA

(1)选择适当大小的电泳槽(大、中、小、微等类型)和点样梳。

(2)按照被分离 DNA 分子量的大小,确定凝胶中琼脂糖的含量。一般可参照表 10-1。

表 10-1　琼脂糖浓度与分离 DNA 分子量

琼脂糖浓度/(%)	0.3	0.6	0.7	0.9	1.2	1.5	2.0
分离线型 DNA 分子的有效范围/kb	5~60	1~20	0.8~10	0.5~7	0.4~6	0.2~4	0.1~3

(3)制备琼脂糖凝胶:称取琼脂糖,加入 1×TAE 缓冲液,在微波炉中熔化均匀,加热过程中要不时摇动,使附于瓶壁上的琼脂糖颗粒进入溶液;加热时应盖上封口膜,以减少水分蒸发量。

(4)胶板的制备:将胶槽置于制胶板上,插上样品梳子,注意观察梳子齿下缘应与胶槽底面保持 1 mm 左右的间隙,待胶溶液冷却至 50 ℃左右时,加入最终浓度为 0.5 μg/mL 的 EB(也可不把 EB 加入凝胶中,而是电泳后再用 0.5 μg/mL 的 EB 溶液浸泡染色 15 min),摇匀,轻轻倒入电泳制胶板上,除掉气泡;待凝胶冷却凝固后,垂直轻拔梳子;将凝胶放入电泳槽内,加入 1×TAE 电泳缓冲液,使电泳缓冲液液面刚高出琼脂糖凝胶面。

(5)加样:点样板或薄膜上混合 DNA 样品和上样缓冲液,上样缓冲液的最终稀释倍数应不小于 1×。用 10 μL 微量移液器分别将样品加入胶板的样品小槽内,每加完一个样品,应更换一个加样头,以防污染,加样时勿碰坏样品孔周围的凝胶面。注意:加样前要先记下加样的顺序和点样量。

(6)电泳:加样后的凝胶板立即通电进行电泳,DNA 的迁移速度与电压成正比,最高

电压不超过 5 V/cm。样品由负极(黑色)向正极(红色)方向移动。电泳时间随实验具体要求而定,一般待 DNA 带分开后即可停止,当溴酚蓝泳动至 2/3 凝胶时可停止电泳,约需 1.5 h。

(7) 观察和拍照:电泳完毕,取出凝胶。在波长为 254 nm 的紫外线灯下观察染色后的或已加有 EB 的电泳胶板。DNA 存在处显示出肉眼可辨的橙红色荧光条带。于凝胶成像系统中拍照并保存。

（二）目的基因 DNA 的回收和纯化

质粒、噬菌体等经酶切、电泳,PCR 产物经电泳后,常常需要对一些 DNA 电泳片段进行回收和纯化,用于亚克隆、探针标记等。DNA 回收和纯化的常用方法有压碎法、低熔点琼脂糖法、冻融法等,也有现成的试剂盒供应。北京鼎国生物技术发展中心生产的 DNA 片段快速纯化/回收试剂盒中含有树脂成分,该物质质子化以后,具有在高盐、低 pH 值条件下吸附 DNA 的性质,可从琼脂糖中回收不含盐、蛋白质、RNA 等杂质的 DNA 片段,纯度与 CsCl 密度梯度离心相仿。本实验利用该试剂盒回收目的基因片段。

(1) 紫外线灯下仔细切下目的基因 DNA 片段的琼脂糖,测定胶质量(一般为 100～300 mg),按照切取的琼脂糖与溶液 A 的质量比为 1∶3 加入溶液 A(一般为 300～900 μL)。

(2) 在 55 ℃水浴中放置 10 min,直至胶完全熔化,其间涡旋振荡 3 次,如果体积大于 500 μL,可适当增加熔胶时间(注意:琼脂糖必须完全熔化)。

(3) 置于室温下,加入 15 μL 的溶液 B,充分混匀。

(4) 将溶液置于离心柱中,静置 2 min,10 000 r/min 离心 30 s,若一次加不完,可分两次离心。

(5) 弃掉液体,加入 500 μL 溶液 C(用时与无水乙醇以 1∶1 体积比混合),于离心柱中 8 000 r/min 离心 30 s。

(6) 重复步骤(5)。

(7) 12 000 r/min 再次离心 1 min,以甩去剩余液体。

(8) 将离心柱置于新的离心管中,在超净工作台上吹 10～15 min 以除去残余乙醇。

(9) 均匀加入 20 μL 55 ℃预热的溶液 D 或灭菌的双蒸水,静置 2 min,12 000 r/min 离心 1 min,管底沉淀即为所需 DNA。

(10) 取 5 μL,加入上样缓冲液,1% 琼脂糖凝胶电泳检测,将其余 DNA 储存于 −20 ℃条件下待用。

五、注意事项

EB 是强诱变剂并有中等毒性,易挥发,配制和使用时都应戴手套,并且不要把 EB 洒到桌面或地面上。凡是沾污了 EB 的容器或物品必须经专门处理后才能清洗或丢弃。简单处理方法如下:加入大量的水进行稀释(达到 0.5 mg/mL 以下),然后加入 0.2 倍体积新配制的 5% 次磷酸(由 50% 次磷酸配制而成)和 0.12 倍体积新配制的 0.5 mol/L 亚硝酸钠,混匀,放置 1 天后,加入过量的 1 mol/L 碳酸氢钠。如此处理后的 EB 的诱变活性可降至原来的 1/200 左右。目前,国内外各公司也陆续推出了可替代 EB 的新型荧光染料,其灵敏度高于 EB 或与 EB 相当,使用方法与之相同而无明显的致癌作用,将有可能逐

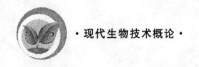

渐取代 EB 而得到广泛应用。

六、实验报告与思考题

1. 附上电泳结果的图片并进行正确的标注(图 10-1)。

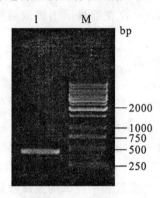

图 10-1　电泳图片
M—1 kb DNA 条带;1—质粒 DNA

2. 琼脂糖凝胶电泳中 DNA 分子迁移率受哪些因素的影响?

3. 如果目的基因电泳后很久都没有跑出点样孔,你认为有哪些方面的原因?

 # 实验实训五　感受态细胞的制备和重组子转化

一、实验目标

(1)掌握 $CaCl_2$ 法制备感受态细胞的原理和方法。

(2)掌握热激法转化感受态细胞的原理和方法。

(3)培养进行对照实验设计的能力。

二、实验原理

转化是将外源 DNA 分子引入受体细胞,使之获得新的遗传性状的一种手段,它是微生物遗传、分子遗传、基因工程等研究领域的基本实验技术。转化过程所用的受体细胞一般是限制修饰系统缺陷的变异株,即不含限制性内切酶和甲基化酶的突变体,它可以容忍外源 DNA 分子进入体内并稳定地遗传给后代。受体细胞经过一些特殊方法(如电击法、$CaCl_2$、RbCl(KCl)等化学试剂法)的处理后,细胞膜的通透性发生暂时性的改变,成为能允许外源 DNA 分子进入的感受态细胞。进入受体细胞的 DNA 分子通过复制,表达实现遗传信息的转移,使受体细胞出现新的遗传性状。目前常用的感受态细胞制备方法有电击法、$CaCl_2$ 法和 RbCl(KCl) 法。尤其是 $CaCl_2$ 法,制备的感受态细胞简便快速,重复性好,转化效率也足以满足一般实验的要求,而且费用较制备商业生产所用的感受态细胞低,是目前各实验室中通用的方法。

本实验以 $CaCl_2$ 法制备大肠杆菌 DH5α 的感受态细胞,并采用热激法进行转化。经 Ca^{2+} 处理的大肠杆菌感受态细胞在低温中与质粒 DNA 相混合,再经过 42 ℃水浴中短暂的热休克处理,可将质粒 DNA 导入细胞,并用含抗生素培养基筛选出转化子。

三、材料、试剂和仪器

1. 材料、试剂

(1)液体、固体 LB 培养基:

NaCl	10 g/L
酵母提取物	5 g/L
胰蛋白胨	10 g/L
pH 值	7.0

(固体培养基加 1.5%琼脂)

(2)$CaCl_2$ 溶液:0.1 mol/L。

(3)灭菌甘油:30%,保存菌种时为 15%。

(4)氨苄青霉素(Amp):100 mg/L。

2. 仪器

恒温培养箱,振荡培养箱,低温离心机,旋涡振荡器,玻璃平皿,三角瓶,离心管,微量移液器,恒温水浴锅,无菌玻璃涂布器。

四、操作步骤

(一)大肠杆菌感受态细胞的制备($CaCl_2$ 法)

(1)从新活化的 *E.coli* DH5α 菌平板上挑取一单菌落,接种于 3～5 mL LB 液体培养基中,37 ℃振荡培养 12 h 左右,直至对数生长期。将该菌悬液以 1:(100～150)转接于 100 mL LB 液体培养基中,37 ℃振荡扩大培养,培养液开始出现混浊后,每隔 20～30 min 测一次 A_{600},至 A_{600} 为 0.4～0.6 时停止培养。

(2)取培养液 1.5 mL 转入 1.5 mL 离心管中,在冰上冷却 20～30 min,于 4 ℃,4000 r/min 离心 10 min(从这一步开始,所有操作均在冰上进行,尽量快而稳)。

(3)倒净上清培养液,用 1 mL 冰冷的 0.1 mol/L $CaCl_2$ 溶液轻轻悬浮细胞,冰浴。

(4)0～4 ℃,4000 r/min 离心 10 min。

(5)弃去上清液,加入 500 μL 冰冷的 0.1 mol/L $CaCl_2$ 溶液,小心悬浮细胞。0～4 ℃,4000 r/min 离心 10 min。

(6)弃去上清液,加入 100 μL 冰冷的 0.1 mol/L $CaCl_2$ 溶液,小心悬浮细胞,冰上放置片刻后,即制成了感受态细胞悬液。

(7)制备好的感受态细胞悬液可直接用于转化实验,也可加入占总体积 15%左右高压灭菌过的甘油,混匀后分装于 1.5 mL 离心管中,置于 -70 ℃下,可保存半年至一年。

(二)细胞转化(热激法)

(1)取一管制备好的大肠杆菌(DH5α)感受态细胞置于冰浴,待感受态细胞熔化(冰

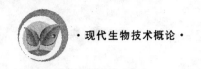

浴熔化)后,迅速加入 10 ng 左右的质粒 DNA,混匀,冰浴 30 min。

(2)将以上各样品轻轻摇匀,冰上放置 20~30 min,于 42 ℃水浴中保温 1~2 min,然后迅速冰上冷却 2 min。

(3)立即向上述管中分别加入 0.8 mL LB 液体培养基(不需在冰上操作),使总体积到 0.9 mL,该溶液称为转化反应原液,摇匀后于 37 ℃振荡培养 45~60 min,使受体菌恢复正常生长状态,并使转化体表达抗生素基因产物(Amp^r)。

(三)平板培养(有时需要稀释)

(1)取各样品培养液 0.1 mL,分别接种于含抗生素 LB 平板培养基上,涂匀(如果用玻璃棒涂抹,酒精灯烧过后稍微凉一下再用,不要过烫)。

(2)菌液完全被培养基吸收后,倒置培养皿,于 37 ℃恒温培养箱内培养过夜(12~16 h),待菌落生长良好而又未互相重叠时停止培养,此时应该能清楚地看到白色菌落。

用 CaCl$_2$ 法制备的感受态细胞可使每微克超螺旋质粒 DNA 产生 5×10^6~2×10^7 个转化菌落。在实际工作中,每微克有 10^5 以上的转化菌落足以满足一般的克隆实验需要。

五、注意事项

(1)用作受体菌的细胞在培养时要掌握好细胞密度,一般以 A_{600} 0.4 左右为好。

(2)制备感受态细胞的整个过程要在 0~4 ℃下进行,并应尽量避免污染,可在无菌超净台中进行严格的无菌操作。

(3)本实验方法也适用于其他 E. coli 受体菌株的不同的质粒 DNA 的转化。但它们的转化效率并不一定一样。有的转化效率高,需将转化液进行多梯度稀释涂板才能得到单菌落平板,而有的转化效率低,涂板时必须将菌液浓缩(如离心),才能较准确地计算转化率。

六、实验报告与思考题

检出转化体和计算转化率,统计每个培养皿中的菌落数,按下列公式计算转化率:

转化体总数＝菌落数×(转化反应原液总体积/涂板菌液体积)

转化率＝转化体总数/加入质粒 DNA 的量(计算出每微克的转化菌落数)

 实验实训六　转化克隆的筛选和鉴定

一、实验目标

能够利用分子生物学方法快速鉴定重组转化子。

二、实验原理

克隆的筛选与受体菌和质粒 DNA 的选择有关,目前常用的方法有抗生素筛选法和互补筛选法。抗生素筛选法即某菌株为某种抗生素缺陷型,而质粒上带有该抗生素的抗性基因(如氨苄青霉素、卡那霉素、氯霉素、四环素、链霉素等),经过转化后只有转化子才能在含该抗生素的培养基上长出,而只带有自身环化的外源片段的转化子则不生长,此为初步的抗性筛选。互补筛选法是利用现在使用的许多载体含有一个大肠杆菌 DNA 的短区段,其中含有 β-半乳糖苷酶基因的调控序列和其 N 端 146 个氨基酸编码区。这个编码区中插入一个多克隆位点。受体菌则含编码 β-半乳糖苷酶 C 端部分序列的编码信息。二者分别独立时,均没有表现出 β-半乳糖苷酶的活性,当外源基因插入后,将质粒转化入受体菌中,即可有 β-半乳糖苷酶表达,这种 $Lac\ Z'$ 基因上缺失近操纵基因区段的突变体与带有完整的近操纵基因区段的 β-半乳糖苷酶阴性突变性之间实现互补的现象叫 α-互补。由 α-互补产生的 Lac^+ 菌株较易识别,它在生色底物 X-gaL 存在下被 IPTG 诱导形成蓝色菌落。当有外源基因插入质粒的多克隆位点上后会导致读码框架改变,表达蛋白失活,产生的氨基酸片段失去 α-互补能力,因此在同样条件下含重组质粒的转化子在生色诱导培养基上只能形成白色菌落。这样就可以通过颜色不同来区分重组子和非重组子,即蓝白筛选。鉴定带有重组质粒克隆的方法还有小规模制备质粒 DNA 进行酶切分析、插入失活、PCR 以及杂交筛选的方法。其中小规模制备质粒 DNA 进行酶切分析的方法最常用。虽然大部分质粒载体都可通过蓝白色选择重组转化子,但在实际应用中往往有相当部分白色克隆是不含插入子的(即假阳性)。本鉴定方法是用碱性裂解液把转化子菌体裂解,然后直接用琼脂糖凝胶分离,通过比较白色和蓝色转化子质粒的迁移率,鉴定出重组转化子。也可以通过酶切方法或 PCR 方法从白色菌落中鉴定出质粒上是否带有外源基因插入片断。

三、仪器、材料和试剂

1. 试剂

LB 培养基(加抗生素),PCR 用试剂,引物,质粒提取用试剂,限制性核酸内切酶。

溶液Ⅰ:50 mmol/L 葡萄糖,25 mmol/L Tris-Cl(pH 值为 8.0),10 mmol/LEDTA(pH 值为 8.0)。

溶液Ⅱ:0.4 mol/L NaOH,2%SDS,临用前按 1∶1 混合储存液,即为Ⅱ液。

溶液Ⅲ:60 mL 5 mol/L 乙酸钾,11.5 mL 冰乙酸,水 28.5 mL(最终 pH 值为 4.8)。

2. 仪器

旋涡混合器,小镊子,微量移液器,移液器吸头,1.5 mL 微量离心管,双面微量离心管架,干式恒温气浴装置(或恒温水浴锅),制冰机,恒温摇床,超净工作台,酒精灯,无菌牙签,摇菌管。

3. 材料

无菌双蒸水,1.5 mL 离心管(装入铝制饭盒灭菌),移液器吸头(装入相应的吸头盒灭菌),牙签(灭菌),摇菌管(灭菌),100 mg/mL 氨苄青霉素。

四、操作方法

1. 碱裂解法快速鉴定

(1)用牙签从转化选择平板选取几十个白色和几个蓝色菌落,接入另一含 Amp 的

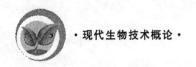

LB 平板上,37 ℃过夜。

(2) 在 96 孔平板上每孔加入 10 μL 溶液 I 。

(3) 用牙签挑取少量菌体(不能太多),悬浮于各孔中(其中 1~2 孔是蓝色菌落,作为对照),将平板接触旋涡混合器几秒钟。

(4) 每孔加入 20 μL 溶液 II ,将平板接触旋涡混合器几秒钟。

(5) 每孔加入 15 μL 溶液 III ,将平板置于冰浴上轻轻摇匀,静置 3 min。

(6) 各孔中加入 10×载样缓冲液 5 μL 混合,轻轻摇匀。以 8 000 r/min 离心 10 min。

(7) 按蓝色菌落,白色菌落……最后是蓝色菌落的顺序,各取 10~20 μL 点样。

(8) 电泳,观察。与蓝色菌落质粒迁移率比较,可判别白色菌落的重组质粒是否含有插入子。

2. 酶切鉴定

(1) 在超净工作台中取 3 支无菌摇菌管,各加入 3 mL LB(含 100 μg/mL 氨苄青霉素),用记号笔写好编号。

(2) 在超净工作台中将 70% 乙醇浸泡的小镊子头用酒精灯烤过,镊取一支无菌牙签。用牙签的尖部接触转化的平板培养基上的一个白色菌落,然后将牙签放入盛有 3 mL LB(含 50 μg/mL 氨苄青霉素)的摇菌管中。用此法随机取 3 个白色菌落,分别装入 3 个摇菌管中。

(3) 37 ℃摇菌过夜后,用碱裂解法分别提取质粒。摇菌管中的剩余菌液保留在 4 ℃冰箱中。

(4) 将提取到的 3 管质粒样品与空质粒同时电泳,根据分子量判断和选取有插入片段的质粒,然后可用酶切、与目的片段一同电泳来鉴定其上的外源插入片断大小是否与预期相符。

(5) 将经过鉴定判断为正确的质粒保存。按照编号找到冰箱中原菌液。根据需要进行放大培养提取其质粒或进行诱导表达,或取 500 μL 菌液与 500 μL 50%甘油混合后 -80 ℃保存。

(6) 在被细菌污染的桌面上喷洒 70% 乙醇,擦干桌面,写实验报告。

3. PCR 筛选法

(1) 在转化的平板培养基上随机选取 3 个边缘清晰的白色菌落,并用记号笔在其所在的培养皿底部玻璃背面画圈做标记编号。

(2) 在 0.2 mL PCR 微量离心管中配制 25 μL 反应体系。

10×PCR 缓冲液(含 MgCl$_2$)	2.5 μL
dNTP	2 μL(dNTP 终浓度各 2.5 mmol/L)
Primer 1(10 μmol/L)	0.5 μL
Primer 2(10 μmol/L)	0.5 μL
Taq 酶	0.5 μL(2.5 u)
双蒸水	16 μL
总体积	25 μL

(3) 模板质粒:用牙签轻轻蘸一下选中的白色菌落,伸入 PCR 混合液中洗一洗。

（4）设置 PCR 仪的循环程序：

94 ℃　　　5 min ⎫
94 ℃　　　30 s　⎪
55 ℃　　　30 s　⎬ 30 个循环
72 ℃　　　1 min ⎭
72 ℃　　　5～10 min
4 ℃　　　待用

（5）PCR 结束后,取 10 μL 产物进行琼脂糖凝胶电泳(与原始插入片断同时比对)。观察胶上是否有预期的主要产物带。

（6）按照编号找到培养皿中的原菌斑。根据需要进行放大培养,提取其质粒。

（7）提取到的质粒与原先的空载体(或已知分子量的质粒)再对比电泳,用酶切以进一步确认。

五、注意事项

挑取菌落勿太少,也不能太多。此外,裂解后菌液较黏,点样时吸管头勿垂直拉出,以免带出点样孔内的菌液样品。

 ## 实验实训七　植物愈伤组织的诱导和继代培养

一、实验目标

（1）了解无菌培养对实验材料消毒、接种的要求。
（2）初步掌握植物外植体材料灭菌方法及接种操作技术。
（3）了解外植体愈伤组织诱导过程。

二、实验原理

植物细胞全能性是组织培养的理论基础。一个生活的植物细胞只要有完整的膜系统和细胞核,它就会有一整套发育成完整植株的遗传基础,在适当的条件下可以分裂、分化成一个完整植株。

以植物体中分离出来的器官组织,在人工培养基和激素诱导下,均可保证离体组织延续生长,产生愈伤组织,并实现继代培养。

三、仪器、材料和试剂

1. 材料
新鲜胡萝卜或烟草无菌苗等。

2. 仪器
超净工作台、高压灭菌锅、光照培养箱、电磁炉、pH 计、磁力搅拌器、纯水器、量筒、三角瓶、培养皿、试管刷、镊子、剪刀等。

3. 试剂

KNO₃、MgSO₄·7H₂O、NH₄NO₃、KH₂PO₃、CaCl₂·2H₂O、MnSO₄·4H₂O、KI、ZnSO₄·7H₂O、H₃BO₃、NaMoO₄·2H₂O、CuSO₄·5H₂O、CoCl₆·6H₂O、盐酸硫胺素、盐酸吡哆醇、烟酸、甘氨酸、肌醇、Na₂-EDTA、FeSO₄·7H₂O、蔗糖、琼脂粉、NAA、2,4-D、KT、BA、70%乙醇、次氯酸钠溶液等。

MS 培养基配方见表 10-2。

表 10-2 MS 培养基配方

大量元素/(g/L) (10×)		微量元素/(mg/L) (100×)		铁母液/(g/L) (100×)		大量元素/(mg/L) (100×)	
		KI	83				
NH₄NO₃	16.5	H₃BO₃	620			肌醇	10 000
KNO₃	19	MnSO₄·4H₂O	230			烟酸	50
CaCl₂·2H₂O	4.4	ZnSO₄·7H₂O	860	FeSO₄·7H₂O	2.78	盐酸吡哆醇	50
MgSO₄·7H₂O	3.7	Na₂MoO₄·2H₂O	25	Na₂-EDTA·2H₂O	3.73	盐酸硫胺素	50
KH₂PO₄	1.7	CuSO₄·5H₂O	2.5			甘氨酸	200
		CoCl₂·6H₂O	2.5				

四、实验步骤

1. 培养基的配制

(1) 将各种贮液按比例混合，分别加入一定浓度的激素，配置成 MS 培养基。培养基中加入 3% 蔗糖、0.7% 琼脂。加入离子水到一定体积，用 1 mol/L 的 NaOH 调 pH 值至 5.8。

胡萝卜愈伤组织诱导培养基：MS+2.4-D 2 mg/L+KT 0.2 mg/L（仅供参考）。

其他接种材料培养基：MS+2.4-D 2 mg/L +6-BA 0.2 mg/L（仅供参考）。

(2) 将培养基煮沸，分装到 100 mL 三角瓶中，每瓶 30～40 mL，用封口膜或棉塞包扎瓶口。

(3) 将三角瓶放入高压灭菌锅，在 120 ℃、120 kPa 下灭菌 15 min。待温度降低到 105 ℃ 以下，打开放气阀排气后，去除三角瓶，平放冷却备用。

按上述方法高压灭菌去离子水、烧杯和解剖刀、剪刀、镊子、培养皿等。

2. 外植体的消毒与接种培养

(1) 打开超净工作台紫外线灯和风机，30 min 后使用。

(2) 在超净工作台上将叶片浸于 70% 乙醇中 30 s，然后移入 0.1% HCl 溶液中 3～5 min 或 10% 的次氯酸钠溶液中 5～10 min。用无菌水至少清洗 3 次，每次停留 3～5 min。

(3) 将灭菌后的叶片置于无菌培养皿中，用解剖刀切成 5 mm×5 mm 大小的小块。将无菌外植体或无菌苗置于无菌的培养皿中，将大小适宜的外植体接种到培养基上，每个三角瓶中接入 4～5 块外植体。

（4）将培养瓶放入 25 ℃的人工气候箱或暗培养室中培养，定期观察，做好记录。

（5）待培养物伤口周围长出较多淡黄色的愈伤组织时，可将愈伤组织转移至新培养基中继代。

（6）设计不同激素比例的继代培养基，经比较研究找出适宜的继代培养基。

（7）定期配制新鲜继代培养基，选择疏松、生长良好的愈伤组织按时继代。

五、培养与观察

接种后一周内，如有污染情况即可观察到，真菌污染菌丝清晰可见，呈黑、白各色。如细菌污染，为粉红色、白色或黄色黏稠菌斑，发现污染应及时转移未污染材料或处理掉。未污染培养 2～4 周后，可在外植体或其切口处观察到已长出的疏松、颗粒状愈伤组织。

六、实验结果

记录接种情况并统计愈伤组织出愈率及污染情况。记录每瓶培养基接种材料名称、外植体数，2～3 周后统计愈伤组织生长情况。

七、注意事项

（1）操作的整个过程中一定要保证无菌。

（2）进行材料消毒时，消毒剂的种类、浓度及处理时间等都要进行预实验，否则消毒过度时，会把材料杀死，消毒不够时，会造成污染。

八、思考题

1. 植物组织培养的原理是什么？
2. 接种过程中应注意的问题有哪些？

实验实训八　器官发生与植株再生培养

一、实验目的

（1）观察和分析不同光照条件形成的愈伤组织对器官分化的影响。
（2）观察和分析愈伤组织诱导和器官分化的激素使用差异。
（3）了解器官分化和植株再生的过程。掌握离体培养中的转接技术。

二、实验原理

植物离体器官的再生有两条途径：一条是由愈伤组织的部分细胞先分化产生芽（或根），再在另外一个培养基上产生根（或芽），形成一个完整的植株，这一过程叫做器官发生途径；另一条途径是由愈伤组织产生与合子胚类似的胚状体的结构，即同时形成一个有地上部和地下部的两极性结构，最终形成一个完整的植株，这一过程叫做体细胞发生途径。

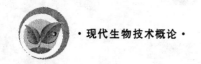

对外植体进行愈伤组织诱导和继代培养后，可以通过改变激素的种类和浓度，有效地调节培养组织的器官分化，比如相对较高的生长素浓度有利于细胞增殖和不定根的分化，而相对高的细胞分裂素浓度有利于不定芽的分化，这在很多植物的组织培养中已得到证实。

三、仪器、材料和试剂

1. 材料

各类已增殖培养的愈伤组织。

2. 仪器

超净工作台、镊子、解剖刀、酒精灯、酒精缸、记号笔、脱脂棉、刀片等。

3. 试剂

70%乙醇、0.1%升汞溶液、无菌纸、无菌水、已配制好的培养基。

胡萝卜胚胎发生培养基：MS 无激素培养基。MS+2.4-D 5 mg/L（对照）。

四、实验步骤

按照无菌操作技术要求，将胡萝卜根外植体产生的愈伤组织（或已经继代）分别接种于无激素和含激素 2.4-D 的培养基上，置于连续光照或 16 h/d 光照，温度 20～22 ℃条件下培养 3～4 周。

五、实验结果

记录每瓶培养基接种材料名称、外植体数，2～3 周后胡萝卜外植体胚状体诱导率。比较胡萝卜愈伤组织在两种培养基中的生长和分化情况。

六、思考题

愈伤组织形成完整植株的原理和途径是什么？

 ## 实验实训九　小鼠胚胎成纤维细胞的原代培养

一、实验目的

（1）掌握小鼠胚胎组织的取材、剪切和消化技术。

（2）掌握原代鼠胚胎成纤维细胞的制备技术。

（3）掌握原代鼠胚胎成纤维细胞的特点和用途。

二、实验原理

细胞培养是模拟机体内生理条件，将细胞从机体内取出，在人工条件下培养，使细胞生存、生长、繁殖和传代，从而可以进行细胞生命过程、细胞癌变等问题的研究。由体内直接取出组织或细胞进行细胞培养叫做原代细胞培养，也有的把第 1 代细胞与传 10 代以内的细胞培养统称为原代细胞培养。一般来说,用幼嫩状态的组织和细胞,如动物的胚胎、幼仔的脏器等更容易进行原代培养。

原代鼠胚胎成纤维(MEF)细胞目前最大的用途是用来支持干细胞的培养。在培养鼠胚胎干细胞时,常常需要用分裂能力被抑制的原代鼠胚胎成纤维细胞作为辅助细胞来支持干细胞的生长并防止干细胞的分化。这些原代鼠胚胎成纤维细胞通常分裂两代后就停止分裂,所以需要经常制备新鲜的原代鼠胚胎成纤维细胞。

三、仪器、材料和试剂

1. 材料

怀孕 13 天的雌性小鼠。

2. 仪器

超净工作台、倒置显微镜、培养皿、恒温水浴锅、CO_2 恒温培养箱、高压灭菌锅、离心机、微量移液器、枪头、200 目尼龙滤网、细胞计数板、枪头盒、离心管、手术剪、镊子和刀片。

3. 试剂

DMEM 培养基,10%的小牛血清,70%乙醇,无钙、镁离子的 PBS,0.25%胰蛋白酶。

四、实验步骤

(1) 将解剖用的剪刀、镊子和刀片进行无菌消毒。

(2) 将怀孕小鼠用颈椎脱位法处死,将其固定在解剖板上。

(3) 用 70%乙醇喷洒在小鼠的腹部进行消毒,用一把剪刀和一把镊子把孕鼠外皮剪开,用另外一把剪刀和一把镊子把内皮剪开,露出子宫,最后用第三把剪刀和镊子将子宫小心取出放在盛有 PBS 的玻璃平皿中,冲洗去血。

(4) 用两把弯镊子将胚胎外的胞膜小心去除,然后夹掉头和内脏,将其余胚胎转移到一个装有 30 mLPBS 的 50 mL 离心管中,轻轻颠倒两次,倒掉 PBS,再重复此步骤一次,留少许 PBS,将胚胎转移到另一装有 PBS 的平皿中,用手术刀片将其切碎至可用微量移液器吸取。

(5) 用 200 μL 的微量移液器反复快速吹打平皿中的液体,放在 15 mL 离心管中,4 ℃ 1 500 r/min 离心 5 min,倒掉上清液,加 10 mL 胰蛋白酶,重悬沉淀,37 ℃水浴中消化 30 min,且每隔 5 min 轻轻晃动,使之充分消化。

(6) 将上层细胞悬液倒入一装有 10 mL DMEM 培养基的 50 mL 离心管中,用 200 目尼龙滤网过滤后,1 500 r/min 离心 5 min,弃去上清液。

(7) 用移液管吸取 30 mLDMEM 培养基,让培养液沿离心管壁缓缓流入管底,1 500 r/min 离心 5 min,弃掉上清液。重复一次此步骤。

(8) 将细胞沉淀用 15 mL 培养基悬起,细胞计数(8 只 14 天胎鼠可获得$(2\sim3)\times10^7$个细胞)。

(9) 将 3×10^6 个细胞悬浮于 15 mL 含 10%小牛血清的 DMEM 培养基中,接种到 200 mL 的培养瓶中。

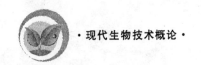

（10）24 h 后更换新鲜的含 10％小牛血清的 DMEM 培养基。

（11）细胞长满后，弃掉培养基，用 PBS 小心冲洗，倒掉，加胰蛋白酶消化。

（12）轻轻晃动细胞培养瓶，见有细胞浮起，立即加入 2 mL 血清终止消化，用移液管把细胞轻轻悬起，混匀，使细胞成为单细胞悬液。

（13）1 500 r/min 离心 5 min。弃掉上清液。加入 10 mL 含小牛血清的 DMEM 培养基，悬起细胞，按 1∶5 传代。

（14）细胞再次长到覆盖率 80％～90％，将其消化后，常规冻存（冻存液要现配）。

（15）实验结果：可拍照存留。

五、注意事项

（1）解剖小鼠时要注意无菌操作。

（2）用胰蛋白酶进行消化时，要随时观察，避免过度消化。

六、思考题

（1）什么是原代培养？原代培养细胞有什么特点？

（2）在原代鼠胚胎成纤维细胞分离和培养上有什么需要注意的地方？

 实验实训十　动物细胞的传代培养

一、实验目的

（1）掌握动物细胞传代培养的原理。

（2）进一步掌握细胞培养无菌操作技术。

二、实验原理

原代培养物培养过程中要不断更换新鲜培养液以维持细胞的生长。待细胞生长到一定的限度，单靠更换新鲜培养液已达不到维持细胞生长的效果，因此需要进行传代培养。无论是否稀释，将细胞从一个培养瓶转移到另一个培养瓶即称为传代培养或传代。

三、仪器、材料和试剂

1. 材料

HeLa 细胞。

2. 仪器

超净工作台、倒置显微镜、培养皿、恒温水浴锅、CO_2 恒温培养箱、高压灭菌锅、离心机、微量移液器、洗耳球、灭菌吸管、吸量管、枪头、离心管、细胞计数板、酒精灯。

3. 试剂

D-Hanks 液、0.25％胰蛋白酶、灭活的小牛血清、DMEM 培养基。

四、实验步骤

（1）打开超净工作台，把实验中所需用具放到超净工作台上。

（2）从冰箱中取出 0.25% 胰蛋白酶、D-Hanks 液、培养基。可以把盛胰蛋白酶和 D-Hanks 液瓶的瓶盖打开或者拧松。

（3）取待传代的细胞，用尖吸管弃去旧的培养基，加入 D-Hanks 液。轻轻摇动后将 Hanks 液弃掉。

（4）用尖吸管吸取适量胰蛋白酶加入，加入的量以覆盖整个细胞培养面为宜，轻轻摇动。2～5 min 后迅速将消化液吸出。消化时间长短是实验成败的关键，宁可短消化，不能过消化，否则细胞会死亡。在倒置显微镜下观察，当细胞质回缩，胞间间隙加大为消化适宜。

（5）取培养基加入细胞，反复轻轻吹打培养皿壁，制备细胞悬液。吹打的部位均匀，从上到下，从左到右，按顺序进行吹打，保证各个部位的培养细胞均能吹打到，成片的细胞已经分散成小的细胞团或者单细胞便停止吹打。吹打时用力不要过猛，尽量不要出现气泡，以免损伤细胞。

（6）至所有细胞从培养皿底部脱落下来，然后吸取至离心管中，1000 r/m 离心5 min。

（7）细胞离心之后，用尖吸管弃去上清液，吸取培养基适量加入离心管，用微量移液器上下吹打数次，打散细胞团块以尽可能形成单细胞悬液，吹打均匀。

（8）用吸量管吸取适量培养基（1.5 mL）加入一个新的培养皿中，再加入 0.5 mL 细胞悬液，培养密度为 $1\times10^5\sim1\times10^6$/mL。在显微镜下观察，摇匀，放入 37 ℃ CO_2 培养箱孵育。

（9）培养基本身为红色，当 pH 值降低培养基呈淡红色时（一般是 2 天以后），将旧的培养基吸掉，更换新鲜培养基继续培养。

五、注意事项

（1）严格无菌操作。
（2）要注意适度消化。

六、思考题

细胞为什么要进行传代培养？如何把握传代时机？

实验实训十一　酒精发酵及酒曲中酵母菌的分离

一、实验原理

在无氧的培养条件下酵母菌利用己糖发酵为酒精和二氧化碳的过程，称为酒精发酵。总反应式为

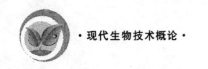

$$C_6H_{12}O_6 \longrightarrow 2C_2H_5OH + 2CO_2$$

酒精发酵是生产酒精及各种酒类的基础,通过测定发酵过程中产生 CO_2 的量和最终产物酒精的量可以得知酵母的发酵能力。

酒曲中含有大量的微生物,其中有霉菌、酵母和细菌,在液体中,酵母生长比霉菌快,而酸性培养基中酵母比细菌生长更适宜。因此,利用这一特性,可先将酒曲中的霉菌与细菌数目减少,甚至消除(生理纯化法),然后用平板法分离酵母。此法较为简单。

二、仪器、材料和试剂

1. 仪器

蒸馏烧瓶、冷凝管、容量瓶、量筒、三角瓶、电炉、水浴锅、酒精灯、接种环、小刀、无菌平板、酒精度表(0%~31%)、温度计(0~100 ℃)。

2. 菌种

酒曲、酿酒酵母(*Saccharomyces cerevisiae*)。

3. 材料

麦芽汁培养基、α-淀粉酶。

三、操作步骤

(一)酒精发酵

1. 酒母的培养

(1)培养基的制备。

① 制取浓度为 13°BX 的麦芽汁试管斜面培养基　将浓度为 13°BX 的麦芽汁 100 mL,加入 2 g 琼脂,熔化后分装试管,121 ℃灭菌 30 min。

② 液体试管培养基　将浓度为 13°BX 的麦芽汁分装试管,121 ℃灭菌 30 min。

③ 三角瓶扩大培养基　将浓度为 13°BX 的麦芽汁分装 500 mL 三角瓶,每瓶 80 mL,用 3 mol/L 硫酸调节 pH 值至 4.1~4.5,121 ℃灭菌 30 min。

(2)接种与扩大培养　将酿酒酵母接种于试管斜面,28~30 ℃培养 48 h,再将培养好的斜面接种一环于液体试管中,30 ℃培养 24 h,然后将液体酵母接种于三角瓶中,28~30 ℃培养 24 h。

(3)酒母质量检查　好的酒线应该形态整齐,细胞内原生质稠密,无空泡、无杂菌,细菌数达每毫升 0.8 亿~1.0 亿,出芽率为 17%~20%,死亡率小于 2%。

2. 淀粉的液化与糖化

(1)按山芋粉和水 1:3.5 的比例,用 80 ℃的温水调粉浆 100 mL,加入 0.1%α-淀粉酶(调匀后浆液的温度应高于 65 ℃),于水浴加热到 90~93 ℃,保持 10 min,并继续加热煮沸 1 h,不断补充水分。

(2)将上述糖化醪冷至 60~62 ℃,加入 10%麸曲,糖化 30 min,分装三角瓶,每瓶量为 400 mL。

(3)检查糖化醪质量,要求糖度 16~17°BX,还原糖 4%~6%,酸度 2°~3°。

3. 发酵

将培养好的酒母用无菌操作接入盛有 400 mL 糖化醪的发酵瓶中，30 ℃培养 68～72 h。

4. 生成 CO_2 量的测定

(1) 培养前，揩干三角瓶外壁，置于天平上称量，记下质量(m_1)。

(2) 培养完毕后，取出三角瓶轻轻摇动，使 CO_2 尽量逸出，在同一架天平上称重，记下质量(m_2)。

(3) 二氧化碳质量＝$m_1 - m_2$。

5. 酒精度的测定

(1) 酒精生成的检验：嗅闻有无酒精气味。或取发酵液少许于试管中并滴加 1% 的 $K_2Cr_2O_7$ 溶液，如管内由橙色变为黄绿色，则证明有酒精生成。

(2) 装好蒸馏装置。

(3) 准确量取 100 mL 发酵液于 500 mL 蒸馏烧瓶中，同时加入等量的蒸馏水。连接好冷凝器，勿使漏气，用电炉加热，馏出液收集于 100 mL 容量瓶中。待馏出液达到刻度时，立即取出容量瓶摇匀，然后倒入 100 mL 量筒中，以酒精表与温度计同时插入量筒，测定酒精度和温度，最后换算成 20 ℃时的酒精度。

(二)酒曲中酵母菌的分离

1. 配制培养基

(1) 酸性蔗糖豆芽汁(加乳酸 0.5%)培养液分装试管，灭菌。

(2) 蔗糖豆芽汁琼脂，分装试管和三角瓶，灭菌。

2. 分离

(1) 用灭菌过的小刀割开曲块，挖其中米粒大小一块投入酸性培养液中，摇动后将该管置于 25 ℃培养箱中培养，两天后转到另一管酸性培养液中，见到霉菌丝球即行剔除。然后每隔两日转接一次，一周后分离。

(2) 最后将转接试管酸性培养液中的酵母直接用稀释平板法进行分离，培养后，分别移植单独的酵母菌落于蔗糖豆芽汁斜面上，贴上标签，标明菌株编号以及移植日期，置于培养箱中培养，待长出、分离纯化后即可进行鉴定。

四、实验报告

(1) 记录测得的二氧化碳质量。

(2) 记录测得的酒精度。

(3) 记录酵母菌株的鉴定结果。

五、思考题

(1) 酒精生成量及 CO_2 生成量之间有何关系？

(2) 发酵培养基液化、糖化及调节 pH 值的目的、意义是什么？

实验实训十二　厌氧发酵工艺控制——啤酒酿造

一、实验目的

（1）通过啤酒的制作，进一步了解酵母菌的生理特性。

（2）掌握各发酵阶段的特点，可提高啤酒的质量和产量。

（3）掌握代谢曲线的绘制方法。

二、仪器、材料和试剂

1. 菌种

啤酒酵母。

2. 原料

大麦芽、碎米、啤酒花、白砂糖、麦芽汁（13°BX）。

3. 仪器

量糖计、温度计、啤酒瓶（盖）、100 mL 三角瓶 2 只、天平、水浴锅、碘液量筒、抽滤装置一套、酒精度计、酒精蒸馏装置、酸度计、离心机等。

4. 试剂

斐林甲液、斐林乙液。

三、实验过程

1. 啤酒的实验室酿造

（1）麦芽汁的制备（俗称"糖化"）：取大麦芽 150 g（最好去根）和大米粉 50 g，置于 1 000 mL 三角瓶中，并加入 1 000 mL 水，在水浴锅内维持 60～62 ℃的温度，淀粉随着温度上升，吸水膨胀，体积增大，呈胶体性淀粉糊，此过程称为糊化。在 50 ℃即开始糊化，随着温度的升高，α-淀粉酶、β-淀粉酶作用使淀粉糖化，用碘液呈色反应检测糖化程度，等碘液呈色反应消失时，用量糖汁测糖度为 12°Bx，即可抽滤，最终滤液约为 450 mL，糖度为 80°BX。

（2）添加啤酒花：称取 2 g 啤酒花加入麦芽汁中，共沸半小时，酒花也可分次加入（目前国内啤酒生产厂家通常分三次或四次加入酒花），例如，第一次是在通麦汁初煮沸时，加入酒花用量的五分之一，第二次是在煮沸 40 min 后，加入酒花用量的五分之二，第三次在煮沸终了前 10 min，加入剩下的五分之二。

（3）麦汁的冷却与澄清：①降温，经分离出酒花的麦芽汁从 95～98 ℃急速冷却至适合于发酵的温度 6～8 ℃；②麦汁冷却后增加麦汁的溶解氧，有利于酵母生长繁殖；③麦芽冷却时，出现冷凝物，把这些冷凝物从麦汁中分离掉，以保证发酵正常进行；④麦芽汁的发酵。

啤酒酵母扩大培养：斜面试管→试管培养→三角瓶扩大培养。

接种 30 mL 酵母种。

（4）主发酵。

① 起泡期：发酵 12～24 h，酵母繁殖达到最高峰，即有白色细泡沫。

② 高泡期：3～4 天后液面出现棕黄色泡沫，为发酵旺盛期，维持 2～3 天，每日降糖 1.5°Bx。

③ 落泡期：发酵 5 天以后，发酵力逐渐减弱，CO_2 气泡减少，泡沫由棕黄色变为棕褐色，为期 2 天。

④ 泡盖形成期：发酵 7～8 天后，泡沫回缩，形成一层褐色苦味的泡盖，需除去泡盖。

（5）后发酵：前（主）发酵结束后，将发酵醪过滤装瓶，压盖，放入冰箱储存。

麦汁经主发酵后的发酵醪（叫嫩啤酒）的 CO_2 含量不足，口味不成熟，不适于饮用，大量的悬浮酵母和凝固物尚未沉淀下来，故一般还要经数星期或数月的储藏期。此时期称为啤酒的后发酵期，储藏温度保持在 0～2 ℃，压力在 0.038～0.04 MPa，CO_2 含量在 0.45～0.48% 为最佳。

附：一般主发酵的主要技术条件（仅供参考）

发酵室温度	5～6 ℃
麦汁 pH 值	5.2～5.7
冷麦汁溶解氧含量	6～8 mg/L
酵母添加量	0.4%～0.6%（泥状酵母）
接种温度	5～7 ℃
酵母使用代数	不超过 7 代
酵母增殖时间	20 h 左右
发酵过程中酵母最高浓度	$(5～7)×10^7/mL$
主发酵最高温度	7.5～9.0 ℃
冷却水温度	0.5～1.5 ℃
发酵终了温度	4～5 ℃
主发酵时间	8～12 天
主发酵终了 pH 值	4.2～4.4
嫩啤酒生物稳定性（25 ℃保温无杂菌生长）	3～5 天

2. 代谢曲线的测定

（1）酒母的培养。

（2）发酵培养基制备：5 000 mL 糖度为 13°BX 的麦芽汁中，加入 1.2 kg 的白砂糖，搅拌溶解后补水至 10 000 mL，蒸沸 5 min 后用 H_2SO_4 调 pH 值至 4.1～4.5。

（3）发酵：将合格酒母按 5% 的接种量接入发酵培养基中，于 30 ℃静置发酵约 72 h。

（4）取样：自接种后开始，每隔 8 h 时取样一次进行测定，每次取样时发酵液均需搅拌均匀，同时取样 150 mL。

（5）测定：①总糖，还原糖（用斐林热滴定方法进行测定）；②pH 值（用酸度计测定）；③酒精度（用蒸馏法进行测定）；④酵母生物量（取 100 mL 样液于离心管内，在 4 000 r/min 条件下离心 5 min，弃上清液后直接称量湿酵母质量）。

（6）绘制代谢曲线：在坐标纸上，以各发酵参数为纵坐标，时间为横坐标作图，即可获

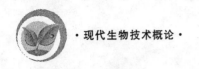

得酒精发酵的代谢曲线。

四、实验报告

（1）记录各发酵期的现象。

（2）根据代谢曲线，阐述酵母生物量与酒精生成量之间的关系。

（3）计算发酵过程中，单位量总糖所产酒精的量。

五、思考题

（1）为什么要除去发酵液上形成的泡盖？

（2）如何应用酵母菌的生理特性指导啤酒酿造？

实验实训十三　　细菌 α-淀粉酶产生菌的分离、筛选

一、实验目标

（1）掌握从环境中采集样品并从中分离纯化某种微生物的完整操作步骤。

（2）巩固以前所学的微生物学实验技术。

（3）学习淀粉酶活性的测定方法。

二、实验原理

α-淀粉酶是一种液化型淀粉酶，它的产生菌芽孢杆菌广泛分布于自然界，尤其是在含有淀粉类物质的土壤等样品中。从自然界筛选菌种的具体做法大致可以分成四个步骤：采样、增殖培养、纯种分离和性能测定。

1. 采样（即采集含菌的样品）

采集含菌样品前应调查研究一下自己打算筛选的微生物在哪些地方分布最多，然后才可着手做各项具体工作。在土壤中几乎各种微生物都可以找到，因而可说土壤是微生物的大本营。在土壤中，数量最多的当属细菌，其次是放线菌，第三是霉菌，酵母菌最少。除土壤以外，其他各类物体上都有相应的占优势生长的微生物。例如：枯枝、烂叶、腐土和朽木中纤维素分解菌较多，厨房土壤、面粉加工厂和菜园土壤中淀粉的分解菌较多，果实、蜜饯表面酵母菌较多，蔬菜牛奶中乳酸菌较多，油田、炼油厂附近的土壤中石油分解菌较多等。

2. 增殖培养（又称丰富培养）

增殖培养就是在所采集的土壤等含菌样品中加入某些物质，并创造一些有利于待分离微生物生长的其他条件，使能分解利用这类物质的微生物大量繁殖，以便从其中分离到这类微生物。因此，增殖培养是选择性培养基的一种实际应用。

3. 纯种分离

在生产实践中，一般应用纯种微生物进行生产。通过上述的增殖培养只能说要分离的微生物从数量上的劣势转变为优势，从而提高了筛选的效率，但是要得到纯种微生物就必须进行纯种分离。纯种分离的方法很多，主要有平板划线分离法、稀释分离法、单孢子

或单细胞分离法、菌丝尖端切割法等。

4. 性能测定

分离得到纯种这只是选种工作的第一步。所分得的纯种是否具有生产上所要求的性能,还必须进行性能测定后才能确定。性能测定的方法分初筛和复筛两种。初筛一般在培养皿上根据选择性培养基的原理进行。例如,要测定淀粉酶的活力,可以把斜面上各个菌株——点种在含有淀粉的培养基表面,经过培养后测定透明圈与菌落直径的比值大小来衡量淀粉酶活力的高低。复筛是在初筛的基础上做比较精细的测定。一般是将微生物在三角瓶中作摇瓶培养,然后对培养液进行分析测定。在摇瓶培养中,微生物得到充分的空气,在培养液中分布均匀,因此和发酵罐的条件比较接近,这样测得的结果更具有实际的意义。

三、仪器、材料和试剂

(1) 小铁铲和无菌纸或袋。

(2) 无菌水三角瓶(300 mL 的瓶装水至 99 mL,内有玻璃珠若干)。

(3) 无菌吸管(1 mL、5 mL 等)。

(4) 无菌水试管(每支装 4.5 mL 水)。

(5) 无菌培养皿。

(6) 分离培养基:蛋白胨 1%、NaCl 0.5%、牛肉膏 0.5%、可溶性淀粉 0.2%、琼脂 1.5%,pH 值为 7.2,加水定容。先将可溶性淀粉加少量蒸馏水调成糊状,再加到熔化好的培养基中,调匀。

(7) Lugo 碘液:碘 1 g、碘化钾 2 g、水 300 mL。配制时先将碘化钾溶于 5～10 mL 水中,再加入碘,溶解后定容。

(8) 麸曲培养基:麸皮 7 g、玉米面 1 g、$(NH_4)_2SO_4$ 0.04 g(4%$(NH_4)_2SO_4$ 1 mL)、NaOH 0.08 g(8%NaOH 1 mL)、水 10 mL,混合均匀,装入 250～300 mL 三角瓶中,灭菌 30 min。

(9) 碘原液:碘 2.2%、碘化钾 0.4%,加水定容。

(10) 标准稀碘液:取碘原液 15 mL,加碘化钾 8 g,加水定容至 200 mL。

(11) 比色稀碘液:取原碘液 2 mL,加碘化钾 20 mg,加水定容至 500 mL。

(12) 0.2%可溶性淀粉液:称取 0.2 g 可溶性淀粉,先以少许蒸馏水混合,再徐徐倾入煮沸蒸馏永中,继续煮沸 2 min,冷却,加水至 100 mL。

(13) 磷酸氢二钠-柠檬酸缓冲液(pH 值为 6.0):称取 $Na_2HPO_4 \cdot 12H_2O$ 11.31 g、柠檬酸 2.02 g,加水定容至 250 mL。

(14) 标准糊精液:称取 0.3 g 糊精,悬浮于少量水中,再倾入 400 mL 沸水中,冷却后,加水稀释至 500 mL,冰箱存放。

四、实验步骤

1. 分离纯化

(1) 采集上样。

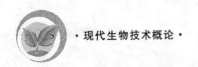

(2) 样品稀释:在无菌纸上称取样品 1 g,放入装有 100 mL 无菌水的三角瓶中,手摇 10 min。80 ℃水浴 15 min,冷却。用 1 mL 无菌吸管吸取 0.5 mL,注入装有 4.5 mL 无菌水的试管中,梯度稀释至 10^{-6}。

(3) 分离:用稀释样品的同支吸管分别依次从 10^{-6}、10^{-5}、10^{-4} 样品稀释液中吸取 1 mL,注入无菌培养皿中,然后倒入灭菌并熔化后冷至 50 ℃左右的固体培养基,小心摇动冷凝后,倒置于 35 ℃温箱中培养 48 h。

(4) 检查:培养 48 h 后,取出平板,加入 1 滴 Lugo 碘液,因淀粉遇碘变蓝色,如菌落周围有无色圈,说明该菌能分解淀粉。

(5) 纯化:从平板上选取淀粉水解圈直径与菌落直径之比较大的菌落,用接种环蘸取少量培养物至斜面上,并进行 2～3 次划线分离,挑取单菌落至斜面上,培养后观察菌苔生长情况并镜检验证为纯培养。

2. 麸曲培养

取纯化菌落,加入 5 mL 无菌水制成菌悬液,取 2 mL 接种至麸曲培养基中,搅匀后,36 ℃培养 24 h。

3. 酶活测定

(1) 制备酶液:在已成熟的麸曲三角瓶中,加水 100 mL,搅匀,30 ℃水浴 30 min,用滤纸过滤,滤液即细菌 α-淀粉酶液,待测。

(2) 在三角瓶中,加入 0.2% 可溶性淀粉溶液 2 mL、缓冲液 0.5 mL,60 ℃水浴 10 min,加入 3 mL 酶液,充分混匀,即刻计时,定时取出一滴反应液于比色板穴中,穴中先盛有比色稀碘液,当由紫色逐渐变为棕橙色,与标准比色管颜色相同,即为反应终点,记录时间(t),单位为 min。

(3) 计算:

$$淀粉酶活力单位 = (60/t) \times 2 \times 0.2\% \times f/3$$

式中,f 是酶的稀释倍数。

1 g 或 1 mL 酶制剂或酶液于 60 ℃,在 1 h 内液化可溶性淀粉的克数表示淀粉酶的活力单位(g/(g·h)或 g/(mL·h))。

五、注意事项

(1) 淀粉液应当天配制使用,不能久贮。

(2) 液化时间应控制在 2～3 min。

实验实训十四　SDS-PAGE 测定蛋白质相对分子质量

一、实验目标

(1) 了解 SDS-PAGE 测定蛋白质相对分子质量的原理。

(2) 掌握 SDS-PAGE 垂直板型电泳法的操作技术。

二、实验原理

SDS-聚丙烯酰胺凝胶电泳是在聚丙烯酰胺凝胶系统中引进 SDS(十二烷基磺酸钠)，SDS 是一种阴离子表面活性剂，能断裂分子内和分子间氢键，破坏蛋白质的二级和三级结构，强还原剂能使半胱氨酸之间的二硫键断裂，蛋白质在一定浓度的含有强还原剂的 SDS 溶液中，与 SDS 分子按比例结合，使各种蛋白质-SDS 复合物都带上相同密度的负电荷，其数量远远超过了蛋白质分子原有的电荷量，从而掩盖了不同种类蛋白质间原有的电荷差别，使蛋白质丧失了原有的电荷状态形成仅保持原有分子大小为特征的负离子团块，从而降低或消除了各种蛋白质分子之间天然的电荷差异。由于 SDS 与蛋白质的结合是按质量成比例的，因此在进行电泳时，蛋白质分子的迁移速度取决于分子大小。当分子量在 15～200 kD 时，蛋白质的迁移率和相对分子质量的对数呈线性关系，符合下式：

$$\lg M_r = K - bm_R$$

式中：M_r 为蛋白质的相对分子质量；K 为常数；b 为斜率；m_R 为相对迁移率。在条件一定时，b 和 K 均为常数。

若将已知相对分子质量的标准蛋白质的迁移率对相对分子质量的对数作图，可获得一条标准曲线。未知蛋白质在相同条件下进行电泳，根据它的电泳迁移率即可在标准曲线上求得相对分子质量。

SDS 电泳的成功关键之一是电泳过程中，特别是样品制备过程中蛋白质与 SDS 的结合程度。影响它们结合的因素主要有以下三个。

(1) 溶液中 SDS 单体的浓度：当单体浓度大于 1 mmol/L 时，大多数蛋白质与 SDS 结合的质量比为 1：1.4，如果单体浓度降到 0.5 mmol/L 以下，两者的结合比仅为 1：0.4，这样就不能消除蛋白质原有的电荷差别，为保证蛋白质与 SDS 的充分结合，它们的质量比应该为 1：4 或 1：3。

(2) 样品缓冲液的离子强度：SDS 电泳的样品缓冲液离子强度较低，通常是 10～100 mmol/L。

(3) 二硫键是否完全被还原：采用 SDS-聚丙烯酰胺凝胶电泳法测蛋白质相对分子质量时，只有完全打开二硫键，蛋白质分子才能被解聚，SDS 才能定量地结合到亚基上而给出相对迁移率和相对分子质量对数的线性关系。因此在用 SDS 处理样品的同时常用巯基乙醇处理，巯基乙醇是一种强还原剂，它使被还原的二硫键不易再氧化，从而使很多不溶性蛋白质溶解而与 SDS 定量结合。

有许多蛋白质是由亚基(如血红蛋白)或两条以上肽链(如胰凝乳蛋白酶)组成的，它们在 SDS 和巯基乙醇作用下，解离成亚基或单条肽链，因此，这一类蛋白质测定时得到的只是它们的亚基或单条肽链的相对分子质量。

三、仪器、材料和试剂

1. 材料

(1) 低相对分子质量标准蛋白试剂盒。

低相对分子质量标准蛋白：兔磷酸化酶 B $M_r = 97\ 400$

牛血清白蛋白	$M_r = 66\ 200$
兔肌动蛋白	$M_r = 43\ 000$
牛碳酸酐酶	$M_r = 31\ 000$
胰蛋白酶抑制剂	$M_r = 20\ 100$
鸡蛋清溶菌酶	$M_r = 14\ 400$

开封后溶于 200 μL 蒸馏水,置于 −20 ℃保存,使用前室温下熔化,沸水浴中加热 3～5 min 后上样。

(2)样品:称取 3 mg 待测样品,加 2 mL 蒸馏水溶解。

2. 试剂

(1)分离胶缓冲液(Tris-HCl 缓冲液,pH 值为 8.9):取 1 mol/L 盐酸 48 mL、Tris 36.3 g,用去离子水溶解后定容至 100 mL。

(2)浓缩胶缓冲液(Tris-HCl 缓冲液,pH 值为 6.7):取 1 mol/L 盐酸 48 mL、Tris 5.98 g,用去离子水溶解后定容至 100 mL。

(3)30%分离胶贮液:称丙烯酰胺(Acr)30 g 及 N,N′-甲叉双丙烯酰胺(Bis)0.8 g,溶于双蒸水中,定容至 100 mL,过滤后置于棕色瓶中,4 ℃储存可用 1～2 月。

(4)10%浓缩胶贮液:称 Acr 10 g 及 Bis 0.5 g,溶于双蒸水中,最后定容至 100 mL,过滤后置于棕色试剂瓶中,4 ℃储存。

(5)10%SDS 溶液:SDS 在低温易析出结晶,用前微热,使其完全溶解。

(6)电泳缓冲液(Tris-甘氨酸缓冲液,pH 值为 8.3):称取 Tris 6.0 g、甘氨酸 28.8 g、SDS 1.0 g,用去离子水溶解后定容至 1 L。

(7)10% AP(过硫酸铵):现用现配。

(8)1%TEMED(四甲基乙二胺)。

(9)样品溶解液:取 SDS 100 mg、巯基乙醇 0.1 mL、甘油 1 mL、溴酚蓝 2 mg、0.2 mol/L pH 值为 7.2 的磷酸缓冲液 0.5 mL,加双蒸水至 10 mL(遇液体样品浓度增加一倍配制)。用来溶解标准蛋白质及待测固体。

(10)固定液:取 50%甲醇 454 mL、冰乙酸 46 mL,混匀。

(11)染色液:称取考马斯亮蓝 R250 0.125 g,加上述固定液 250 mL,过滤后备用。

(12)脱色液:取冰乙酸 75 mL、甲醇 50 mL,加蒸馏水定容至 1000 mL。

3. 仪器

垂直板电泳装置、直流稳压电源、50 μL 或 100 μL 微量注射器、移液管、玻璃板、水浴锅、染色槽、大培养皿等。

四、实验步骤

1. 安装夹心式垂直板电泳槽

目前,夹心式垂直板电泳槽有很多型号,虽然设置略有不同,但主要结构相同,且操作简单,不易泄漏。可根据不同型号具体要求进行操作。注意:安装前,胶条、玻璃板、槽子都要洁净干燥;勿用手接触灌胶面的玻璃;固定玻璃板时,两边用力一定要均匀,防止夹坏玻璃板。

2. 配胶

根据所测蛋白质相对分子质量范围,选择适宜的分离胶浓度。本实验采用 SDS-PAGE 不连续系统,按表 10-3 配制分离胶和浓缩胶。

表 10-3 分离胶、浓缩胶配制表

试剂名称	配制 20 mL 10%分离胶所需试剂用量/mL	配制 10 mL 3%浓缩胶所需试剂用量/mL
30%分离胶贮液	6.66	—
分离胶缓冲液	2.50	—
10%浓缩胶贮液	—	3.00
浓缩胶缓冲液	—	1.25
10%SDS 溶液	0.20	0.10
1%TEMED	2.00	2.00
双蒸水	8.54	4.60
10% AP	0.10	0.05

注意:凝胶配制过程中操作要迅速,催化剂 TEMED 要在注胶前才加入,否则凝结后无法注胶,注胶过程最好一次性完成,避免产生气泡。

3. 制备凝胶板

(1)分离胶的制备:按表 10-3 配制 20 mL 10%分离胶,混匀后用细长滴管将凝胶液加至长、短玻璃板间的缝隙内,约 8 cm 高,用 1 mL 注射器取少许蒸馏水,沿长玻璃板板壁缓慢注入,3～4 mm 高,以进行水封。约 30 min 后,凝胶与水封层间出现折射率不同的界线,则表示凝胶完全聚合。倾去水封层的蒸馏水,再用滤纸条吸去多余水分。

(2)浓缩胶的制备:按表 10-3 配制 10 mL 3%浓缩胶,混匀后用细长滴管将浓缩胶加到已聚合的分离胶上方,直至距离短玻璃板上缘约 0.5 cm 处,轻轻将样品槽模板插入浓缩胶内,避免带入气泡。约 30 min 后凝胶聚合,再放置 20～30 min。待凝胶凝固,小心拔去样品槽模板,用窄条滤纸吸去样品凹槽中多余的水分,将 pH 值为 8.3 的 Tris-甘氨酸缓冲液倒入上、下贮槽中,应没过短板约 0.5 cm 以上,即可准备加样。

4. 样品处理及加样

各标准蛋白及待测蛋白都用样品溶解液溶解,使浓度为 0.5～1 mg/mL,沸水浴加热 3 min,冷却至室温备用。处理好的样品液如经长期存放,使用前应在沸水浴中加热 1 min,以消除亚稳态聚合。

一般加样体积为 10～15 μL(即 2～10 μg 蛋白质)。如样品较稀,可增加加样体积。用微量注射器小心将样品通过缓冲液加到凝胶凹形样品槽底部,待所有凹形样品槽内都加了样品,即可开始电泳。注意:注射器不可过低,以防刺破胶体,也不可过高,在样下沉时会发生扩散;为避免边缘效应,最好选用中部的孔注样。

5. 电泳

将直流稳压电泳仪开关打开,开始时将电流调至 10 mA。待样品进入分离胶时,将

电流调至 20～30 mA。当溴酚蓝距凝胶边缘约 5 mm 时,停止电泳。拔掉固定板,取出玻璃板,用刀片轻轻将一块玻璃撬开移去,在胶板一端切除一角作为标记,将胶板移至大培养皿中染色。

6. 染色及脱色

将染色液倒入培养皿中,染色 1 h 左右,用蒸馏水漂洗数次,再用脱色液脱色,直到蛋白区带清晰,即用直尺分别量取各条带与凝胶顶端的距离。

五、结果分析

(1) 相对迁移率 m_R＝样品迁移距离(cm)/溴酚蓝染料迁移距离(cm)

(2) 以标准蛋白质相对分子质量的对数对相对迁移率作图,得到标准曲线,根据待测样品相对迁移率,从标准曲线上查出其相对分子质量。

六、思考题

(1) SDS-聚丙烯酰胺凝胶电泳与聚丙烯酰胺凝胶电泳在原理上有何不同?

(2) 用 SDS-凝胶电泳法测定蛋白质相对分子质量时为什么要用巯基乙醇?

(3) 电极缓冲液中甘氨酸的作用是什么?

实验实训十五　离子交换柱层析法分离氨基酸

一、实验目标

(1) 了解离子交换层析技术的工作原理和操作技术。

(2) 学会用离子交换层析分离氨基酸。

二、实验原理

氨基酸是两性电解质,有一定的等电点,在溶液 pH 值小于 pI 值时带正电,大于 pI 值时带负电。故在一定的 pH 值条件下,各种氨基酸带电情况不同,与离子交换剂上的交换基团的亲和力不同而得到分离。

实验采用 Dowex50 作为离子交换剂,它是含有磺酸基团的强酸型阳离子交换剂,分离的样品为 Asp、Gly、His 三种氨基酸的混合液,这三种氨基酸分别属于酸性氨基酸、中性氨基酸和碱性氨基酸,它们在 pH 值为 4.2 的缓冲液中分别带负电荷和不同量的正电荷,与 Dowex50 的磺酸基团之间的亲和力不同,因此被洗脱下来的顺序不同,可以将三种不同的氨基酸分离开来,将各收集管分别用茚三酮显示鉴定。

用离子交换树脂分离小分子物质如氨基酸、腺苷、腺苷酸等是比较理想的。但对生物大分子物质(如蛋白质)是不适当的,因为它们不能扩散到树脂的链状结构中。故分离生物大分子可选用多糖聚合物(如纤维素、葡聚糖等)为载体的离子交换剂。

三、仪器、材料和试剂

1. 试剂

（1）0.1 mol/L NaOH 溶液。

（2）氨基酸混合液：将 Asp、Gly、His 各 10 mg 溶于 30 mL 0.06 mol/L pH 值为 4.2 的柠檬酸钠缓冲液中。

（3）0.06 mol/L pH 值为 4.2 的柠檬酸钠缓冲液：称取柠檬酸三钠 98.0 g，溶于蒸馏水中，再加入 42 mL 12 mol/L HCl 溶液和 6 mL 80% 酚酞（现用可不加苯酚），最终加蒸馏水至 500 mL，调溶液 pH 值至 4.2。

（4）茚三酮显色液：称取 85 mg 茚三酮和 15 mg 还原茚三酮，用 10 mL 乙二醇溶解。

（5）Dowex50 的处理：将 Dowex50 用蒸馏水充分浸泡后，用 6 mol/L HCl 溶液浸泡煮沸 1 h，然后用蒸馏水洗去 HCl 至树脂呈中性，换 15% NaOH 溶液浸泡 1 h，用蒸馏水洗去 NaOH 至树脂呈中性，然后用 pH 值为 4.2 的柠檬酸钠缓冲液浸泡备用。

2. 仪器

层析柱（0.8 cm×18 cm）、恒流泵、紫外分光光度计、阳离子交换树脂（Dowex50）、试管。

四、操作方法

1. 装柱前准备

用流水冲洗层析柱，然后用蒸馏水冲洗，柱流出口装上橡皮管并放入 2～3 mL 蒸馏水，按压橡皮管内气泡，抬高流出管防止蒸馏水排空。

2. 装柱

将处理好的 Dowex50 悬液小心倒入层析柱内，待 Dowex50 自然下沉至柱下部时，打开下端放出液体，再慢慢加入悬液至 Dowex50 沉积面离层析柱上缘约 3 cm 时停止。装柱时注意防止液面低于交换树脂以及气泡的产生。

3. 平衡

用 pH 值为 4.2 的柠檬酸钠缓冲液反复加在柱床上面，平衡 10 min，最后接通蠕动泵，调节流速至 1 mL/min。

4. 加样

柱内缓冲液的液面与树脂表面相平，但勿使树脂露出液面，马上用乳头管加 7 滴样品在树脂表面（注意不能破坏树脂表面），然后加少量缓冲液使样品进入柱内，反复两次，当样品完全进入树脂床后，接通蠕动泵，用 pH 值为 4.2 的柠檬酸钠缓冲液冲洗洗脱，用部分收集器收集。

5. 收集和检测

取 12 支试管编号，每管即加入茚三酮显色液 20 滴，依次收集洗脱液，每管 2 mL，混匀，置沸水浴 15 min 取出，观色，用自来水冷却后在 570 nm 波长处比色。当收集至第二洗脱峰刚出现时，即换用 0.1 mol/L NaOH 溶液洗脱，直至第三洗脱峰出现后，停止洗脱。

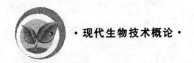

6. 树脂的再生

用 0.1 mol/L NaOH 溶液洗脱层析柱 10 min。

7. 回收树脂

拔去橡皮接收管,用洗耳球对着玻璃流出口将树脂吹入装树脂的小瓶内,加入 0.1 mol/L NaOH 溶液浸泡。

8. 洗脱曲线的绘制

以吸光度为纵坐标,洗脱体积为横坐标绘制曲线,即可画出一条洗脱曲线。

五、注意事项

(1) 在装柱时必须防止气泡、分层及柱子液面在树脂表面以下等现象发生。

(2) 一直保持流速,勿使树脂表面干燥。

六、思考题

树脂如何保存?

参考文献

[1] 安利国.细胞工程[M].北京:科学出版社,2005.

[2] 曹军卫,马辉文.微生物工程[M].北京:科学出版社,2002.

[3] 陈洪章.纤维素生物技术[M].北京:化学工业出版社,2005.

[4] 陈陶声.酶制剂生产技术[M].北京:化学工业出版社,1994.

[5] 陈章良.现代生物技术导论[M].北京:高等教育出版社,1998.

[6] 程跃,银路,李天柱.中国生物技术制药产业创新现状可视化研究[J].技术经济,2010,28(5):18-23,47.

[7] 丛彦龙,孙玉章,丁壮.细菌人工染色体载体系统在反向遗传学中的应用研究进展[J].动物医学进展,2009,30(8):81-84.

[8] 党辉,张宝善.固定化酶的制备及其在食品工业的应用[J].食品研究与开发,2004,(25)3:68-72.

[9] 杜立新.农业动物生物技术研究现状与发展趋势[J].中国畜牧兽医,2004,31(10):3-6.

[10] 郭春燕,詹克慧.蛋白质组学技术研究进展及应用[J].云南农业大学学报,2010,25(4):583-591.

[11] 郭勇.酶工程原理与技术[M].北京:高等教育出版社,2005.

[12] 何忠效,静国忠,许佐良,等.生物技术概论[M].2版.北京.北京师范大学出版社,2002.

[13] 胡和兵,王牧野,吴勇民,等.酶的固定化技术及应用[J].中国酿造,2006(160)7:4-8.

[14] 黄诗笺.现代生命科学概论[M].北京:高等教育出版社,2001.

[15] 黄志良.基因工程的应用及其安全性管理[J].生物技术通报,2001(3):32-35.

[16] 贾鹏翔,刘雪莹,刘京龙,等.固定化酶及其在化工等领域中的应用[J].皮革科学与工程,2004,(14)5:31-37.

[17] 贾士荣.转基因作物的安全性争论及其对策[J].生物技术通报.1999,6:1-7.

[18] 姜锡瑞.酶制剂应用手册[M].北京:中国轻工业出版社,2001.

[19] 焦诠.论我国生物技术的专利保护[J].药物生物技术,2008,15(2):152-156.

[20] 静国忠.基因工程及分子生物学基础[M].北京:北京大学出版社,1999.

[21] 瞿礼嘉,顾红雅,胡苹,等.现代生物技术导论[M].北京:高等教育出版社,1998.

[22] 来鲁华.蛋白质结构预测与分子设计[M].北京:北京大学出版社,1993.

[23] 李玲,孙文松.基因工程在农业中的应用[J].河北农业科学,2008,12(12):149-151.

[24] 李强,施碧红,罗晓蕾,等.蛋白质工程的主要研究方法和进展[J].安徽农学通报,2009,15(5):47-51.

[25] 李银聚,等.生物技术原理与应用[M].北京:兵器工业出版社,2001.

[26] 李志勇.细胞工程[M].北京:科学出版社,2003.

[27] 利容千.生物技术概论[M].武汉:华中师范大学出版社,2007.

[28] 连桂玉,金泉源,黄泰康.国内外生物制药产业发展状况的比较研究[J].中国药业,2007,16(2):20-21.

[29] 廖威.食品生物技术概论[M].北京:化学工业出版社,2008.

[30] 廖湘萍.生物工程概论[M].北京:科学出版社,2004.

[31] 刘国诠.生物工程下游技术[M].北京:化学工业出版社,1993.

[32] 刘佳佳,曹福祥.生物技术原理与方法[M].北京:化学工业出版社,2004.

[33] 刘群红,李朝品.现代生物技术概论[M].北京:人民军医出版社,2006.

[34] 刘如林.微生物工程概论[M].天津:南开大学出版社,1995.

[35] 刘维全,高士争,王吉贵.精编分子生物学实验指导[M].北京:化学工业出版社,2009.

[36] 刘贤锡.蛋白质工程原理与技术[M].北京:科学出版社,2001.

[37] 刘小兵,蒋柏泉,王伟.环境生物技术在"三废"治理中的应用[J].江西化工,2003,3:8-10.

[38] 刘银良.生物技术的知识产权保护[M].北京:知识产权出版社,2009.

[39] 卢圣栋.生物技术与疾病诊断[M].北京:化学工业出版社,2002.

[40] 陆德如,陈永青.基因工程[M].北京:化学工业出版社.2002.

[41] 吕虎.现代生物技术导论[M].北京:科学出版社,2005.

[42] 栾春娟,侯海燕.世界生物技术领域专利计量研究[J].科技管理研究,2009,9:338-339,359.

[43] 罗丽萍,熊绍员.固定化酶及其在食品工业中的应用[J].江西食品工业,2003,3:10-12.

[44] 罗明典.现代生物技术及其产业[M].上海:复旦大学出版社,2001.

[45] 罗云波.食品生物技术导论[M].北京:中国农业大学出版社,2002.

[46] 马大龙.生物技术药物[M].北京:科学出版社,2001.

[47] 马勇,杜德斌,周天瑜,等.全球生物制药业的研发特点与我国制药研发的应对思考[J].中国科技论坛,2008,11:47-51.

[48] 马越,廖俊杰.现代生物技术概论[M].北京:中国轻工业出版社,2009.

[49] 裴雪涛.干细胞克隆技术[M].北京:化学工业出版社,2002.

[50] 彭云英.食品生物技术[M].北京:中国轻工业出版社,1999.

[51] 乔生.国际生物技术保护与中国专利法修改思考.政治与法律[J].2004，4：68-72.

[52] 乔生.生物技术对专利制度的挑战与中国专利法修改探讨[J].西北政法学院学报,2005,2:66-72.

[53] 尚志红,王素娟.转基因动物专利:哈佛鼠的命运及我国的选择[J].科技管理研究,2010,3：217-219.

[54] 沈萍,范秀容,李广武.微生物学实验[M].3版.北京:高等教育出版社,1999.

[55] 沈萍.微生物学[M].北京:高等教育出版社,2002.

[56] 寿天德.现代生物学导论[M].北京:中国科学技术大学出版社,2003.

[57] 宋思扬,楼士林.生物技术概论[M].北京:科学出版社,2007.

[58] 陶文沂,李江华.生物催化剂在制药工业的应用[J].无锡轻工大学学报,2002,21(5):538-544.

[59] 田文英,孟娟.从战略角度看我国生物技术的专利保护[J].科技进步与对策,2002,19(5)：81-83.

[60] 王大成.蛋白质工程[M].北京:化学工业出版社,2002.

[61] 王建文,文湘华.现代环境生物技术[M].北京:清华大学出版社,2001.

[62] 王联结.生物工程概论[M].北京:中国轻工业出版社,2002.

[63] 王英超,党源,李晓艳.蛋白质组学及其技术发展[J].生物技术通讯,2010,21(1):139-144.

[64] 王璋.食品酶学[M].北京:中国轻工业出版社,1992.

[65] 邬敏辰.食品工业生物技术[M].北京:化学工业出版社,2005.

[66] 邬显章.酶的工业生产技术[M].北京:中国轻工业出版社,1992.

[67] 吴立增,刘伟平,黄秀娟.植物新品种保护对品种权人的经济效益影响分析[J].农业技术经济,2005,3：54-60.

[68] 吴乃虎.基因工程原理[M].北京:科学出版社,1999.

[69] 吴梧桐.生物制药工艺学[M].北京:中国医药科技出版社,2006.

[70] 肖长赏,凌红丽,孙学强.浅谈兽用胚毒活疫苗GMP生产管理[J].中国动物检疫,2009,26：20-21.

[71] 刑新会,刘则华.环境生物修复技术的研究进展[J].化工进展,2004,23(6):579-584.

[72] 熊宗贵.生物技术制药[M].北京:高等教育出版社,2004.

[73] 杨汝德.基因工程[M].广州:华南理工大学出版社,2004.

[74] 杨异.试论我国生物技术的知识产权保护[J].菏泽学院学报,2008,30(6)：110-113.

[75] 杨玉珍,汪琛颖.现代生物技术概论[M].开封:河南大学出版社,2004.

[76] 叶勤.现代生物技术原理及应用[M].北京:中国轻工业出版社,2003.

[77] 余翔,黎薇.美国生物技术企业的专利战略研究及其启示[J].科研管理,28(4):9-15.

[78] 禹邦超,胡耀星.酶工程[M].武汉:华中师范大学出版社,2005.

[79] 张超,高虹,李冀新,等.固定化酶在食品工业中的应用[J].中国食品添加剂,2006,3:136-141.

[80] 张林生.生物技术制药[M].北京:科学出版社,2008.

[81] 张玲,杨海麟,王武.生物技术知识产权的类型及其应用[J].生物技术通报,2009,2:63-67.

[82] 张蕊,田澎.生物制药产业现状分析及我国企业的发展战略[J].工业工程与管理,2005,5:107-111,117.

[83] 张树正.酶制剂工业[M].北京:科学出版社,1984.

[84] 张献龙.植物生物技术[M].北京:中国农业出版社,2005.

[85] 张致平,蔡年生.生物技术在医药工业中的应用[J].药物生物技术,1994(1):56-64.

[86] 赵凯,王晓华.生物技术在农业中的应用[J].生物技术通讯,2003(4):342-345.

[87] 甄世辉.对我国商业秘密保护中竞业禁止问题的新思考[J].河北法学,2008,26:191-195.

[88] 郑国锠.植物细胞融合与细胞工程[M].兰州:兰州大学出版社,2003.

[89] 周选围.生物技术概论[M].北京:高等教育出版社,2010.

[90] 邹国林,朱汝璠.酶工程[M].武汉:武汉大学出版社,1997.

[91] Daan J A Crommelin,Robert D Sindelar. Pharmaceutical Biotechnology[M].北京:化学工业出版社,2005.

[92] H S 查夫拉.植物生物技术导论[M].北京:化学工业出版社,2005.

[93] J E 史密斯著.生物技术概论[M].郑平,等译.北京:科学出版社,2006.

[94] 张锐,郭三堆.植物抗虫基因工程研究进展[J].生物技术通报,2001,2:8-12.

[95] 林美娟,薛志平,陈平华,等.植物抗病毒基因工程育种策略[J].亚热带农业研究,2005,1(4):53-58.

[96] 梁雪莲,王引斌,卫建强,等.作物抗除草剂转基因研究进展[J].生物技术通报,2001,2:17-21.

[97] 王艳,邱立明,谢文娟,等.昆虫抗冻蛋白基因转化烟草的抗寒性[J].作物学报,2008,34(3):397-402.

[98] 张富丽,蔡峰,吴军,等.转麻疯树甜菜碱醛脱氢酶基因提高烟草耐盐性[J].中国农业科学,2008,41(12):4030-4038.

[99] 马晓梅,朱西儒,田长恩.我国微生物农药研究与应用的新进展[J].武汉科技学院学报,2006,19(11):42-46.

[100] 刘戈,易玉林.微生物肥料的发展现状与前景展望[J].安徽农业科学,2007,35(11):3318-3332.

[101] 中国生物制品标准化委员会.中国生物制品规程[M].北京:化学工业出版社,2000.